普通高等教育"十二五"规划教材

高等学校计算机科学与技术系列教材

高级 Web 程序设计

——JSP 网站开发

吴志祥　王新颖　曹大有　主编

科学出版社

北　京

内 容 简 介

本书系统全面地介绍了JSP网站开发的基础知识和实际应用,按照"纯JSP网站→MV模式的JSP网站→MVC模式的JSP网站→SSH架构的JSP网站"的体系,共分10章。

本书以实用为出发点,不但包括了JSP网站开发的基础理论,而且强调实际应用。本书结构合理,逻辑性强,每一章按照"问题背景—基础理论—实际应用"的方式撰写,每个章节、每个知识点都有精心设计的典型例子说明其用法,各章节之间的联系紧凑、自然。同时,配有标准化的练习题及其答案,这极大地方便了教学和学生自学。与本书配套的教学网站,包括教学大纲、实验大纲、各种软件的下载链接、课件和源代码下载、在线测试等,极大地方便了教与学。

本书可以作为高等院校计算机专业和非计算机专业学生学习"高级网页设计""JSP程序设计"" Web程序设计"等课程的教材,也可以作为JSP初学者及网站开发人员的参考用书。

图书在版编目(CIP)数据

高级 Web 程序设计——JSP 网站开发/吴志祥,王新颖,曹大有主编.—北京:科学出版社,2013.8

普通高等教育"十二五"规划教材 高等学校计算机科学与技术系列教材
ISBN 978-7-03-038525-3

Ⅰ.高… Ⅱ.①吴… ②王… ③曹… Ⅲ.JAVA 语言—主页制作—程序设计—高等学校—教材 Ⅳ.①TP393.092 ②TP312

中国版本图书馆 CIP 数据核字(2013)第 206779 号

责任编辑:张颖兵 肖 婷/责任校对:董艳辉
责任印制:徐晓晨/封面设计:苏 波

科 学 出 版 社 出版
北京东黄城根北街 16 号
邮政编码:100717
http://www.sciencep.com

北京建宏印刷有限公司 印刷
科学出版社发行 各地新华书店经销

*

开本:787×1092 1/16
2013 年 8 月第 一 版 印张:18 1/2
2019 年 1 月第三次印刷 字数:411 000

定价:48.00 元
(如有印装质量问题,我社负责调换)

前　　言

高级 Web 程序设计是相对传统的 ASP 程序设计而言的。ASP 网站采用解释工作方式，导致执行效率低。最主要的是，ASP 页面中的界面代码与业务逻辑代码是混合的，从而导致代码冗余，且不利于团队开发。

JSP(Java Server Pages)是近年来发展最迅速、最引人注目的 Web 应用开发技术之一，它是 Java Platform，Enterprise Edition(Java EE，Java 企业版)的重要技术。JSP 将 Java 语言的开源、跨平台和 Servlet 的强大功能结合起来，解决了过去 Web 开发技术存在的不足和局限。

JSP 的知识体系，如图所示。

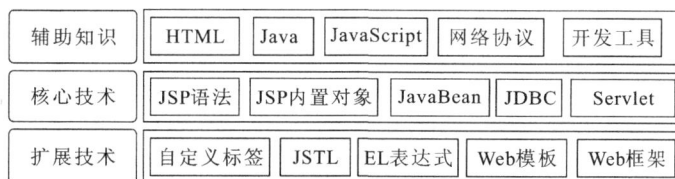

辅助知识	HTML	Java	JavaScript	网络协议	开发工具
核心技术	JSP语法	JSP内置对象	JavaBean	JDBC	Servlet
扩展技术	自定义标签	JSTL	EL表达式	Web模板	Web框架

本书系统全面地介绍了 JSP 网站开发的基础知识和实际应用，按照"纯 JSP 网站→MV 模式的 JSP 网站→MVC 模式的 JSP 网站→SSH 架构的 JSP 网站"的体系，共分 10 章。第 1 章主要介绍 JSP 网站基本运行环境的搭建；第 2 章介绍 MySQL 数据库的基本操作，包括命令行方式和图形用户界面；第 3 章介绍了作为 JSP 脚本语言的 Java 语言和使用纯 JDBC 方式访问 MySQL 数据库；第 4 章介绍了 JSP 的页面语法、JSP 网站的工作原理和集成开发工具——MyEclipse 的使用；第 5 章介绍 JSP 内置对象的使用；第 6 章介绍 MV 开发模式与 JavaBean；第 7 章介绍 MVC 开发模式与 Servlet；第 8 章介绍文件下载和文件上传；第 9 章介绍了流行的 Web 编程框架——SSH(Struts 2＋Spring＋Hibernate)的使用；第 10 章介绍了模板 SiteMesh 的使用。

本书以实用为出发点，不但包括了 JSP 网站开发的基础理论，而且强调实际应用。每一章按照"问题背景—基础理论—实际应用"的方式撰写，同时配有标准化的练习题及其答案，这极大地方便了教学和学生自学。

本书写作特色鲜明，一是教材结构合理，对教材目录设置进行了深思熟虑的推敲，在正文中指出了相关章节知识点之间的联系；二是知识点介绍简明，例子生动并紧扣理论，很多例子是作者精心设计的；三是对 JSP 网站开发所涉及的软件进行合理的设置后，彻底解决了中文显示乱码的问题；四是教材中通过大量的截图，清晰地反映了 jar 包—软件包—类(或接口)三个软件层次；五是通过综合案例的设计与分析，让学生综合使用 JSP 的各个知识点；六是有配套的上机实验网站，包括实验目的、实验内容、在线测试(含答案和评分)和素材的提供等。

本书建议理论学时 36,实验学时 36。如果由于学时限制,教师可以将第 9 章(Web 编程框架 SSH 及其应用)调整至课程设计中讲。

本书可以作为高等院校计算机专业和非计算机专业学生学习"高级网页设计""JSP 程序设计"" Web 程序设计"等课程的教材,也可以作为 JSP 初学者及网站开发人员的参考用书。

获取本书配套的课件等教学资料,可访问 http://www.wustwzx.com。

由于编者水平有限,书中疏漏之处在所难免,在此真诚欢迎读者多提宝贵意见,读者可以通过访问作者的教学网站 http://www.wustwzx.com 留言或者与作者 QQ 联系,以便再版时更正。

编　者

2013 年 8 月于武汉

目　　录

第1章　Web应用开发基础

随着 Web 时代的到来,许多传统的应用软件也往往需要改造成为 Web 应用软件。Web 开发的过程就是网站建设及网页设计的过程。本章主要介绍 Web 上的应用软件开发的原理和相关概念及高级 Web 程序设计的若干基础技术。本章学习要点如下:

- 掌握 B/S 体系结构;
- 了解几种常用的动态网站的主要区别;
- 掌握 Web 应用开发的主要内容;
- 掌握数据库技术与 Web 编程;
- 掌握 JSP 网站运行环境的搭建;
- 掌握服务器软件 Apache Tomcat 的基本用法。

1.1　访问网站的工作原理

1.1.1　B/S体系

Web 应用程序是相对于传统的桌面应用程序而言的。桌面应用程序完全安装到本地计算机上,并在本地调用这些应用程序的代码,而 Web 应用程序则运行在某处的 Web 服务器上,要借助于网络并通过 Web 浏览器访问这种应用程序。Web 应用程序具有如下特点。

1. Web 是图形化的和易于导航的

Web 非常流行的一个很重要的原因就在于它可以在一页上同时显示色彩丰富的图形和文本的性能。在 Web 之前,Internet 上的信息只有文本形式。Web 可以提供将图形、音频、视频信息集合于一体的特性。同时,Web 是非常易于导航的,只需要从一个链接跳到另一个链接,就可以在各页各站点之间进行浏览了。

2. Web 与平台无关

无论你的系统平台是什么,你都可以通过 Internet 访问 WWW。浏览 WWW 对你的系统平台没有什么限制。无论从 Windows 平台、UNIX 平台、Macintosh 还是别的什么平台我们都可以访问 WWW。对 WWW 的访问是通过一种叫做浏览器(browser)的软件实现的。如 Netscape 的 Navigator、NCSA 的 Mosaic、Microsoft 的 Explorer 等。

3. Web 是分布式的

大量的图形、音频和视频信息会占用相当大的磁盘空间,我们甚至无法预知信息的多少。对于 Web 没有必要把所有信息都放在一起,信息可以放在不同的站点上。只需要在浏览器中指明这个站点就可以了。使在物理上并不一定在一个站点的信息在逻辑上一体化,从用户来看这些信息是一体的。

4. Web 是动态的

由于各 Web 站点的信息包含站点本身的信息,信息的提供者可以经常对站上的信息进行更新。如某个协议的发展状况、公司的广告等。一般各信息站点都尽量保证信息的及时性。所以,Web 站点上的信息是动态的、经常更新的,这一点是由信息的提供者保证的。

5. Web 是交互的

Web 的交互性首先表现在它的超连接上,用户的浏览顺序和所到站点完全由他自己决定。另外,用户通过填写表单向服务器提交请求,服务器可以根据用户的请求返回相应信息,即通过表单方式从服务器获得动态信息。

1.1.2 静态网页与动态网页

动态网页的主要特征是含有只能在 Web 服务器端执行的服务器代码;而浏览静态网页时,Web 服务器是直接将页面代码发送给客户端并由浏览器程序解释执行。动态网页的具体特征如下:

- 动态网页能实现动态效果和交互效果,如数据库查询页面。
- 数据程序设计是动态网页设计的核心,用于表示业务逻辑。
- 具有 Response,Request,Session 与 Application 等常用内置对象。
- 运行环境差异较大。不同的网站类型,对应不同的网页类型。例如,JSP 和 PHP 还具有跨平台特性。
- 代码分层与代码复用。例如界面代码与业务代码相分离,通过定义类实现代码复用。

1.2 高级 Web 程序设计技术基础

1.2.1 超文本标记语言 HTML

HTML(Hyper Text Markup Language),即超文本标记语言,用于描述 Web 页面的显示格式。在 HTML 中,所有的标记符都是用一对尖括号括起来,绝大部分标记符都是成对出现的,包括开始标记符和结束标记符。开始标记符和相应的结束标记符定义了该标记符作用的范围。结束标记符与开始标记符的区别是结束标记符在小于号之后有一斜杠。例如,定义一个向上滚动的新闻的 HTML 代码为:

```
<Marquee Width="300" Height="280" Direction="Up">滚新闻文本</Marquee>
```

除了<marquee>标记外,常用的 HTML 标记如下:

- 超链接标记<a>:用于设计超链接。
- 区隔标记<span>:用于修饰特定的文本。
- 区块标记<div>:具有 float、padding 和 margin 等 CSS 样式属性,这些 CSS 样式属性是<span>不具备的。
- 图像标记<img>:用于引入图像。
- 段落标记<p>:可以对一个段落应用 CSS 样式。
- 换行标记
:起换行作用。

- 列表标记＜ul＞或＜ol＞:需要配合＜li＞标记使用。
- 表格标记＜table＞、＜tr＞、＜td＞:用于页面布局和数据显示。
- 表单标记＜form＞:需要配合＜input＞等表单元素标记。

注意:在客户端,页面呈现的过程,就是浏览器程序解释 HTML 标记的过程。

1.2.2　CSS 样式和 Div 布局

页面元素的外观,除了可以使用标记属性控制外,还可以使用 CSS 样式属性控制。

1. CSS 样式

CSS(Cascading Style Sheet),译名为层叠样式表。把 CSS 样式应用到不同的 HTML 标记时,即可扩展 HTML 的功能,如调整字间距、行间距、取消超链接的下画线效果等,这是原来的 HTML 标记无法实现的效果。

在页面里定义的 CSS".(或♯)"样式,要放置在＜style＞标记内,并通过 class(或 id) 属性引用。

在页面中引用外部的样式文件,需要在页面中使用＜link＞标记。

2. Div 布局

盒子模型是所有布局控制的基础,其含义是将所有的 HTML 元素都放置到一个盒子中,通过控制盒子的外观来实现整个页面外观的控制。

在 Div 布局中,最重要的三个 Div 属性分别是内边距 padding、外边距 margin 和浮动 float。其中,margin 用于定义不同区块之间的距离,padding 用于定义区块内对象与区块之间的间隔,float 属性是两个 Div 并列时必须使用的属性(默认情况下,两个 Div 是换行的,即上下关系)。

此外,使用 Div 制作的层具有移动和重叠特性,它们是通过使用 CSS 样式属性 position 和三维坐标(left,top 和 z-index)实现的。

【例 1.2.1】　CSS＋Div 布局示例。

【设计效果】页面的设计效果,如图 1.2.1 所示。

图 1.2.1　使用 CSS＋Div 布局的页面效果

【设计要点】

(1) 名为 big 的 Div 内嵌入两个小 Div(名称分别为 left 和 right)。

(2) 同时设置 left 样式属性 float:left 和 right 样式属性 float:left,以保证两个 Div 并排。

(3) 设置 right 样式属性 padding:10px(内填充)。

【源代码】页面 sj01_1.html 的源代码如下(上机实验中提供了源代码的下载)。

```
<html>
<head>
    <title> CSS+Div 布局示例</title>
</head>

<style>
.big{
width:780px;
height:200px;
margin:0 auto;
border:2px #CCCCCC double;}

.left{
width:420px;
height:200px;
float:left;
border-right:2px #CCCCCC double;}

.right{
width:330px;
height:180px;
float:left;
padding:10px;}

ul,li{
margin:0px;
padding:0px;}

li{
line-height:25px;}

.title {
    font-family: "华文新魏";
    font-size: 44px;
    filter:Shadow(Color=green,Direction=135);
    line-height:inherit;
    text-align:center;
    height:114px;
    line-height:114px;
}
.content {
    font-size:18px;
```

```
        font-family: "楷体_GB2312";
        font-weight: bold;
        color:#990066;
        text-align:center;
        line-height:40px;
}
.list {
        font-size: 14px;
        color:#0066FF;
        font-family: "宋体";
        height:180px;
}
</style>
<body>
<div class="big">
    < div class="left">
        <div class="title"> JSP 网站开发</div>
        <div class="content"> < a href=""> 教学大纲</a> · <a href=""> 教学
日历</a> ·
        <a href=""> 实验大纲</a> · <a href="l"> 实验安排</a> <br>
        <a href=""> 学习指导</a> · <a href= ""> 考试题型</a> ·
        <a href=""> 在线测试</a> · <a href=""> 模拟试题</a> </div> </div>

        <div class="right">
<marquee direction="up" class="list" scrolldelay="180" onMouseOver="
this.stop()" onMouseOut="this.start()">
    <ul>
    <li> <a href=""> 实验 1 高级 Web 应用开发基础与 JSP 初步</a> </li>
    <li> <a href=""> 实验 2 MySQL 数据库及其基本操作</a> </li>
    <li> <a href=""> 实验 3(A)手工方式开发 Java 应用程序</a> </li>
    <li> <a href=""> 实验 3(B)在集成环境中开发 Java 项目</a> </li>
    <li> <a href=""> 实验 3(C)使用 JDBC 访问 MySQL 数据库</a> </li>
<li> <a href=""> 实验 4(A)手工方式开发 JSP 网站</a> </li>
    <li> <a href=""> 实验 4(B)使用 JDBC 访问 MySQL 数据库</a> </li>
    <li> <a href=""> 实验 5 JSP 内置对象的使用</a> </li>
    <li> <a href=""> <span style="color:red"> 实验报告一:简单的 JSP 网站
开发(混合模式)</span> </a> </li>
    </ul>
    </marquee>
  </div>
</div>
</body>
</html>
```

注意：使用 Div 布局，一般需要先画草图，并借助于可视化的编辑环境（如 Dreamweaver）逐步完善。

1.2.3　客户端脚本技术与 JavaScript 语言

目前，所有的浏览器均支持 JavaScript（以下简称 JS）。在 JS 脚本中，客户端可以直接访问 HTML 元素的属性，可以使用 JS 内置的 Date 对象、Array 对象、String 对象和 Math 对象，还可以使用文档对象模型 DOM 中的浏览器对象，这些对象封装了若干属性与方法。用 JavaScript 语言编写的脚本通过＜script＞标记嵌入到网页文件后，可以完成如下功能：

- 对表单数据进行有效性验证。
- 在页面上显示客户端计算机的日期与时间。因为 JS 内置了 Date 对象。
- 实现页面元素的动态效果。通常需要配合使用 Window 对象提供的定时器方法。
- 实现客户端信息的消息显示和确认。通常使用 Window 对象的 Alert()方法和 Confirm()方法。

【例 1.2.2】　使用 JavaScript 脚本，验证表单提交数据的有效性，实时显示客户端计算机的日期与时间。

【设计效果】

（1）当用户名输入为空或者密码长度不足 6 位时，会弹出相应的警告框，如图 1.2.2 所示。

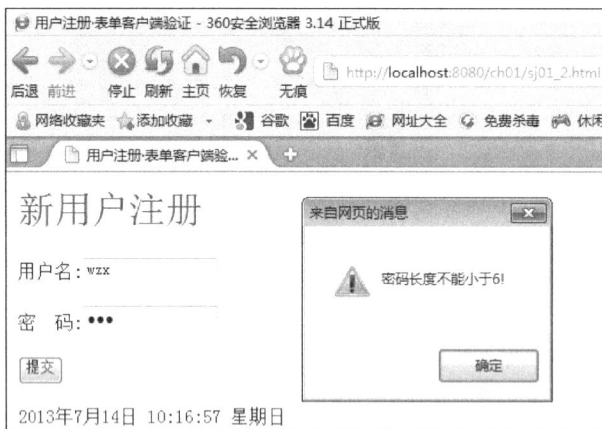

图 1.2.2　页面 sj01_2.html 的浏览效果

（2）客户端计算机日期与时间的实时显示。

（3）表单提交后，将调用动态网页 sj01_2.jsp，显示用户提交的内容。

注意：JS 只能起到数据初步验证的作用，无法保证数据的有效，进一步的验证是在 JSP 网站的动态页面中完成。ASP.NET 提供了服务器验证控件，保证数据验证没有通过时，不能被提交。

【源代码】表单页面 sj01_2.html 的源代码如下。

```html
<html>
  <head>
    <title> 用户注册·表单客户端验证</title>
  </head>

  <SCRIPT Language=javascript>
  function isValid()
  {
    if(nameform.username.value=="")
        window.alert("用户名不能空!");
    if(nameform.password.value.length<6)
        window.alert("密码长度不能小于 6!");
}
  </SCRIPT>

<body>
 <font size=6 color="green">新用户注册<br></font>
 <form action =" sj01 _2.jsp" method = post name =" nameform" onSubmit =
   "isValid()">
    用 户 名:< input type =" text" name =" username" value ="" size =" 15"
             maxlength="18" ><br><br>
    密    码:< input type =" password" name =" password" value =""
size="15" ><br><br>
    <input type="submit" value="提交">
 </form>

 <span id="time">显示日期与时间</span>
    <script>
          setInterval("time.innerHTML=new Date().toLocaleString()+'星期'
+'日一二三四五六'.charAt(new Date().getDay())",1000);
    </script>
</body>
</html>
```

表单处理页面 sj01_2.jsp 的源代码如下。

```jsp
<%@ page language="java"  pageEncoding="gb2312"% >
<html>
  <head>
    <title> 用户注册·表单处理页面</title>
  </head>
<body>
    <%
```

```
        out.println("你注册的用户名是:"+request.getParameter("username")+
            "<br> ");
        out.println("你的密码是:"+request.getParameter("password"));
    %>
    </body>
    </html>
```

注意:(1)JSP 页面,必须在 Web 服务器中浏览。

(2)客户端确认示例,参见例 7.5.3 中注销用户的相关代码。

1.2.4 基于对象的 JavaScript 库——jQuery 等

为了简化 JavaScript 的开发,一些用于前台设计的 JavsScript 库诞生了。JavaScript 库封装了很多预定义的对象和实用函数,能帮助使用者建立具有高难度和交互的 Web 2.0 特性的客户端页面,大大提高了前台页面的逻辑控制开发,并且兼容各大浏览器。

Prototype 和 jQuery 是当前比较流行的 JavaScript 库。

Prototype 是 Sam Stephenson 开发的一个非常优雅的 JavaScript 基础类库,对 JavaScript 做了大量的扩展,而且很好的支持 Ajax,国内外有多个基于此类库实现的效果库。

jQuery 是继 Prototype 之后又一个优秀的 JavaScript 库。对于一个 DOM 对象,只需要用 $() 把 DOM 对象包装起来,就可以获得一个 jQuery 对象,即 jQuery 对象就是通过 jQuery 包装 DOM 对象后产生的对象。转换后的 jQuery 对象,就可以使用 jQuery 中的方法了。

jQuery 等 JavaScript 脚本库的使用,参见实验 1 的内容 7 和内容 8;综合使用 CSS+Div+jQuery 的示例,参见第 9.5.3 小节中前台主页的设计代码;综合使用 CSS+Div+Prototype 的示例,参见第 9.5.3 小节中后台主页的设计代码。

注意:(1)访问 jQuery 的官方网站 http://jquery.com,可以下载 jQuery 的各种版本,其中文件名中带 min 的,表示压缩版本。

(2)用户开发的 js 脚本只定义了方法,而 jQuery 和 Prototype 则不然(它们是基于对象的)。

1.2.5 面向对象的程序设计

面向对象就是将要处理的问题(对象)抽象为类,并将这类对象的属性和方法封装起来,通过对象的事件来访问该类对象的属性和方法来解决实际问题。

类是面向对象编程方式的核心和基础,通过类可以将零散的用于实现某项功能的代码进行有效管理。

面向对象软件开发的流程,可分为如下四个阶段。

(1)面向对象需求分析(OOA,Object Oriented Analysis)。此阶段需要系统分析员对用户的需求做出分析和明确地描述,包括从客观的事物和它们之间的关系归纳有关的类及类之间的关系,并将具有相同属性和行为的对象用一个类来表示。

（2）面向对象设计（OOD,Object Oriented Design）。此阶段在需求分析的基础上,对每一部分分别进行设计,首先是类的设计,可能包括多个层次,利用继承和组合等机制设计出类的层次关系,然后提出程序设计的具体思路和方法。

（3）面向对象编程（OOP,Object Oriented Programming）。此阶段需要选择适当的编程语言,包括 C++,C♯,Java,Objective-C 等。选用工具开发,设置开发环境进行代码的编写工作。

（4）面向对象测试（OOT,Object Oriented Test）。此阶段会对程序进行严格的测试,这个过程包括单元测试,集成测试及系统测试等。最后还要对程序进行维护管理。

注意:学习面向对象编程,最重要的是其思想,而不是其语法。

1.2.6　含有数据库访问的 Web 程序设计

数据库是信息存放的集合体,它由具有关联关系的若干数据表组成。在关系型数据库系统中,一个数据表由若干行组成。

关系型数据具有域完整性、实体完整性和参照完整性三个方面。一个数据库在定义其结构时,通常设置字段有效性规则,保证域完整性;在定义结构时通常会设置一个主键,以保证实体的唯一性;通过定义表间关系,以保证参照完整性。

SQL（Structured Query Language）是结构化的查询语言,也是所有关系型数据库操作的通用语言。对于数据库的操作是通过 SQL 命令实现的,一条 SQL 命令在数据库网页设计中通常是作为某个对象的方法中的一个参数。

按照使用方式,数据库分为文件型和服务器型两种。Access 是典型的文件型数据库,是 Microsoft Office 的组件之一。除此之外,早期的数据库 DBASE、FoxBASE 等都属于文件型。

数据库服务器实现了对数据库的统一管理,并与 Web 服务器交换信息。如果数据库服务器停止或暂停工作,则浏览含有数据库访问的页面时就会出现异常。

登录远程的数据库服务器,访问某个数据库,一般需要 IP 地址（或域名）、用户名和密码。

在网站开发中需要进行专门的维护与管理。从地域上讲,数据库服务器与 Web 服务器可以安装在不同的机器上。建设一个网站,如果数据存储在数据库服务器里,则数据库服务器如同 Web 服务器一样,需要付费购买空间。

本书主要介绍在 Java 环境中,通过使用 JDBC 技术访问 MySQL 数据库。

1.2.7　XML 基础

XML 是 eXtensible Markup Language 的缩写,表示可扩展的标记语言。XML 文档以简单的文本格式存储具有层次结构的数据。

XML 文件允许自定义标记,并且标记必须成对出现（单标记要自闭）,一个 XML 文档示例如图 1.2.3 所示。

目前,XML 技术在网站开发中应用广泛,XML 格式实际上已成为 Internet 数据交换标准格式,XML 文件常用于解决跨平台交换数据的问题。J2EE 等平台都对 XML 提供

```
<?xml version="1.0"?>
<!--创建日期: 2012/9/29 15:51:59-->
<books>
    <book Category="技术类" PageCount="435">
        <Title>ASP.NET动态网站开发教程</Title>
        <AuthorList>
            <Author>张平</Author>
            <Author>李楠</Author>
        </AuthorList>
    </book>
    <book Category="文学类" PageCount="500">
        <Title>青春赞歌</Title>
        <AuthorList>
            <Author>陈明</Author>
            <Author>王小虎</Author>
        </AuthorList>
    </book>
</books>
```

图 1.2.3 一个 XML 文档的示例

了强大的支持,Apache Tomcat 服务器配置文件文件及 JSP 网站配置文件(参见 1.4.3 小节)、Ajax 引擎与 Web 服务器之间的数据交换等,都采用 XML 格式的数据。

传统的 HTML 标记是固定的,只能显示静态内容而无法表达动态数据,而动态数据在电子商务、智能搜索引擎等中是大量存在的。例如,调用 Web 服务后得到的数据就是 XML 格式。

XML 是描述数据及其结构的语言,标记不是固定的,其优势在于创建适合自己需要的标记集合,HTML 是描述数据显示的语言。XML 和 HTML 在功能上不同、互补,XML 并不能完全取代 HTML。

一个 .xml 文件的第一行是<? xml……? >,表示 XML 声明,其中的 version 属性指明遵循哪个版本的 XML 规范;encoding 属性指明使用的编码字符集;使用<! ————……——>注释。

在一个 .xml 文件中必须包含且只能包含一个根元素,可以根据实际需要自定义语义标记。

XML 元素是可以嵌套的,嵌套在其他元素中的元素称为子元素。

属性用于给元素提供提供更详细的说明信息(但不是必须的),他必须出现在起始标记中。属性以"名="值""的形式出现。

注意:(1) 在 XML 文档中,标记嵌套体现层次关系,通常使用根节点、父节点和子节点等词语表达,但标记不能交叉。

(2) 检验 XML 文件中标签与属性,通常使用 .dtd 文件或者 .xsd 文件。

1.2.8 Ajax 技术简介

Ajax 是 Asynchronous JavaScript and XML 的英文缩写,由 HTML、JavaScript™技术、DHTML 和 DOM 组成。其中,DOM(Document Object Model)表示文档对象模型。

传统的 Web 应用程序开发模式是:对于客户端的 http 请求,Web 服务器响应 HTML 数据;使用 Ajax 技术后,服务器页面不直接向 HTML 页面传输信息,而是通过 JS 脚本作为中间者,这样不会刷新客户端页面,所以称为异步(Asynchronous)传输。

使用 Ajax 技术的最大好处是改善了用户体验(尤其是用于实时股票系统中),它与传统的 Web 应用程序与 Ajax 技术比较,如图 1.2.4 所示。

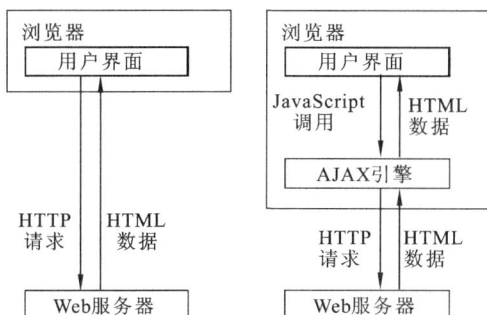

图 1.2.4　使用 Ajax 技术的 Web 应用程序与传统的 Web 应用程序比较

对于 Ajax,最核心的一个对象是 XMLHttpRequest,所有的 Ajax 操作都离不开对这个对象的操作,使用前通过如下方法创建其实例。

```
xmlHttp=new XMLHttpRequest();
```

注意:目前,虽然 XMLHttpRequest 得到了所有现代浏览器较好的支持,但 XMLHttpRequest 对象还没有标准化,对浏览器的依赖性表现为 XMLHttpRequest 对象的创建。在 IE 5 和 IE 6 中,必须使用特定于 IE 的 ActiveXObject()构造函数。如果使用 IE 浏览器,则需要按如下方法创建:

```
xmlHttp=new ActiveXObject('Microsoft.XMLHTTP');
```

XMLHttpRequest 对象的主要方法与属性如下:

- 打开请求:XMLHttpRequest. open(传递方式,地址,是否异步请求);
- 准备就绪执行:XMLHttpRequest. onreadystatechange。
- 获取执行结果:XMLHttpRequest. responseText。
- readyState:HTTP 请求的状态。当一个 XMLHttpRequest 初次创建时,这个属性的值从 0 开始,直到接收到完整的 HTTP 响应,这个值增加到 4。
- Status:由服务器返回的 HTTP 状态代码,当为 200 时表示成功。

【例 1.2.3】　利用 Ajax 技术,实时显示 JSP 网站服务器端的日期与时间信息。

【源代码】页面 sj01_3. html 代码如下。

```
<html>
<head>
<title> 同时实时显示 JSP 网站服务器端和客户端的日期与时间信息</title>
<script>
var xmlHttp;
function createXMLHttpRequest(){  //创建核心对象的实例
  if(window.ActiveXObject){
    xmlHttp=new ActiveXObject("Microsoft.XMLHTTP");
}
  else if(window.XMLHttpRequest){
    xmlHttp=new XMLHttpRequest();  //Ajax 的核心对象
  }
```

```
  }
  function timeStart(){    //页面加载时触发本方法
    var clienttime=new Date()    //获取客户端时间
     document. getElementById ( " ClientTime "). innerHTML = clienttime.
     toLocaleString();
    createXMLHttpRequest();
    var url="sj01_3.jsp";    //调用服务器端显示时间的页面
    xmlHttp.open("POST",url,true);    //只能以 POST 方式,不能用 GET
    xmlHttp.onreadystatechange=startCallback;    //回调函数名
    xmlHttp.send(null);
  }
  function startCallback(){        //http 状态,检查服务器接收是否完成
    if(xmlHttp.readyState==4){
      if (xmlHttp.status==200) {
          document. getElementById ( " ServerTime "). innerHTML = xmlHttp.
          responseText;setTimeout("timeStart()",1000);    //每隔 1 秒调用客户端
          脚本函数一次
              xmlHttp=null;   }
    }
  }
</script>
</head>
<body onLoad="timeStart()">
 客户端时间:<span id="ClientTime" style="color: blue;"></span>
 <p/>
 服务器端时间:<span id="ServerTime" style="color: blue;"></span>
</body>
</html>
```

页面 sj01_3.jsp 的源代码如下。

```
<%@  page language="java" pageEncoding="gb2312"%>
<%@  page import="java.util.*"%>
<html>
<head>
<title> 显示 JSP 网站服务器日期和时间</title>
</head>
<body>
 <%
    Calendar now=Calendar.getInstance();    //创建 Calendar 类实例
    out.print(now.getTime().toLocaleString());    //输出获取的日期与时间信息
 %>
</body>
</html>
```

【浏览效果】作者家里的局域网中,JSP 服务器(参见第 1.4 节)的 IP 为 192.168.0.2,在另一台计算机上浏览 JSP 服务器里 ch01 项目(子站点)里的 sj01_3.html 页面时,显示的客户端时间和服务器端时间相差 9 秒,如图 1.2.5 所示。

图 1.2.5　使用 Ajax 技术同时实时显示客户端和服务器端的日期与时间

注意:(1) Ajax 技术需要与某种服务器技术配合,服务器脚本语言是由服务器类型决定的。例 1.2.1 中使用 Apatch Tomcat 服务器(作为 JSP 网站服务器)并以 Java 作为服务器端脚本语言。

(2) 在 JSP 在动态网页 sj01_3.jsp 中,使用 JSP 的内置对象 out(参见第 5.1 节)。

(3) 一台 JSP 服务器,可以同时运行多个网站项目。

(4) 如果在 JSP 服务器上浏览访问,则客户端和服务器端合一,即显示的时间不会有差异。

1.3　Java Web 应用开发概述

Java 2 平台依照应用领域的不同,共分为三大版本,分别是 J2EE 版本、标准版本 J2SE(Java 2 Platform, Standard Edition)和微型版本 J2ME(Java 2 Platform, Micro Edition)。

Java 程序由类组成,系统类库的源代码公开(简称开源)和程序运行的平台无关性是 Java 的两个重要特性。

1.3.1　JSP 是一种动态网站制作技术

JSP(Java Server Page)是一种实现普通静态 HTML 和动态页面输出混合编码的技术,即 JSP 页面由 HTML 代码和嵌入其中的 Java 代码组成,服务器在页面被客户端请求后对这些 Java 代码进行处理,然后将生成的 HTML 页面返回给客户端的浏览器。从这一点来看,非常类似 Microsoft ASP 技术。借助形式上的内容和外观表现的分离,Web 页面制作的任务可以比较方便地划分给页面设计人员和程序员,并方便地通过 JSP 来合成。

Java Servlet(参见第 4.3.5 小节,详见第 7.1 节)是 JSP 的技术基础。稍微复杂的 Web 应用,需要 Java Servlet 和 JSP 的配合才能完成。JSP 在运行时首先转换成 Servlet,然后以 Servlet 的形态编译运行。

注意:对于服务器脚本的处理,JSP 采用编译方式,而 ASP 采用解释方式。

1.3.2　JSP 与 J2EE(Java EE)的关系

J2EE 是一个标准,而不是一个现成的产品。各个平台开发商按照 J2EE 规范分别开发了不同的 J2EE 应用服务器,J2EE 应用服务器是 J2EE 企业级应用的部署平台。由于它们都遵循了 J2EE 规范,因此,使用 J2EE 技术开发的企业级应用可以部署在各种 J2EE 应用服务器上。

J2EE 组成了一个完整的企业级应用。J2EE 不同部分纳入不同的容器(Container),每个容器中都包含若干组件(这些组件是需要部署在相应容器中的),同时,各种组件都能使用各种 J2EE Service/API。J2EE 容器包括 Web 容器、EJB 窗口和 Applet 容器等。

Web 容器属于服务器端容器,包括两种组件 JSP 和 Servlet。JSP 和 Servlet 都是 Web 服务器的功能扩展,接受 Web 请求,返回动态的 Web 页面。Web 容器中的组件可使用 EJB 容器中的组件,以完成复杂的商务逻辑。

EJB 容器属于服务器端容器,包含的组件为 EJB(Enterprise JavaBeans),它是 J2EE 的核心之一,主要用于服务器端的商业逻辑的实现。EJB 规范定义了一个开发和部署分布式商业逻辑的框架,以简化企业级应用的开发,使其较容易地具备可伸缩性、可移植性、分布式事务处理、多用户和安全性等。

Applet 容器属于客户端容器,包含的组件为 Applet。Applet 是嵌在浏览器中的一种轻量级客户端,一般而言,仅当使用 Web 页面无法充分地表现数据或应用界面的时候,才使用它。Applet 是一种替代 Web 页面的手段,我们仅能够使用 J2SE 开发 Applet,Applet 无法使用 J2EE 的各种 Service 和 API,这是出于安全性的考虑。

1.3.3 JSP 网站的开发模式

MVC 模式包括三个部分:模型(Model)、视图(View)和控制器(Controller),分别对应于内部数据、数据表示和输入输出控制部分。

当今越来越多的 Web 应用是基于 MVC 设计模式的,此种设计模式提高了应用系统的可维护性、可扩展性和组件的可复用性。

MVC 模式有如下优点:

(1) 将数据建模、数据显示和用户交互三者分开,使得程序设计的过程更清晰,提高了可复用程度;

(2) 当接口设计完成以后,可以开展并行开发,从而提高开发效率;

(3) 可以很方便地用多个视图来显示多套数据,从而使系统能方便地支持其他新的客户端类型。

1.4 搭建 JSP 网站的基本运行环境

建立任何类型的网站,都需要安装相应的服务器软件。在安装 JSP 网站服务器软件之前,需要安装 JDK(Java Development Kit)。这是因为 Java 语言是 JSP 页面默认使用的脚本语言。

1.4.1 安装 Java 语言开发包——JDK

JDK 是 Sun 公司推出的 Java 应用程序开发包,包括 Java 运行环境、Java 实用工具(如编译器、解释执行器等)和 Java 基础类库。

建立 JSP 网站,首先必须安装 Java JDK,因为 Java 是 JSP 网站所使用的脚本语言。访问作者的教学网站,在第三门课程的滚动新闻里可以下载 JDK1.6.0_10,双击安装文件 jdk-6u10-rc2-bin-b32-windows-i586-p-12＿sep＿2008.exe,即可开始安装。安装后的 Java JDK 的文件系统,如图 1.4.1 所示。

1.4.2　安装 JSP 网站服务器软件——Apache Tomcat 6

Apache Tomcat 经常被作为 JSP 网站的 Web 服务器软件。安装 Apache Tomcat 的第一个主要对话框是设置管理员密码(强烈建议设置 admin 用户的密码并牢记!),如图 1.4.2 所示。

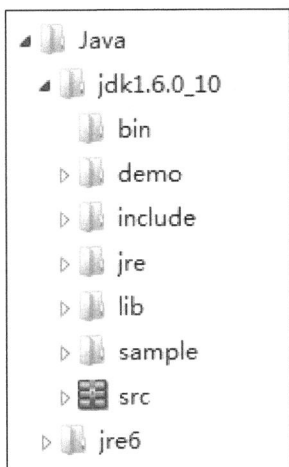

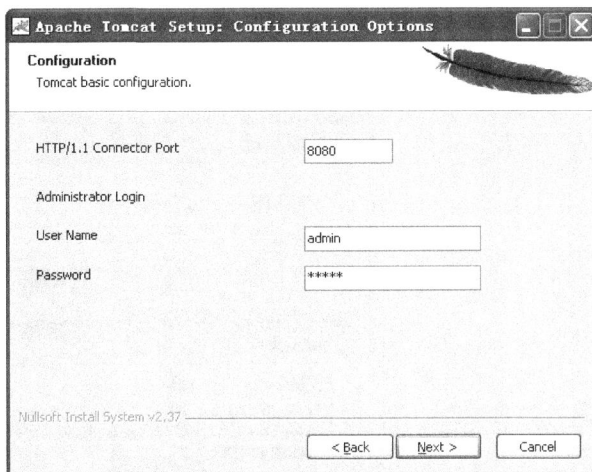

图 1.4.1　JDK 的文件系统　　　　图 1.4.2　设置 Apache Tomcat 的管理员密码

安装过程中,第二个主要对话框是指定已经安装的 JDK 的路径,如图 1.4.3 所示。安装完成后,Apache Tomcat 6 的文件目录,如图 1.4.4 所示。

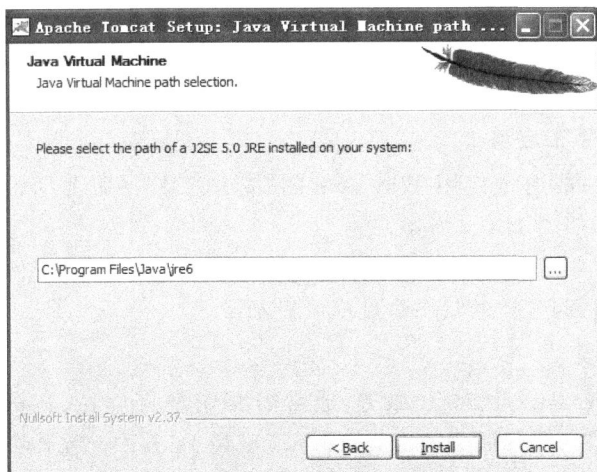

图 1.4.3　Apache Tomcat 服务器的安装
需要指定 JDK 的虚拟机路径

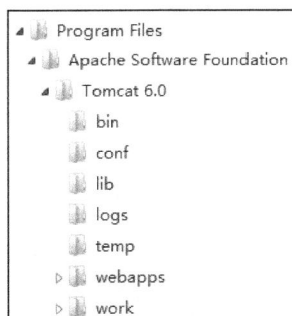

图 1.4.4　Apache Tomcat
的文件目录

其中,bin 文件夹存放着在 DOS 命令行方式下启动 Web 服务器的命令文件 tomcat6.exe,conf 文件夹存放了系统配置文件和项目配置文件(参见第 1.4.3 小节),lib 文件夹存放着 Web 开发所需要使用的 jar 文件(参见第 4.3.5 小节和第 7.3.1 小节),work 文件夹存放转译 JSP 后的文件(参见第 4.3.5 小节)。

注意:使用免安装版本的 Apache Tomcat,则需要配置 Windows 系统的环境变量 java_home,其值为 JDK 的安装路径。建立 Windows 7 系统的环境变量的操作方法是: 右击计算机→属性→高级系统设置→环境变量→新建或编辑系统变量,如图 1.4.5 所示。

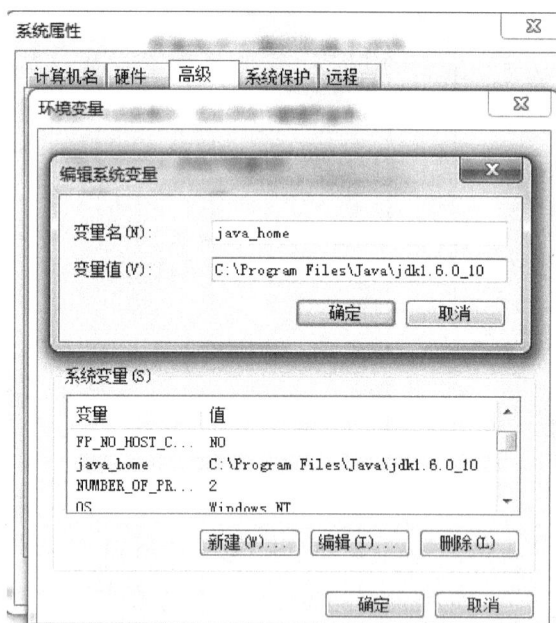

图 1.4.5　建立指示 JDK 安装路径的环境变量 java_home

1.4.3　Apache Tomcat 使用初步

1. 设置 Apache Tomcat 服务为手工启动

安装 Apache Tomcat 完成后,一般通过使用 Windows 的"管理工具→服务",设置 Apache Tomcat 服务器为手动启动,如图 1.4.6 所示。

设置 Apache Tomcat 为手动启动,是为了方便将来在 MyEclipse 中启动后能显示服务的相关信息(参见第 4.4 节),否则,服务器的状态信息不可显示。

2. 手工启动 Apache Tomcat 服务

为方便在 DOS 命令行下启动 Apache Tomcat 服务,通常需要先将 Apache Tomcat 服务的启动文件的路径(即 bin 文件夹)添加到 Windows 的环境变量 Path 中。操作方法是先将 Apache Tomcat 的 bin 文件夹的完整路径复制到剪贴板里,然后点击右键计算机→属性→高级系统设置→环境变量→PATH→编辑→粘贴,效果如图 1.4.7 所示。

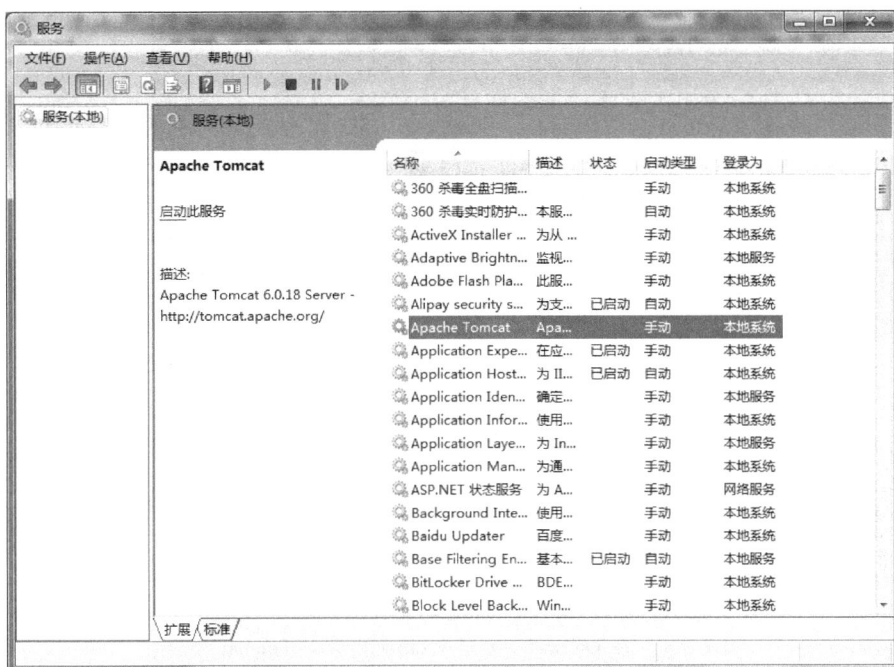

图 1.4.6　设置 Apache Tomcat 服务为手动启动

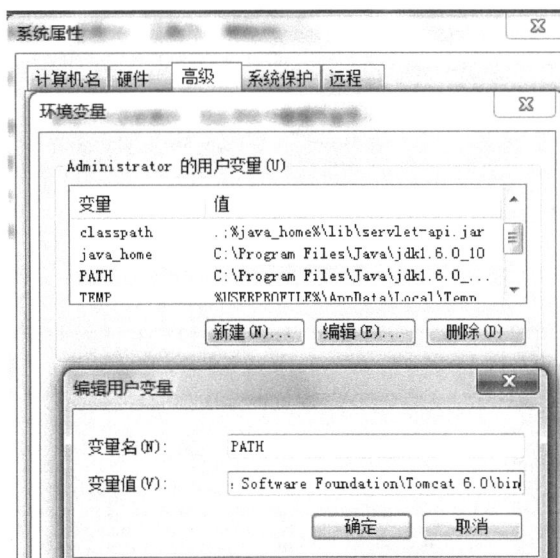

图 1.4.7　设置 Apache Tomcat 启动文件的路径到环境变量 Path 中

　　执行 Windows 的 cmd 命令进入 DOS 命令窗口,在窗口里执行命令 tomcat6 即可启动 Tomcat 服务,效果如图 1.4.8 所示。

　　注意:不要在 Windows 文件窗口中,通过双击文件 bin\tomcat6. exe 的方式启动 Apache Tomcat 服务。否则,不好控制 Apache Tomcat 的状态。

图 1.4.8　在 DOS 命令窗口中启动 Apache Tomcat 服务

　　启动完成后，最小化 Apache Tomcat 服务窗口（不能关闭窗口，否则会停止 Apache Tomcat 服务），打开浏览器，在地址栏输入 http://localhost:8080 即可访问 JSP 默认网站，效果如图 1.4.9 所示。

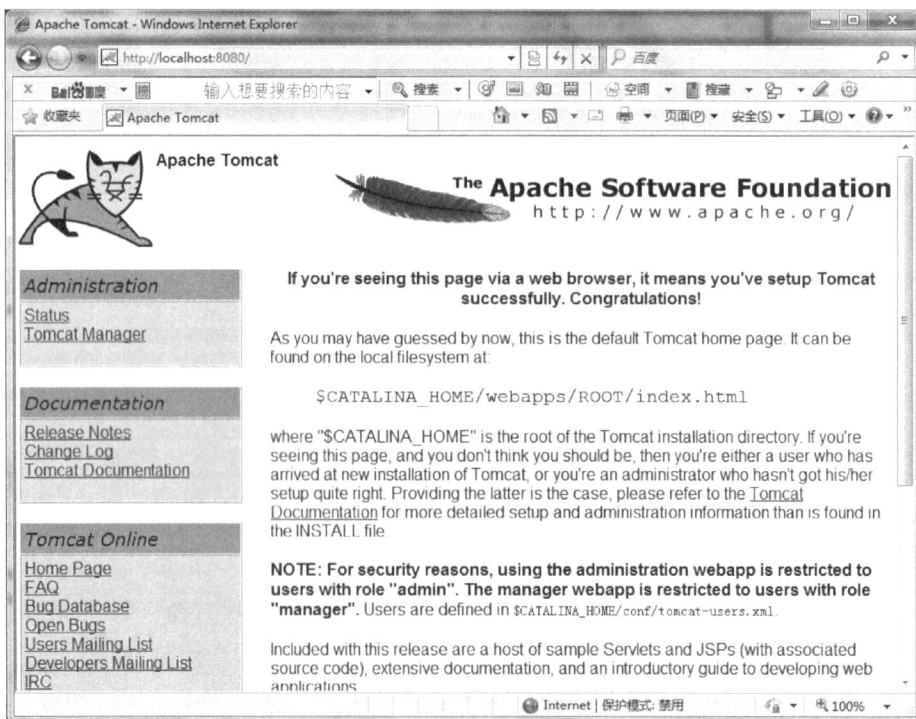

图 1.4.9　Apache Tomcat 服务器的默认网站的主页

3. 认识服务器配置文件 server. xml

位于 conf 文件夹里的服务器配置文件 server. xml,主要定义访问的端口号(8080)、主机默认名称(localhost)和 Web 应用的基准目录(webapps)等,这个文件一般不需要修改,文件代码如图 1.4.10 所示。

```
<?xml version='1.0' encoding='utf-8'?>
<Server port="8005" shutdown="SHUTDOWN">
  <Listener className="org.apache.catalina.core.AprLifecycleListener" SSLEngine="on" />
  <Listener className="org.apache.catalina.core.JasperListener" />
  <Listener className="org.apache.catalina.mbeans.ServerLifecycleListener" />
  <Listener className="org.apache.catalina.mbeans.GlobalResourcesLifecycleListener" />
  <GlobalNamingResources>
    <Resource name="UserDatabase" auth="Container"
              type="org.apache.catalina.UserDatabase"
              description="User database that can be updated and saved"
              factory="org.apache.catalina.users.MemoryUserDatabaseFactory"
              pathname="conf/tomcat-users.xml" />
  </GlobalNamingResources>
  <Service name="Catalina">
    <Connector port="8080" protocol="HTTP/1.1"
               connectionTimeout="20000"
               redirectPort="8443" />
    <Connector port="8009" protocol="AJP/1.3" redirectPort="8443" />
    <Engine name="Catalina" defaultHost="localhost">
      <Realm className="org.apache.catalina.realm.UserDatabaseRealm"
             resourceName="UserDatabase"/>
      <Host name="localhost" appBase="webapps"
            unpackWARs="true" autoDeploy="true"
            xmlValidation="false" xmlNamespaceAware="false">
      </Host>
    </Engine>
  </Service>
</Server>
```

图 1.4.10　去掉了注释后的 server. xml 文件代码

注意:(1)有些时候,需要修改通讯端口号(8080)。例如,在第 6.3 节中,又同时引入了一个类似于 Tomcat 容器的 JBoss 容器,后者占用端口 8080,就需要修改 Tomcat 端口(例如修改为 8088)。

(2)在表示 Http 请求(端口为 8080)的标签<Connector>内,可以增加 URIEncoding 属性,用于指定 HttpGET 请求时的数据编码,其默认值为"ISO-8859-1",参见例 8.2.1。

4. 修改项目配置文件 web. xml

位于 conf 文件里的 web. xml 中 Servlet 类名为 DefaultServlet 的 Servlet 配置节,定义是否禁止显示 Apache Tomcat 项目文件列表。一般地,为方便 JSP 网站项目调试,可以设置参数 listings 的值为 true,即允许列表,在项目完成后再设置参数 listings 的值为 false,即禁止列表,如图 1.4.11 所示。

```
<servlet>
    <servlet-name>default</servlet-name>
    <servlet-class>org.apache.catalina.servlets.DefaultServlet</servlet-class>
    <init-param>
        <param-name>debug</param-name>
        <param-value>0</param-value>
    </init-param>
    <init-param>
        <param-name>listings</param-name>
        <param-value>true</param-value>
    </init-param>
    <load-on-startup>1</load-on-startup>
</servlet>
```

图 1.4.11　显示 Apache Tomcat 项目文件夹列表的开关

默认的项目配置文件 web. xml 中最后的代码,如图 1.4.12 所示,即是设定网站项目的主页,一般不需要修改。

```
<welcome-file-list>
    <welcome-file>index.html</welcome-file>
    <welcome-file>index.htm</welcome-file>
    <welcome-file>index.jsp</welcome-file>
</welcome-file-list>
```

图 1.4.12 默认的主页列表

注意:(1) 使用 Windows 的记事本程序打开 web. xml 文件,不能看清标记的嵌套关系,而使用 EditPlus 则不然。

(2) 安装 Apache Tomcat 时,listings 的默认值为"false"。

(3) 当 JSP 项目文件夹存在设置的主页文件时,listings 参数设置失效。

5. 认识网站用户文件 tomcat-users. xml

安装 Apache Tomcat 时,输入的用户密码存放在安装目录的 conf\tomcat-users. xml 文件中,使用文本编辑软件打开后的代码,如图 1.4.13 所示。

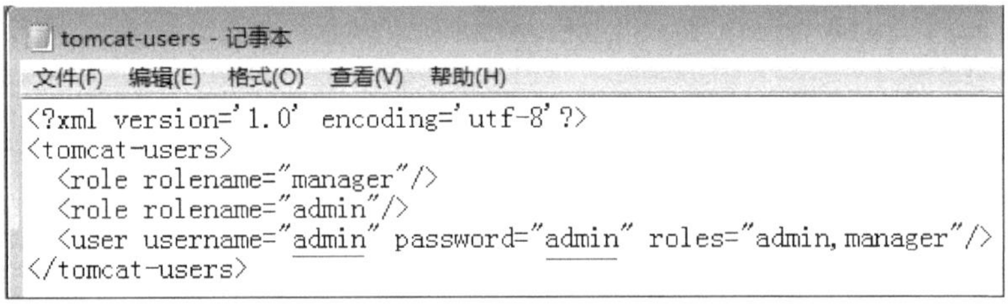

```
tomcat-users - 记事本
文件(F)  编辑(E)  格式(O)  查看(V)  帮助(H)
<?xml version='1.0' encoding='utf-8'?>
<tomcat-users>
  <role rolename="manager"/>
  <role rolename="admin"/>
  <user username="admin" password="admin" roles="admin,manager"/>
</tomcat-users>
```

图 1.4.13 tomcat-users. xml 文件代码

1.4.4 JSP 网页初步

JSP 网页存放在 JSP 网站中,如同其他的网页(如 HTML 和 ASP)一样,可以使用任何的文本编辑工具进行编辑,例如 EditPlus。

【例 1.4.1】 设计一个上班问候语的 JSP 页面,并在 Web 服务器中浏览。

【实现步骤】

使用 EditPlus,编辑名为 sj01_4. jsp 的文件,并以默认的编码格式(ANSI)保存至 Apache Tomcat 安装目录的 webapp\ROOT 文件夹里。sj01_4. jsp 文件代码,如图 1.4.14 所示。

(1) 运行 Windows 的 cmd 命令,进入命令行方式。

(2) 输入命令 tomcat6,启动 Web 服务器。

(3) 启动浏览器,在地址栏输入 http://localhost:8080/sj01_4.jsp,上午浏览该页面时,其效果如图 1.4.15 所示。

使用 EditPlus 编辑页面时,默认保存文件的字符编码格式是 ANSI。不同的国家和地区制定了不同的标准,由此产生了 GB2312,BIG5,JIS 等各自的字符编码标准。这些使用两个字节来代表一个字符的各种汉字延伸编码方式,称为 ANSI 编码。

```
<%@ page language="java" pageEncoding="gb2312" %>
<%@ page import="java.util.*" %>
<%
  Calendar now=Calendar.getInstance();
%>
<html>
<head><title>JSP页面构成</title></head>
<body>
<H3>上班问候语</H3>
  朋友，
  <%
  if(now.get(Calendar.AM_PM)==Calendar.AM)
          out.print("早上好！<br>");
  else
          out.print("下午好！<br>");
%>
</body>
</html>
```

上班问候语

朋友，　早上好！

图 1.4.14　一个典型的 JSP 页面　　　图 1.4.15　上午访问时的页面效果

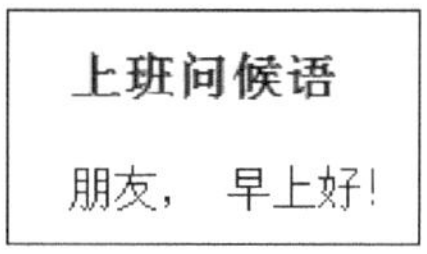

在 JSP 网站开发时，除了使用 ANSI 编码外，还可使用 UTF-8（Universal Transformation Format）编码。UTF-8 是 Unicode 的一种实现方式，是一种中间字符集，用于提供通用的转换格式。事实上，不论 JSP 编写时候用的是什么编码方案，最终将转译 JSP 为使用 UTF-8 编码的文件（参见第 4.3.5 小节）。

在 JSP 标准的语法中，如果 pageEncoding 属性存在，那么 JSP 页面的字符编码方式就由 pageEncoding 决定，否则就由 contentType 属性中的 charset 决定。pageEncoding 是通知 Web 服务器使用的编码。

如果保存页面时使用的编码与通知 Web 服务器的编码不一致，就会导致页面显示中文时出现乱码，图 1.4.16 显示了当文件 sj01_4.jsp 保存编码使用 ANSI 而通知服务器的编码为 utf-8 时出现的中文乱码。

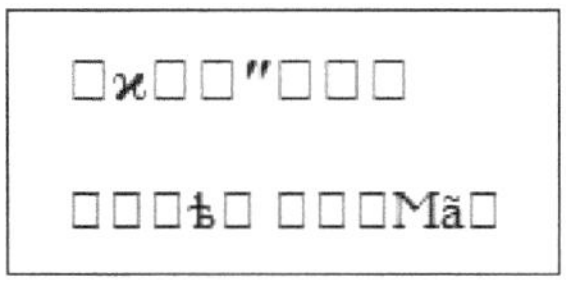

图 1.4.16　页面显示出现中文乱码示例

注意：（1）不管使用哪种编码方式，西文字符的编码是统一的，即 ASCII 编码。

（2）当使用 EditPlus 等文本编辑软件编辑网页文件时，默认保存文件使用的格式是 ANSI，在 JSP 的 page 指令中，通过设定属性值 contentType＝"text/html；charset＝gb2312"或 pageEncoding＝"gb2312"，才不会造成页面浏览时出现中文乱码。否则，例如使用 utf-8，则会出现中文乱码。

（3）页面指令中的属性名应严格大小写。

（4）只要页面文件保存时的编码格式与通知 Web 服务器的编码一致，例如都使用 utf－8，就不会出现页面显示时中文乱码的问题。

（5）GBK 是对 GB2312 的扩充，都能处理中文信息。

习　题　1

一、判断题

1. 简单地说，JSP 文档是包含有 Java 代码的 HTML 文档。

2. 所有动态网页必须在 Web 站点中浏览。

3. 网站配置文件对网站浏览没有影响。

4. 在 XML 文档中的所有标记，都必须成对出现或自闭。

5. 在 Ajax 技术中，动态网页文件名作为 XMLHttpRequest.open() 的参数。

6. 任何网站的数据库服务器与 Web 服务器必须安装在不同的机器上。

7. 在 XML 文档中，节点可以嵌套和交叉。

二、选择题

1. 下列关于动态网页和静态网页的根本区别的描述中，错误的是_____。

    A. 静态网页服务器端返回的 HTML 文件是事先存储好的

    B. 动态网页中含有需要在 Web 服务器端执行的程序代码

    C. 静态网页文件里只有 HTML 标记，没有程序代码

    D. 访问动态网页时从服务器端返回的 HTML 代码是由程序生成的

2. 下列选项中，不是 JSP 运行必须的是_____。

    A. 支持 JSP 的 Web 服务器   B. 操作系统

    C. Java JDK   D. 数据库服务器

3. 盒子模型是所有布局控制的基础，作为盒子模型内边距的是_____。

    A. Content Container   B. padding

    C. border   D. margin

4. 关于 Apache Tomcat 服务器的启动，下列说法中不正确的是_____。

    A. 通过在浏览器地址栏输入"http://localhost:8080"，可以测试服务器是否已经启动

    B. 使用 Windows 的"管理工具—服务"，能方便地启动和停止服务器

    C. Apache Tomcat 服务器安装目录的 bin 文件夹里的启动命令，只能在 DOS 命令行方式下运行，且能显示服务器启动的相关信息

    D. 通过 DOS 命令窗口启动启动服务器后，关闭窗口不会停止服务器

5. 在 Apache Tomcat 里，默认网站对应的文件夹 ROOT 含于_____文件夹里。

    A. work   B. bin   C. conf   D. webapps

6. ApacheTomcat 服务器用于 Http 请求的默认端口号是_____。

    A. 80   B. 8080   C. 8009   D. 2121

7. 平台无关、开源是_____网站特有的两个重要特性。

    A. JSP   B. ASP   C. ASP.NET   D. PHP

三、填空题

1. 输入 http://localhost:8080,实质上是访问 Apache Tomcat 的 webapps 下的_____
_____项目文件夹里的主页。

2. 网页可分为静态网页和_____网页。

3. 在 Apache Tomcat 的 conf 文件夹里的_____文件定义了网站访问的端口。

4. 在 JSP 中,用户网站项目文件夹应出现在 Apache Tomcat 的_____文件夹里。

5. 在 Ajax 技术中,最核心的对象是_____。

6. 在客户端,页面呈现的过程,就是_____解释 HTML 代码的过程。

7. 传统的页面布局使用表格,流行的页面布局使用_____。

8. Http 请求包括 GET 请求和 POST 请求两种方式,其中超链接属于_____
请求。

实验 1 高级 Web 应用开发基础与 JSP 网站初步

一、实验目的

1. 掌握 JSP 网站基本运行环境的搭建；

2. 掌握浏览 JSP 网站的方法；

3. 初步掌握 JSP 页面的基本结构；

4. 掌握 XML 文件的特点；

5. 掌握增强型编辑软件 EditPlus 的使用；

6. 掌握启动 Apache Tomcat 服务器的方法；

7. 掌握 Apache Tomcat 服务器的配置文件 Server.xml 的作用；

8. 认识网站配置文件 web.xml 的作用；

9. 了解 Tomcat 用户文件 tomcat-users.xml 的作用；

10. 掌握在 JSP 页面中引入客户端脚本 JavaScript 的方法；

11. 掌握 CSS+Div 布局页面的方法。

12. 了解 jQuery 等 JavaScript 库的使用方法。

二、实验内容及步骤

【预备】访问 http://www.wustwzx.com/jsp_sy/index.html 并单击"实验 1"超链接,下载本次实验内容的源代码并解压(得到文件夹 ch01),供研读和调试使用。

1. JSP 网站基本运行环境的搭建。

    (1) 访问作者的教学网站 http://www.wustwzx.com,在第三门课程的滚动新闻里下载 JDK 6,得到安装文件 jdk-6u10-rc2-bin-b32-windows-i586-p-12_sep_2008.exe,双击即可像安装一般的 Windows 软件一样开始安装。

    (2) 在作者教学网站的第三门课程的滚动新闻里,下载安装版的 JSP 网站服务器软件,得到文件 apache-tomcat-6.0.18.exe,双击即可开始安装。在安装过程中,需要设置 JRE 和设置网站管理员名称和密码(均设为"admin")。

    (3) 在 Windows 的"管理工具—服务"中,设置 Apache Tomcat 服务的启动类型为"手动"。

    (4)建立或编辑 Windows 的环境变量 path,将 Tomcat6.0\bin 的全路径添加到 path 中。

    (5) 在访问作者的第一门课程的滚动新闻里下载编辑软件 EditPlus(得到压缩文件 ep.rar),解压后建立主应用程序 editplus.exe 的桌面快捷方式。

    (6) 编辑软件 EditPlus 在首次使用时,要求用户注册。分别输入用户名"Free User"和注册密码"6AC8D-784D8-DDZ95-B8W3A-45TFA"(参见文件 EditPlus 注册码.txt)后即完成新用户注册。

2. 通过使用 EditPlus 打开服务器配置文件,认识 XML 文件的特点。

    (1) 打开 Apache Tomcat 安装目录下的文件夹 conf。

    (2) 使用 Windows 记事本程序打开 conf 里的服务器配置文件 server.xml,难以看清各标记之间的嵌套关系,关闭该程序窗口。

(3) 再使用 EditPlus 程序打开 conf 里的服务器配置文件 server. xml,可以清楚地显示各标记之间的嵌套关系,查看 Service 配置节关于访问 Web 服务器的端口(8080)、主机名(localhost)和网站基准目录(webapps)的设置。

(4) 使用 EditPlus 程序打开 conf 里的 Apache Tomcat 的用户文件 tomcat－users. xml,可以看到用管理员户名及其密码。

3. 浏览 JSP 默认网站和用户网站,查看 JSP 文档结构。

(1) 运行 Windows 的"cmd"命令,再执行 tomcat6 命令,启动"Apache Tomcat 服务"。

(2) 打开浏览器,在地址栏里输入 http://localhost:8080,即可出现 JSP 默认网站的主页。

(3) 将解压后的项目文件夹 ch01 复制到 Apache Tomcat 安装目录的 webapps 文件夹里,在浏览器的地址栏输入 http://localhost:8080/sj01_4.jsp,即浏览 JSP 网站项目里的指定页面。

(4) 使用 EditPlus 打开 sj01_4.jsp,查看 JSP 文档的结构可知:JSP 文件是含有 Java 代码的 HTML 文件。

(5) 使用 EditPlus 打开 Apache Tomcat 安装目录下的文件夹 conf 里的网站配置文件 web. xml 查看该文件最后的用于配置网站主页的＜welcome－file－list＞配置节,默认主页名为 index. html 或 index. htm 或 index. jsp。

(6) 使用 EditPlus 打开网站项目文件夹 ch01 里的 index. jsp 文件,查看其内容(三个超链接)。

(7) 在浏览器的地址栏输入 http://localhost:8080/ch01,即浏览用户网站,显示用户网站的主页,即 index. jsp 页面。

(8) 将网站项目文件夹 ch01 里的 index. jsp 文件重命名为 indexbak. jsp,新开一个浏览器窗口,在地址栏输入 http://localhost:8080/ch01,此时不会显示任何页面。

(9) 使用 EditPlus 打开网站安装目录下的文件夹 conf 里的网站配置文件 web. xml,修改第一个＜servlet＞配置节里参数 listings 对应的值为 true(参见图 1.4.11)。然后,新开一个浏览器窗口并在地址栏输入 http://localhost:8080/ch01,此时会显示项目文件夹 ch01 里的所有 jsp 文件,通过单击某个 jsp 文件,可以方便地浏览该 jsp 文件。

(10) 使用 Windows 的管理工具,停止 Apache Tomcat 服务,在浏览器的地址栏输入任何的对 JSP 网站的请求(如访问 JSP 默认网站,输入 http://localhost:8080),都将无法浏览。这表明,浏览 JSP 动态网页,需要 Web 服务器的支持。

(11) 将网站项目文件夹 ch01 里的 indexbak. jsp 文件重命名为 index. jsp。

4. 使用客户端脚本技术 JavaScript,实时显示客户端的日期与时间。

(1) 使用 EditPlus 打开项目文件夹 ch01 里的文件 sj01_2.html,分析页面代码。

(2) 使用 JavaScript 内置对象 Date 之前,需要通过运算符 new 创建其实例。

（3）将实例对象所包含的日期/时间信息写入浏览器窗口中用＜span＞标记的位置。

（4）Window 对象的定时器方法 setTimeout（）。

（5）在 JSP 站点中浏览该页面，或者直接在本地通过双击该文件调用浏览器直接浏览。

5．使用 JavaScript，进行客户端数据输入的有效性验证。

（1）使用 EditPlus 打开项目文件夹 ch01 里的文件 sj01_2.html，分析页面代码。

（2）在＜form＞标记内找到客户端事件 onSubmit。

（3）在＜Script＞标记内找到响应 onSubmit 事件的方法 isValid（），实现数据的客户端验证。

6．使用 Ajax 技术，实时显示服务器端的时间。

（1）使用 EditPlus 打开项目文件夹 ch01 里的文件 sj01_3.jsp，其主体部分是 Java脚本，含有两条语句，其功能分别是创建类的实例、调用类的方法并输出数据（JSP 网站服务器端的当前日期与时间）。

（2）使用 EditPlus 打开项目文件夹 ch01 里的文件 sj01_3.html，查看 JavaScript脚本中创建核心对象 XMLHttpRequest 对象的代码。

（3）在 XMLHttpRequest 对象的 open（）方法中，以 sj01_3.jsp 文件名作为其中的一个参数。

（4）如果有局域网环境，通过 IP 地址（含端口）访问其他的 JSP 网站（相邻的计算机）。

7．CSS＋Div 布局页面示例。

（1）打开解压文件夹 ch01 里的子文件夹 Div_demo。

（2）双击 index.html 文件，浏览页面。

（3）使用 EditPlus 打开 index.html 文件，查看 Div 布局页面的用法。

8．了解前台框架 jQuery 的使用。

（1）打开解压文件夹 ch01 里的子文件夹 jQuery_demo。

（2）双击 jQuery_Demo.html 文件，浏览并测试页面特效。

（3）使用 EditPlus 打开 jQuery_Demo.html 文件，查看对 JavaScript 脚本库的引用。

9．了解前台框架 Prototype 的使用。

（1）打开解压文件夹 ch01 里的子文件夹 Prototype_demo。

（2）双击 Prototype_Demo.html 文件，浏览并测试页面特效。

（3）使用 EditPlus 打开 Prototype_Demo.html 文件，查看对 JavaScript 脚本库的引用。

三、实验小结及思考

（由学生填写，重点写上机中遇到的问题）

第2章　MySQL 数据库及其基本操作

　　MySQL 是瑞典 MySQL AB 公司开发的一种小型关系型数据库管理系统。2008 年，MySQL 被 Sun 公司收购，2009 年，Sun 公司又被 Oracle 公司收购。

　　目前，MySQL 被广泛地应用在 Internet 上的中小型网站中。由于其体积小、速度快、总体拥有成本低，尤其是开放源码这一特点，许多中小型网站为了降低网站总成本，选用 MySQL 作为网站数据库。本章学习要点如下：

- 掌握 MySQL 数据库软件的安装；
- 掌握在命令行方式下维护 MySQL 数据库的命令；
- 掌握导出 MySQL 数据库 SQL 脚本的方法；
- 掌握 MySQL 数据库与数据库之间的导入/导出方法；
- 掌握 MySQL 的前端工具 Navicat for MySQL 的使用。

2.1　MySQL 数据库软件的安装、启动和关闭

2.1.1　MySQL 5.5 数据库软件的安装

　　访问作者的教学网站 http://www.wustwzx.com，在第三门课程的滚动栏里可以下载 MySQL 5.5.23 软件。

　　如同安装一般的 Windows 应用程序一样，通过双击安装程序完成软件的安装。

　　MySQL 系统文件复制完成后，还要选择设置 MySQL 实例的向导，如图 2.2.1 所示。

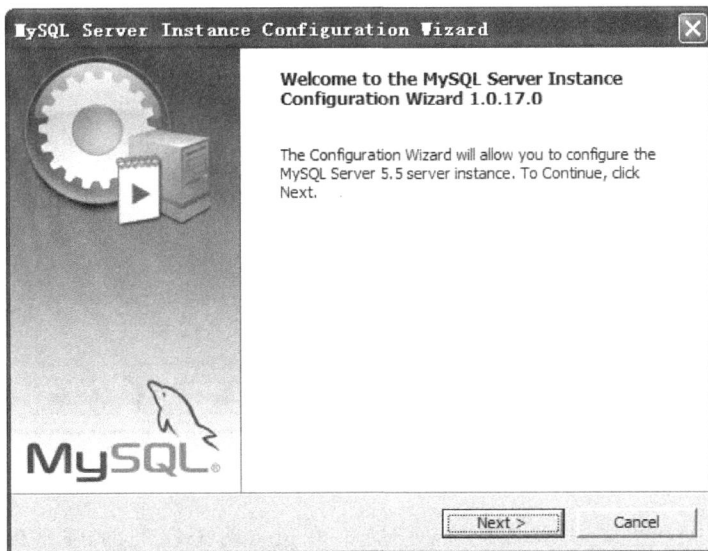

图 2.1.1　设置 MySQL 实例向导

在接下来的向导过程中,有一步是设置 MySQL 服务器的通讯端口,如图 2.1.2 所示。

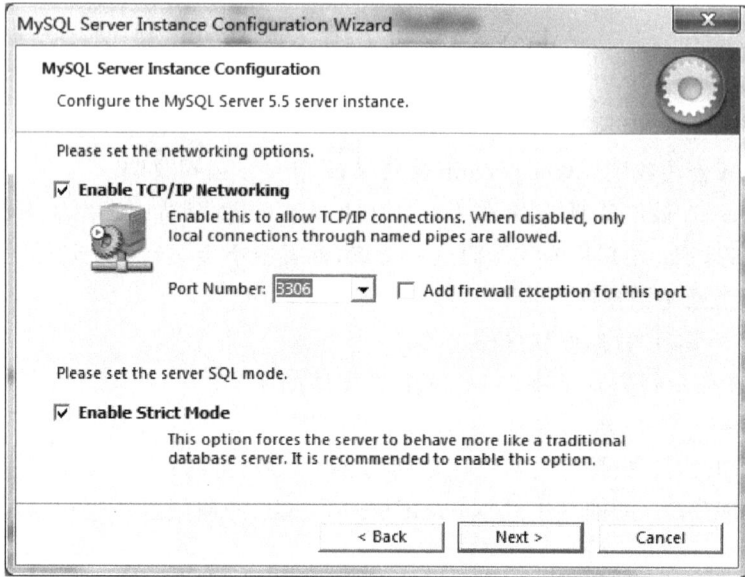

图 2.1.2 设置 MySQL 服务器的通讯端口

在接下来的向导过程中,有一步是设置 MySQL 的默认字符集,如图 2.1.3 所示。

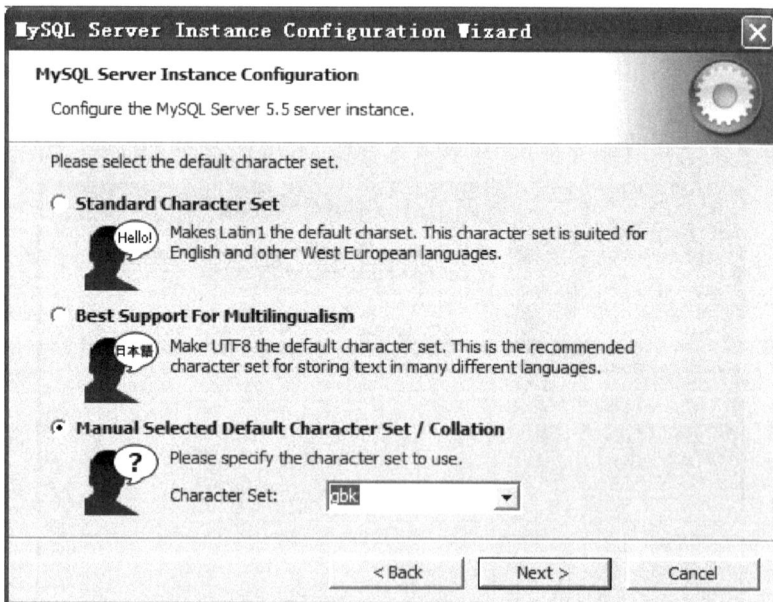

图 2.1.3 设置 MySQL 的默认字符集为 gbk

注意:为了处理中文,建议选择默认字符集为 gbk 或(GB2312),参见例 9.3.1。

还有一个关键的步骤是指定 root 用户的密码,如图 2.1.4 所示。

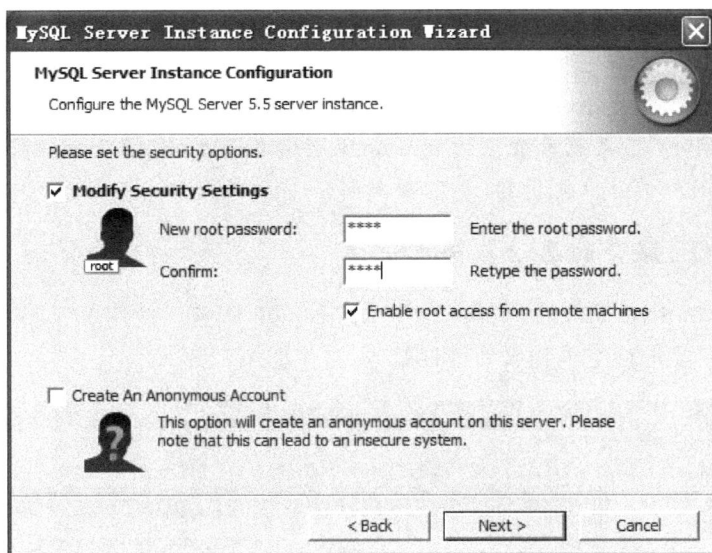

图 2.1.4　设置 root 用户密码

安装完成后,为了方便客户端在命令行方式下使用 MySQL,通常使用 Windows 的"开始"菜单,发送 MySQL 客户端程序 MySQL 5.5 Command Line Client 的快捷方式到桌面,如图 2.1.5 所示。

如果经常使用 MySQL,可以使用 Windows 的"管理工具—服务",在 MySQL 的属性对话框中,设置 MySQL 数据库服务器的启动类型为"自动",如图 2.1.6 所示。

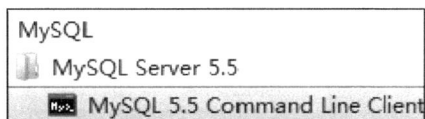

图 2.1.5　建立 MySQL 客户端程序
的桌面快捷方式

图 2.1.6　设置 MySQL 服务的启动类型

注意:(1) 如果不设置登录 MySQ 服务器的密码,在 DOS 命令行方式下登录要求输入密码时,则应直接回车(即空密码)。

(2) 本教材中,设定 root 用户的密码也为 root。

(3) 查看 MySQL 系统目录里的 my.ini 文件可知,MySQL 服务器默认使用的端口为 3306。在后面的学习中要用到(参见第 3.5 节)。

2.1.2 MySQL 服务的启动与停止

在安装了 MySQL 软件后,默认已经启动 MySQL 服务。使用 Windows"管理工具—服务",可以方便地进行停止和启动这种服务,操作如 2.1.7 所示。

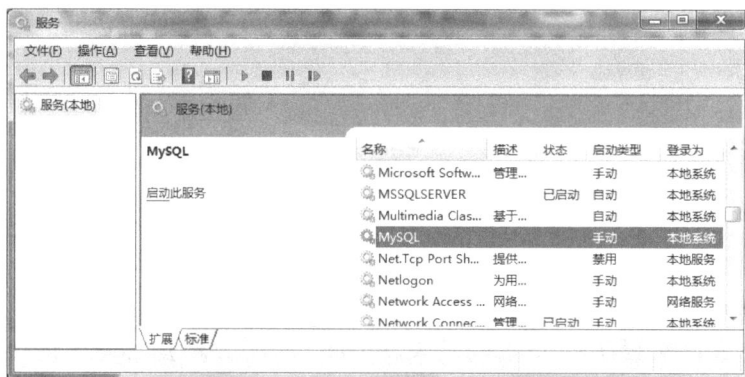

图 2.1.7 MySQL 服务的图形化操作

注意:如果经常使用 MySQL,可以右击图 2.1.7 中的 MySQL,在属性窗口中设置启动类型为"自动"。

下面介绍另一种在 DOS 命令窗口中实现的方法,如图 2.1.8 所示。

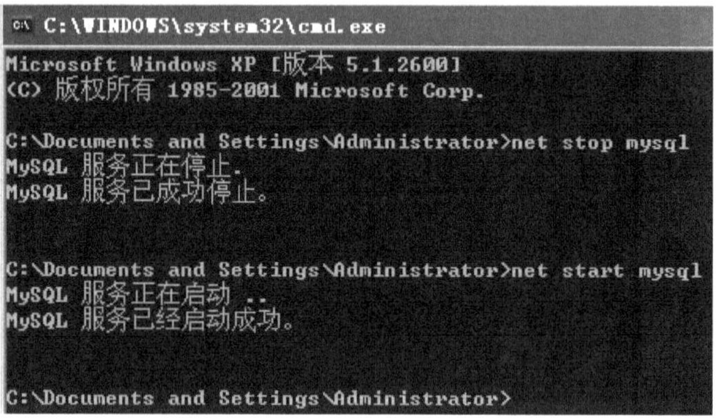

图 2.1.8 在 DOS 命令窗口中启动和停止 MySQL 服务

选择"开始"→"运行",输入 cmd,进入 DOS 命令窗口,在 DOS 命令提示符下输入如下命令:

$$\backslash{>}net\ stop\ mysql$$

即可看到如下停止 MySQL 服务的信息。

在 DOS 命令提示符下输入如下命令：

\＞net start mysql↙

即可看到启动 MySQL 服务的信息。

2.1.3　在 DOS 命令行方式下登录 MySQL 数据库服务器

为了在 DOS 命令行方式下能登录 MySQL 服务器，先要保证 Windows 环境变量 Path 中包含了 MySQL 的安装路径。

登录命令通常是在 mysql 后通过-u 引出用户名(root)，通过-p 引出密码，如图 2.1.9 所示。

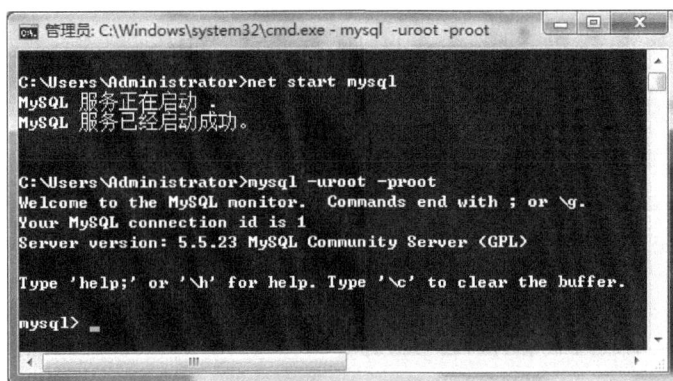

图 2.1.9　在 DOS 命令窗口中登录 MySQL 服务器

注意：(1) 初学者在 MySQL 命令行方式下输入错误的命令是经常发生的，此时 MySQL 提示符变为"－＞_"。输入"\c"或";"并回车，才能取消缓冲区内容，并回到通常的 MySQL 命令行提示符"mysql＞_"。

(2) 在 MySQL 命令行方式下，输入如下命令后会退出 MySQL 命令行方式并返回到 DOS 命令行方式。

mysql＞exit;　或　mysql＞quit;

2.1.4　在 MySQL 命令行方式下修改数据库服务器的登录密码

登录了 MySQL 后，在 MySQL 命令行方式下修改密码。

mysql＞GRANT ALL ON ＊.＊ TO ' root '@' localhost ' IDENTIFIED BY ' m123 ';

其中，root 代表用户名，m123 代表修改后的密码。

2.2　操作 MySQL 数据库

2.2.1　显示所有数据库(Show Databases)

在此 MySQL 命令行方式下，显示所有 MySQL 数据库的命令格式如下：

Show Databases;

MySQL 控制台的显示效果，如图 2.2.1 所示。

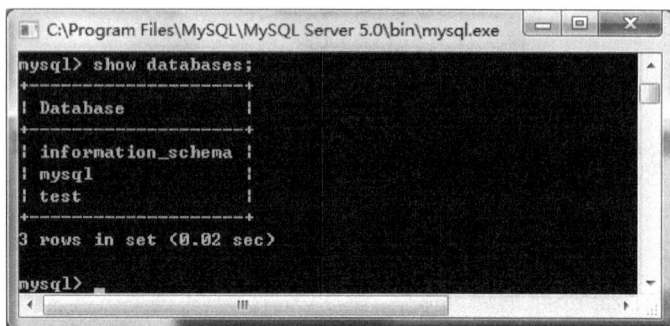

图 2.2.1　在 MySQL 控制台显示所有 MySQL 数据库名

注意：数据库操作命令后的分号不可省略，下同。

2.2.2　创建新的数据库（Create Database）

在此 MySQL 命令行方式下，创建数据库的命令格式如下：

Create Database 库名；

注意：每个数据库，在 MySQL 系统的 data 文件夹里，对应于三个文件，它们分别是：*.frm（描述表的结构）、*.myd（保存表的数据记录）和 *.myi（保存表的索引）。

2.2.3　选择数据库（Use）

在此 MySQL 命令行方式下，选择某个已经存在的数据库的命令格式如下：

Use 库名；

2.2.4　显示数据库中的所有表（Show Tables）

查看当前数据库中的所有表，其命令格式如下：

Show Tables；

显示 test 数据库的所有数据表，其操作如图2.2.2 所示。

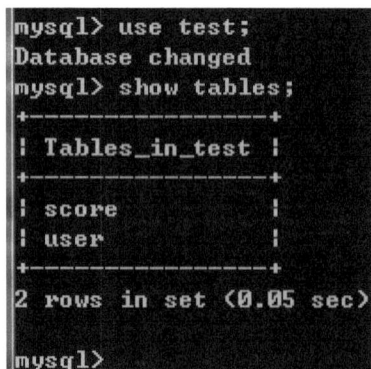

图 2.2.2　显示 test 数据库的所有表

2.2.5　删除数据库（Drop Database）

删除一个已经存在的数据库，其命令格式如下：

Drop Database 库名；

2.2.6　数据库（SQL 文本）的导出与导入

1. 数据库的导出

要导出 MySQL 数据库中所有表的 SQL 文本，只需在 DOS 命令行方式下，使用如下命令格式：

C:\>MySQLDump -uroot -p 密码 数据库>SQL 文件名

例如，输入命令"MySQLDump-uroot-proot test

>d:\test. sql”后，将 test 数据库中的所有表对应的 sql 文本写入到 D 盘根目录下的 test. sql 文件中。

在 DOS 命令行方式下，导出 MySQL 数据库中某个表的 SQL 文本的命令格式如下：

C:\>MySQLDump -uroot -p 密码 数据库 表名>SQL 文件名

2. 数据库的导入

要导入外部的 SQL 文本所对应的表到当前数据库，需要在 MySQL 命令行方式下完成，使用的命令格式如下：

mysql>source SQL 文件

例如，输入命令“source d:/test. sql;”后，将执行 d:\test. sql 文本，在当前数据库中自动创建若干表。

注意：在 MySQL 的导出/导入中，表示文件路径时分别使用了正斜杠“/”和反斜杠“\”。

2.3 操作 MySQL 数据表

2.3.1 新建数据表(Create Table)

在当前数据库中创建一个新表，其命令格式如下：

Create Table 表名(字段名 字段类型(字段宽度) 其他说明符,...)；

例如，创建一个 txl 表，第一字段为是文本型且是主键，第二字段为 int 型的命令格式如下：

Create Table txl(mn char(20) primary key,age int)；

注意：(1) 如果当前数据库存在此表，则本命令不会被执行。

(2) 本命令格式很复杂，有很多的选项，强烈建议使用图形化的设计工具完成，参见第 2.5 节。

2.3.2 查看数据表结构(Show Columns From)

显示当前数据库中某个表的结构信息，其命令格式如下：

Show Columns　From 表名；

数据库 test 表 score 的结构信息，如图 2.3.1 所示。

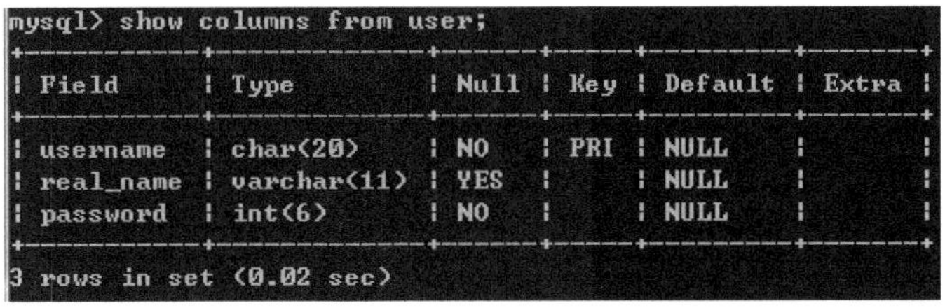

```
mysql> show columns from user;
+-----------+-------------+------+-----+---------+-------+
| Field     | Type        | Null | Key | Default | Extra |
+-----------+-------------+------+-----+---------+-------+
| username  | char(20)    | NO   | PRI | NULL    |       |
| real_name | varchar(11) | YES  |     | NULL    |       |
| password  | int(6)      | NO   |     | NULL    |       |
+-----------+-------------+------+-----+---------+-------+
3 rows in set (0.02 sec)
```

图 2.3.1　显示 test 数据库的 user 表的结构信息

2.3.3 修改数据表结构(Alter Table)

修改当前数据库中某个表的结构信息，其命令格式很复杂，强烈建议使用图形化的设计工具完成,参见第 2.5 节。

2.3.4　重命名数据表(Rename Table)

显示当前数据库中某个表的结构信息,其命令格式如下:

Rename Table 原表名 To 新表名;

2.3.5　删除数据表(Drop Table)

删除当前数据库中的某个表,其命令格式如下:

Drop Table 表名;

2.4　操作 MySQL 数据

如其他关系型数据库一样,对数据库的操作表现为"增加/删除/修改/查询",或者广义地统称为查询,其操作方法可以使用一条 SQL 命令表达。

注意:(1) 在 Web 开发中,SQL 命令作为某个对象的方法的参数。

(2) 不同类型的关系型数据库,其 SQL 命令是相同的。

(3) 在 MySQL 命令窗口中,粘贴剪贴板中的查询文本应通过右击"菜单——粘贴"的方式,而不是使用通常的快捷键"Ctrl+V"。

2.4.1　MySQL 命令行方式下中文乱码解决方案

在 MySQL 控制台查询数据库,要想正确地显示或使用中文信息,必须先设置字符编码。

事实上,在 MySQL 命令窗口中,点击右键标题栏→属性→选项,出现如图 2.4.1 所示的属性对话框。

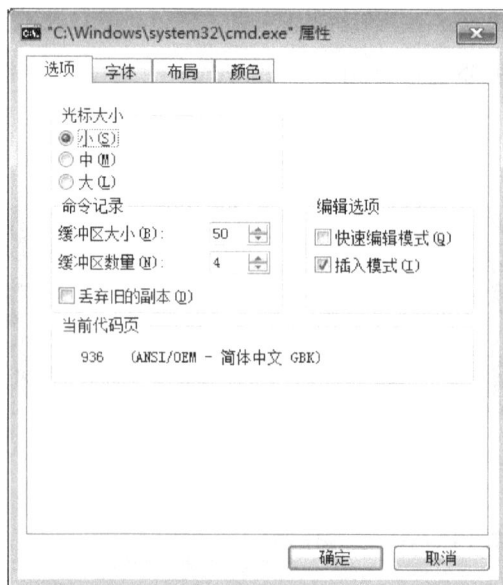

图 2.4.1　MySQL 控制台属性

从上图可以看到,MySQL 控制台使用的字符编码是 GBK。因此,在进行含有中文信息的 MySQL 操作前,应先使用如下命令:

charset gbk;

注意:因为 GBK 编码是对 GB2312 编码的扩充,因此在上面命令中,也可以将 gbk 改用为 gb2312。

2.4.2　插入记录(Insert)

向数据表插入记录前,需要清楚表的字段名称和类型。插入记录命令的一般格式是:

Insert into 表名 values(字段值,…);

例如,向 test 库的 user 表插入一条记录的操作,如图 2.4.2 所示。

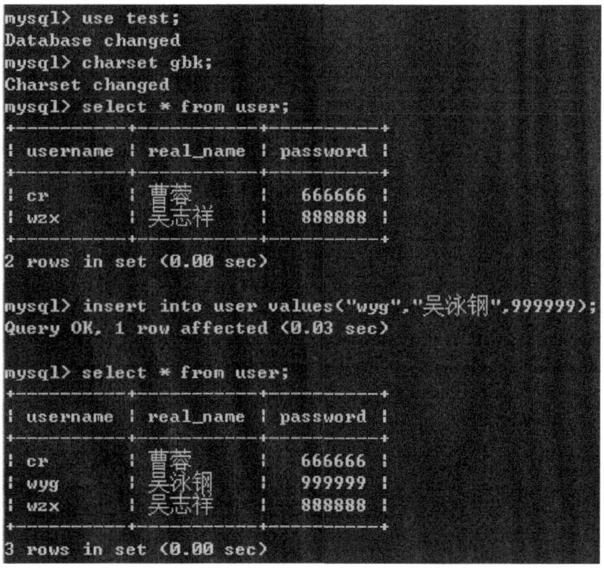

图 2.4.2　插入记录示例

2.4.3　更新记录(Update)

更新记录命令的一般格式是:

Update 表名 set 字段名＝字段值,…where 条件;

2.4.4　删除记录(Delete)

删除数据表中指定的记录,其命令的一般格式是:

Delete From 表名 Where 条件;

2.4.5　查看数据表(Select)

查询数据表中指定的记录,其命令的一般格式是:

Select ＊ From 表名 Where 条件;

2.5　使用 MySQL 的图形化操作工具

2.5.1　Navicat for MySQL 的安装与配置

　　Navicat for MySQL 是一款为 MySQL 量身订做、基于 Windows 平台、功能强大的 MySQL 数据库管理和开发工具，特别便于初学者掌握。

　　Navicat for MySQL 为专业开发者提供了一套强大的足够尖端的工具，解放了 J2EE 等程序员以及数据库设计者、管理者的大脑，降低了开发成本，为用户带来更高的开发效率。

　　Navicat for MySQL 使用了极好的图形用户界面（GUI），可以用一种安全和更为容易的方式快速和容易地创建、组织、存取和共享信息，用户可完全控制 MySQL 数据库和显示不同的管理资料。

　　注意：类似的软件有很多，如 MySQL-Front 等。

2.5.2　Navicat for MySQL 的基本用法

　　从作者教学网站的第三门课程的滚动新闻里，可以下载 Navicat 8 for MySQL 软件。安装完成后，会在桌面上自动生成一个快捷方式。首次运行 Navicat 8 for MySQL 的界面，如图 2.5.1 所示。

图 2.5.1　首次使用 Navicat 8 for MySQL

　　单击工具栏上的"连接"工具，将出现 Navicat for MySQL 的连接设置对话框，如图 2.5.2 所示。

　　Navicat for MySQL 具有图形化的中文界面，开发人员很容易地使用它提供的功能，高效地完成对数据库的所有操作。

　　前面已经说过，对数据库的操作也称为查询（广义），都可以用 SQL 命令来表达。使用外部已经调试通过的 SQL 文本，是经常使用的方法。选择某个数据库后，单击工具栏上的"查询"按钮，即可出现创建查询窗口。单击工具栏上的"载入"按钮，选择外部的 SQL 文本。最后，单击工具栏上的"运行"按钮，即可运行查询。操作如图 2.5.3 所示。

图 2.5.2　Navicat 的连接设置对话框

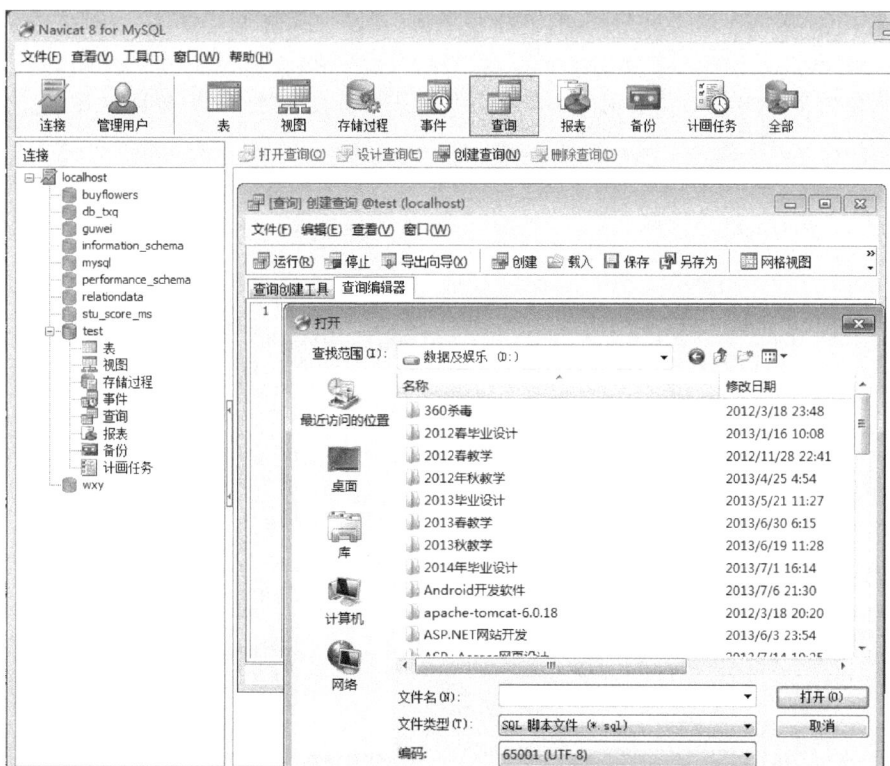

图 2.5.3　在 Navicat for MySQL 中载入创建表的 SQL 文本

要导出数据库的 SQL 文本,只需使用该数据库的右键菜单→转储 SQL 文件→指定 SQL 文件名称及路径,其操作分别如图 2.5.4 所示。

图 2.5.4 在 Navicat for MySQL 中导出数据库的 SQL 文本

注意:(1) 从 Navicat for MySQL 的图形界面,可以切换到 MySQL 命令行方式,其方法是按快捷键 F6。

(2) 在使用图形化的工具时,应充分使用对象的快捷菜单,以提高操作效率。

习　题　2

一、判断题

1. 操作 MySQL 前,必须打开 MySQL 服务。

2. 在 MySQL 的命令行方式下,每一条 MySQL 命令最后必须以逗号结尾。

3. 在 MySQL 控制台,先要使用 select 命令选择某个数据库后,才能对其操作。

4. 使用 MySQL 的可视化操作软件 Navicat for MySQL 前,需要打开 MySQL 服务。

5. 所有关系型的数据库的 SQL 查询命令是通用的。

二、选择题

1. 在 MySQL 命令窗口中,由于输入命令错误(如输入 uu)而导致命令符成为"－＞"
   时,能正确返回到 MySQL 提示符的方法是输入_____。
   A. \c　　　　　　B. exit　　　　　　C. quit　　　　　　D. del

2. 使用 MySQL 5.5 时建立的 MySQL 数据库存放在系统的 mysql 文件夹里,保存
   数据记录的文件类型是_____。
   A. mdb　　　　　B. frm　　　　　　C. myi　　　　　　D. myd

3. 在 Navicat for MySQL 中,连接 MySQL 服务器时,不需要给出的信息
   是_____。
   A. 主机名　　　B. 编码　　　　　C. 端口　　　　　D. 用户名及密码

4. 为了在 MySQL 控制台执正确显示中文信息,必须先执行命令_____。
   A. charset gb2312;　　　　　　　　B. charset utf8;
   C. charset gbk　　　　　　　　　　D. A 和 C

5. 在此 DOS 命令窗口中,导出 MySQL 数据库的正确方法是_____。
   A. MySQLDump 库名＞文件名　　　B. MySQLDump 库名＞＞文件名
   C. MySQLDump 库名 文件名　　　　D. MySQLDump 库名＝文件名

三、填空题

1. MySQL 服务器默认使用的端口为_____。

2. 在 MySQL 命令行方式下,执行含有中文的 insert 命令前,应执行_____命令。

3. 在 MySQL 命令行方式下,修改 MySQL 用户登录密码的命令是_____。

4. MySQL 控制台使用的字符编码为_____。

5. 在 DOS 命令行方式下,导出 MySQL 数据库使用的命令是_____。

6. 在 MySQL 的命令行方式下,导入 SQL 文本的命令_____。

实验 2　MySQL 数据库及其基本操作

一、实验目的

1. 掌握 MySQL 数据库服务器软件的安装方法；
2. 掌握登录 MySQL 服务器的方法；
3. 掌握 MySQL 数据库的导入/导出方法；
4. 掌握在 MySQL 命令行方式下操作(查询)数据库的方法；
5. 掌握使用图形化工具 Navicat for MySQL 操作(查询)数据库的方法。

二、实验内容及步骤

【预备】访问 http://www.wustwzx.com/jsp_sy/index.html 并单击"实验 2"超链接，下载本次实验用的素材压缩包并解压至 d:\，得到文件夹 ch02。

1. 安装数据库服务器软件 MySQL 5.5，并设置数据库服务为自动启动。
   (1) 访问作者的教学网站 http://www.wustwzx.com，在第三门课程的滚动新闻里下载 MySQL 数据库服务器软件，得到安装文件 mysql-5.5.23-win32.msi，双击即可像安装一般的 Windows 软件一样开始安装。
   (2) 在安装过程中，选择默认字符集为 GBK 或 GB2312。
   (3) 在安装过程中，设置 root 用户的密码也为"root"，这是后面的学习中要用到。
   (4) 使用 Windows 的"管理工具—服务"，在 MySQL 的属性对话框中，设置 MySQL 数据库服务器的启动类型为"自动"。
   (5) 为方便登录 MySQL 服务器，使用 Windows 的"开始"菜单，建立 MySQL 客户端程序的桌面快捷方式。

2. 使用 MySQL 客户端程序，两种方式登录 MySQL 数据库服务器。
   (1) 双击桌面上的 MySQL 客户端程序的桌面快捷方式，输入密码登录，进入 MySQL 命令行方式。
   (2) 输入命令"Show Databases;"，显示所有的 MySQL 数据库。
   (3) 输入命令"exit;"，关闭 MySQL 客户端程序。
   (4) 使用 Windows 的 "开始—程序"，输入命令"cmd"，进行 DOS 命令窗口。
   (5) 输入命令"net start mysql"，启动 MySQL 服务。
   (6) 输入命令"mysql-uroot-proot"登录 MySQL 服务器，进入 MySQL 命令行方式。

3. 掌握手工方式导入/导出 MySQL 数据库的方法。
   (1) 进入 MySQL 命令行方式。
   (2) 输入命令"Create database test;"，创建名为 test 的 MySQL 数据库。
   (3) 输入命令"Use test;"，选择数据库 test 作为当前数据库。
   (4) 输入命令"Source d:/ch02/test.sql;"，导入源数据库中的若干表。
   (5) 输入命令"Show Tables;"，显示该库中的两张表。

（6）退出 MySQL，重新进入 DOS 命令行方式。

（7）执行命令"MySQLDump-uroot-proot test＞d:\ch02\test_1.sql"。

（8）比较 d:\ch02 里的两个 SQL 文本，内容相同。

4. 在 MySQL 命令行方式下操作 MySQL 数据库。

（1）进入 MySQL 命令行方式。

（2）输入命令"Use test;"，选择数据库 test 作为当前数据库。

（3）输入命令"Select ＊ from user;"，查询数据表 user。其中，username 字段不能重复。

（4）输入命令"Show Columns from user;"，显示表 user 的结构。其中，username 字段是主键。

（5）输入命令"charset gbk;"，设置字符编码，实现中文信息处理。

（6）输入命令"Insert into user values("wyg"，"吴泳钢"，999999);"，插入一条记录（操作查询）。

（7）重复执行上一条命令，查看其错误信息（违反实体完整性，主键值不能重复）。

（8）输入命令"Update user set password＝777777 where username＝"wyg";"实现记录修改，然后通过查询验证已经修改。

（9）输入命令"Delete from user where username＝"wyg";"实现记录删除，然后通过查询验证记录已经删除。

5. 使用 MySQL 的图形化工具 Navicat for MySQL 操作 MySQL 数据库。

（1）双击桌面上的 Navicat for MySQL 快捷方式。

（2）在"localhost"的快捷菜单中，选择"创建数据库"。

（3）在出现的"创建数据库"对话框中，输入库名 temp。

（4）双击库名 temp，此时从灰色到绿色。

（5）从 temp 里的"表"对象的快捷菜单中，选择"创建表"。

（6）在出现"表设计"窗口中，输入各字段信息，然后保存并命名表为 txl（表示通讯录）。

（7）双击表 txl，输入若干记录。

（8）导入 SQL 文本 test.sql 并执行（查询），在当前的 temp 中出现表 user 和 score。

（9）导出当前数据库 temp 的 SQL 文本至 d:\ch2 文件夹，并命名为 temp.sql。

三、实验小结及思考

（由学生填写，重点写上机中遇到的问题）

第 3 章　Java 语言程序设计

通过前面的学习,我们知道,JSP 页面是包含有 Java 脚本的 HTML 页面。为了更快更好地完成 Java EE 项目开发,掌握 Java 的编程技术是关键。Java 是关于类的编程,它提供了非常丰富的类库供我们使用,同时允许我们自己编写新的类库。本章主要介绍了 Java 类库中各种软件包的使用,Java 用于 JSP 网站开发的几项关键技术,用于 Java 项目开发的集成环境的使用,用于访问数据库的 JDBC 技术。本章学习要点如下:

- 了解 Java 编程的主要特性;
- 掌握抽象类、类变量、静态变量和静态方法等重要概念;
- 掌握 Java 语言的四种引用类型;
- 掌握类、继承、接口和多态等实现代码复用的方法;
- 掌握在集成环境 Eclipse/MyEclipse 中编写和运行 Java 程序的方法;
- 掌握使用 JDBC 访问 MySQL 数据库的方法。

3.1　Java 语言概述

目前,Java 语言流行,主要是因为它具有如下特点。

- 跨平台特性。Java 是一种不带平台特点的语言,将 Java 编译成一种.class 文件,可以在任何安装有 JVM(Java 虚拟机)的机器上运行,而 JVM 有 Windows 版、Linux 版、Unix 版等,因此 Java 语言具有平台无关无关性,即跨平台特性。
- 开源特性。访问相关网站,可以下载 Java 类的所有源代码,用户随时可以查看软件包中类(或接口)的实现。
- Java 是关于类(或接口)的编程,它提供了非常丰富的类库供我们使用,同时允许我们自己编写新的类库。
- Java 没有使用指针,减少了内存出错的可能,提高了程序的健壮性。
- Java 为我们提供了强大的多线程机制。

3.1.1　类与对象

类只是具有某些功能的抽象模型,在实例应用中还需要对类进行实例化,或者说,对象是类的一个实例。实例化后的对象当然可以使用该类的方法。

面向对象具有如下特点。

(1) 封装性:就是将一个类的使用和实现分开,只保留有限的接口(方法)与外部联系。例如,不允许在程序中访问某个类的私有成员属性,而只能通过该类提供的公有成员方法间接访问。

(2) 继承性:是派生类(子类)自动继承一个或多个基类(父类)中的属性与方法,并可以重写或添加新的属性与方法。继承特性简化了类和对象的创建,增加了代码的可重用性。

(3) 多态性:指同一类的不同对象,使用同一个方法可以获得不同的结果。多态性增加了软件的灵活性和可重用性。

3.1.2　软件的三个层次:类—软件包—jar 包

Java 中的包,可以理解为目录,用于存放类文件,具有如下特点。

(1) 包可以包含若干类文件,还可以再包含子包,就这样逐层分下去。

(2) 包与下一级包之间使用圆点".".连接。

(3) 同一包类的类可以相互调用。

(4) 不同包里的类调用时,需要使用 import 语句导入。

除了开发自己创建的包外,还可以使用 Java 已经打好了的标准包—Java API(Java Application Program Interface,Java 应用程序接口)。Java 程序包相当于其他语言中的库函数,也称 Java 基础类库(Java Foundational Class,JFC)。

所有的 Java API(程序包)被压缩在文件 rt.jar 中,压缩包也称 jar 包,参见第 3.1.7 小节。

注意:(1) 包名习惯用小写,而类名首字母习惯用大写。

(2) import 语句应放置文件首,用于导入软件包指定的类或所有类。

(3) 一个 Java 源程序(* .java)文件可以包含若干个类,但编译后一个类就是一个类文件(* .class)。

3.1.3　Java 源程序结构

Java 源程序以类为基本单位,以 java 作为文件的扩展名。一个 Java 源程序由一个或若干个类组成。

类通过关键字 class 和一对花括号{…}定义(称为类块),一个类块中通常会定义若干成员属性(变量)和方法,程序中的每个方法也是要使用一对花括号(称为方法块)。

一个包含有多个类定义的 Java 源文件,编译后将位于同一路径,因此其类中的方法可以相互调用。

一个 Java 源文件,最多只能定义一个 public,且文件名必须按 public 类命名。

一个 Java 应用程序必须包含一个与源程序文件名相同的 public 类,并且该类中包含 main()方法(函数),main()是 Java 应用程序执行的入口。

普通的类文件是不含 main()方法的 Java 源程序,其文件可随意命名。

文件文件编译后,其中的每一个类对应一个.class 文件。

【例 3.1.1】　一个简明的 Java 示例程序,显示当前的日期与时间等信息。

【运行结果】程序运行时显示两行信息,其中,第一行是计算机系统的当前的日期与时间,显然具有动态特性,运行结效果如图 3.1.1 所示。

当前日期与时间: 2013-7-18 7:47:54
I'm 20 years old.

图 3.1.1　程序运行效果

【设计要点】

(1) 要显示系统提供的日期与时间信息,可以使用 Java 类库中的 java.util.Date 类,中关于日期与时间的类 Date,其中 java.sql 是软件包名称。

（2）向控制台输出信息,使用 Java 运行时自动加载的系统类 java.lang.System。

【源代码】sj03_1.java 文件代码,如图 3.1.2 所示。

```
import java.util.*; //导入Java类库中的实用包

public class Sj03_1{
        //类定义，类名必须与文件名一致且区分字母大小写
        private int age; //类的数据成员

        int getage(){  //方法定义
                return age;  //设置调用时的返回值
        }
        public static void main(String args[]){
                //main()方法是运行程序的入口
                Date dt=new Date();  //创建系统类的实例
                System.out.print("当前日期与时间: ");
                System.out.println(dt.toLocaleString());

                Sj03_1 my=new Sj03_1();//创建自定义类的实例
                my.age=20;  //对对象属性赋值
                System.out.println("I'm "+my.getage()+" years old.");
        }
}
```

图 3.1.2　程序源代码

3.1.4　使用 import 语句导入软件包中的类（或接口）

在 Java 中,使用 import 命令导入系统提供的软件包或其他包中的指定类（或全部）,其用法格式如下:

　　　　　import 包名.类名；　//导入包中某个指定的类（或接口）

或

　　　　　import 包名.*；　//导入包中的全部类（或接口）

3.1.5　四种引用类型

在 Java 中,除了基本数据类型（如 int,String 和 boolean 等）外,还有将数据类型组合在一起的的数据类型,即引用（reference）数据类型。

引用就是一个对象的别名,相当于 C 语言中的指针,即引用指向对象在内存中的地址。不过,Java 语言把指向的指针进行了封装,隐藏了指针,使它能像普通变量一样地使用。

引用类型分为数组类型、枚举类型、类类型和接口类型共四种。

1. 数组

Java 数组的创建,分为声明和初始化内存分配两个步骤。例如:

　　　　　String[] name；　//数组声明（含类型）
　　　　　name＝new String[5]；　//数组内存分配

注意:（1）Java 数组的创建方法与 C 语言不同。

（2）上述两行语句通常合写成:

　　　　　String[] name＝new String[5]；

2. 枚举及其相关类 java.lang.Enum

Java 5.0 增加了枚举（enumerate）类型,并使用关键字 enum 来定义。枚举类型由一

组命名常量组成,枚举中每个元素的序号默认值是整数类型,且第一个值是 0,后面每个连续的元素依次加 1 递增。一个枚举使用的简明示例,如图 3.1.3 所示。

```
//枚举示例
public class Sj03_2 {
        public enum week{        //枚举定义
                Sun,Mon,Tue,Wed,Thu,Fri,Sat;
        }
        public static void main(String[] args) {
                week day=week.Sat; //引用
                System.out.println(day.ordinal());//输出枚举的序号
        }
}
```

图 3.1.3　枚举使用的示例程序

注意:程序中 day 是一个对象,使用了枚举类 java. lang. Enum 的 ordinal( )方法。

3. 类类型

从前面的示例程序可以看到,Java 源程序通过使用关键字 class 创建一个类,其一般格式如下:

class 类名{

　　数据成员

　　成员方法

}

创建类的实例对象,其方法如下:

　　　　类名 实例对象名＝new 类名([构造函数参数]);

【例 3.1.2】　一个关于类属性访问控制的简明示例程序。

【源代码】在类中,成员属性的访问控制一般定义为 private,而成员方法的访问控制一般定义为 public,通过公有方法访问私有的属性,下面的程序 Sj03_3. java 显示了 public 与 private 的用法区别,代码如图 3.1.4 所示。

```
//封装——private属性的成员属性在类外不可直接访问
package fz; //打包
class Clerk{
        public String name;  //实际项目中一般不设置public的类成员
        private int salary; //私有的
        public Clerk(String name,int sal){ //构造函数
                this.name=name;
                this.salary=sal;
        }
        public int getSalary(){ //定义公有的成员方法
                return this.salary;
        }
}
public class Sj03_3 {
        public static void main(String args[]){
                Clerk clerk=new Clerk("李明",3200);
                System.out.print(clerk.name+"的薪水是");
                //通过类的公有成员方法访问私有属性,不能写clerk.salary
                System.out.println(clerk.getSalary());
        }
}
```

图 3.1.4　源程序文件 Sj03_3.java 的代码

注意：(1) 与类名相同的特殊方法称为类的构造方法，该方法在创建对象时被自动执行。

(2) 构造方法用于对创建的对象的属性赋值(初始化)。

(3) 有些类的构造函数是无参的。

(4) 调用类方法时，可以有返回值，是通过在方法中使用 return 语句实现的。

4. 接口类型

接口是实现代码重用的方法之一，如同类的继承与组合(参见第 3.4.1 小节)一样。Java 语言不支持多重继承，但接口以另一种方式实现了多重继承，即接口是顺应多重继承的需要而产生的。

接口方式建立了类与类之间的"通道"，能够把若干类有机地组织在一起，形成一种网状层次的程序架构，既保持了类的独立性，又实现了类与类之间的交互性，这种机制符合类设计的"松耦合高内聚"原则。接口的定义与使用，详见第 3.4.3 小节。

3.1.6　流程控制语句

任何一种程序设计语言，都具有流程管制语句。Java 语言与 C 语言一样，使用 if 语句和 switch 语句实现分支结构；使用 for，while，do—while 等语句实现循环结构。

3.1.7　基础类库——语言包 java.lang

在 Java 程序设计中，合理和充分利用类库提供的类和接口，不仅可以完成字符串处理、网络应用、数学计算、绘图等多方面的工作，而且可以大大提供编程效率。

Java 类库的学习方法与语法的学习方法不一样，不需要死记硬背(没有必要也不可能背下来)，因为 Java 类库是为开发者提供的工具，只需要经常查看 Java API 文档。因为 Java API 提供了极其完善的技术文档，作者的教学网站里第三门课的滚动新闻里提供了 JDK 6 API 文档的下载链接。

Java 提供的常用软件包在 Java 安装目录下的 jre\lib 文件夹里的 rt.jar 文件中，在集成开发环境中可以查看其中的软件包，如图 3.1.5 所示。

图 3.1.5　rt.jar 提供的常用软件包(JDK API)

Java API 提供用于 JSP 网站开发的常用软件包及其功能,如表 3.1.1 所示。

表 3.1.1　Java 提供的用于 JSP 网站开发的常用软件包

包名	主 要 功 能
java.lang. *	Java 编程语言的基本类,如字符串类、数学类、系统类、运行类和异常类等
java.util. *	包括集合类、日期和时间处理等常用类
java.text	提供以与自然语言无关的方式来处理文本、日期、数字和消息的类和接口
java.sql	提供了访问和处理来自 Java 标准数据源的类
java.io	提供了通过数据流、对象序列以及文件系统实现的系统输入/输出

语言包 java.lang 中的类是其他包的基础,由系统自动引入,即程序中不需要通过 import 语句引入就可以直接使用语言包 java.lang 中的任何类,该包中提供的常用类,如图 3.1.6 所示。

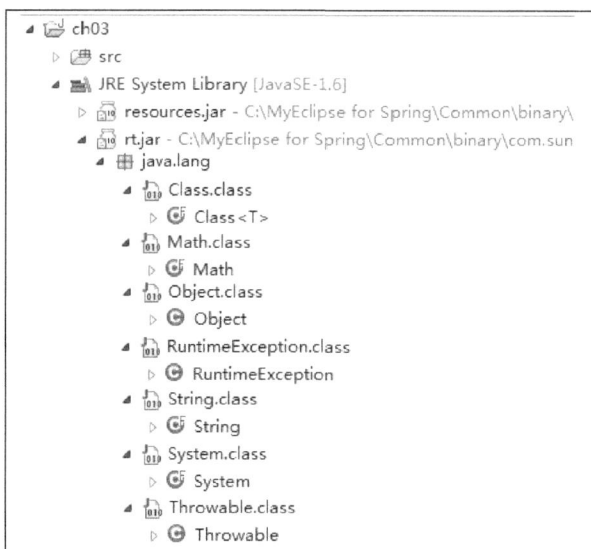

图 3.1.6　java.lang 包中的常用类

其中,Object 类所有类的直接或间接父类;String 类是最常用的类,Java 编译器把字符串转换成 String 对象,一旦创建,就不能修改;System 系统类是一个特殊的公共最终类,不能被继承和实例化;运行时类 Runtime 和 System 类一起,可以访问许多有用的系统功能;类操作类 Class 的实例表示正在运行的 Java 应用程序中的类和接口,该类的 getClass()方法返回当前对象所在的类,返回类型是 Class;异常类 Throwable 是 Java 语言中所有错误或异常的父类。

注意:(1) System 类是一个特殊的类,它不能被继承和实例化,所有变量和方法是静态的。

(2) java.lang 中还包含一些常用的子包。如 java.lang.reflect,它涉及 Java 语言的反射机制(reflection)。

(3) Throwable 类是 Java 语言中所有错误或异常的父类,通常用于指示发生了异常情况,其 printStackTrace()方法能将此 throwable 及其追踪输出到指定的 PrintWriter 对象。

数学类 Math 封装了一些常用属性(如欧拉常数)和执行基本数学运算的方法,一个简明示例代码,如图 3.1.7 所示。

```
//Math类的使用示例
public class Sj03_4 {
        public static void main(String[] args) {
                Double r=3.6; //圆的半径
                Double s=Math.PI*r*r;
                System.out.println(s); //输出圆的面积        (带小数)
                System.out.println(Math.round(s));
                //输出圆的面积 (按四舍五入方式取整)
        }
}
```

图 3.1.7　java.lang 包中的 Math 类的使用的示例代码

注意:Math 是静态类,并且属性和方法都是终结(final)类型。

3.1.8　基础类库——输入/输出包 java.io

Java 把这些不同来源和目标的数据都统一抽象为数据流,它涉及的领域很广泛:标准输入输出、文件的操作、网络上的数据流、字符串流、对象流和 zip 文件流等。

按数据传输单位分字节流(以字节为单位传输数据的流)和字符流(以字符为单位传输数据的流)。流对于程序操作的方向,称为输入/输出两种(或称为读/写)。

JDK 所提供的所有流类位于 java.io 包中,都分别继承自以下四种抽象流类。

(1) InputStream:继承自 InputStream 的流都是用于向程序中输入数据的,且数据单位都是字节(8 位)。

(2) OutputSteam:继承自 OutputStream 的流都是程序用于向外输出数据的,且数据单位都是字节(8 位)。

(3) Reader:继承自 Reader 的流都是用于向程序中输入数据的,且数据单位都是字符(16 位),即 Reader 类指程序读字符流。

(4) Writer:继承自 Writer 的流都是程序用于向外输出数据的,且数据单位都是字符(16 位),即 Writer 类指程序写字符流。

例如,输出字符流的相关类,如图 3.1.8 所示。其中,箭头表示类的继承关系(下同)。

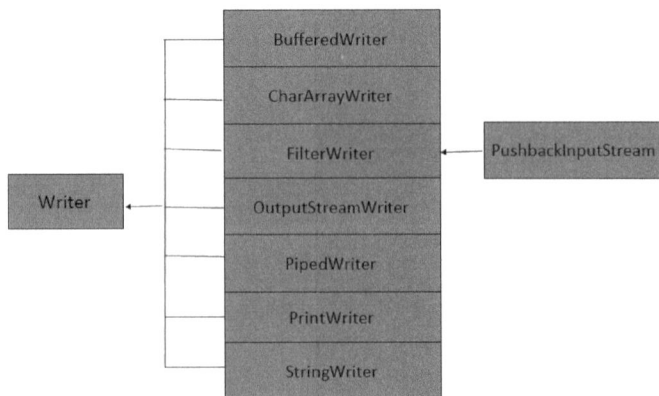

图 3.1.8　java.io 包中用于处理字符流输出的相关类

又如,输入字节流的相关类,如图 3.1.9 所示。

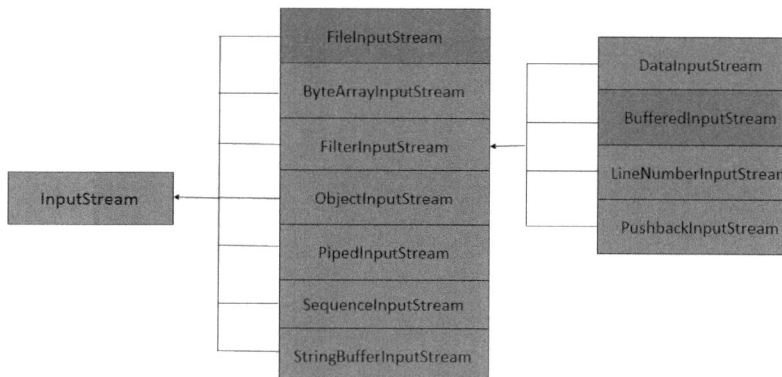

图 3.1.9 java. io 包中用于处理字节流输入的相关类

注意:同样地,还有字符流输出和字节流输入的相关类。

3.1.9 基础类库——实用包 java. util

实用包 java. util 中提供了用于处理日期与时间的 Date 类、Calender 类和 SimpleDateFormat 类。此外,产生随机数的类 Random 类也包含于该包中。java. util 包中的常用类,如图 3.1.10 所示。

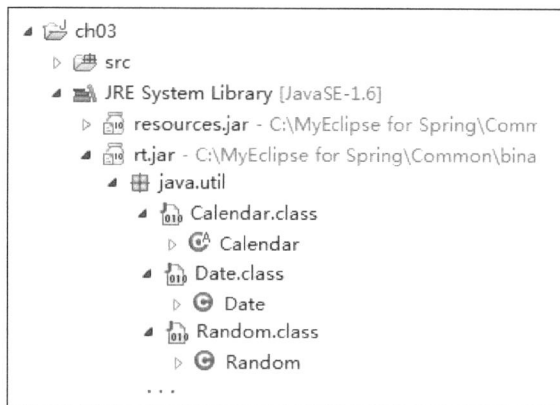

图 3.1.10 java. util 包中的主要类

注意:SimpleDateFormat 类继承抽象类 DateFormat 类,它们并不含于包 java. util 包中,而是含于包 java. text 中,用于定义显示文本的格式,是辅助类。

【例 3.1.3】 使用 Calender 类和 Date 类的简明示例程序 Hello. java。

【设计要点】

(1) Calendar 类是一个抽象类,它为特定瞬间与一组诸如 YEAR、MONTH、DAY_OF_MONTH、HOUR 等日历字段之间的转换提供了一些方法,并为操作日历字段提供了一些方法。

（2）Calendar 类提供了一个静态的类方法 getInstance，以获得此类型的一个通用的对象。Calendar 的 getInstance 方法返回一个 Calendar 对象，其日历字段已由当前日期和时间初始化，即

```
Calendar rightNow=Calendar.getInstance();
```

【源代码】程序的源代码，如图 3.1.11 所示。

```
//上班问候语，显示当前日期与时间信息
import java.util.*;
import java.text.*;

public class Hello {
        public static void main(String[] args) {
                String ap;
                Calendar now=Calendar.getInstance();//创建实例
                //Calendar now=new Calendar();//不能这样
                if(now.get(Calendar.AM_PM)==Calendar.AM){
                        System.out.println("Good Mornning!");
                        ap="上午";
                        }
                else{
                        System.out.println("Good Afternoon!");
                        ap="下午";
                        }
                System.out.println("现在是"+ap+now.get(Calendar.HOUR)+"点");
                SimpleDateFormat myFormat=new SimpleDateFormat("yyyy年MM月dd日 HH:mm:ss");
                System.out.println(myFormat.format(new Date()));
                }
        }
```

图 3.1.11　Hello.java 程序的源代码

【运行结果】程序运行的效果，如图 3.1.12 所示。

```
Good Afternoon!
现在是下午2点
2013年07月22日 14:06:00
```

图 3.1.12　Hello.java 程序的运行效果

3.1.10　基础类库——数据访问包 java.sql

数据库访问包 java.sql 提供使用 Java 编程语言访问并处理存储在数据源（通常是一个关系数据库）中的数据的 API。

注意：访问数据库的应用程序或 JSP 页面，需要使用 java.sql 包中的相关类，分别参见第 3.5.2 小节和第 4.5 节。

java.sql 是访问并处理存储在数据源（通常是一个关系数据库）中的数据的 API，此 API 包括一个框架，凭借此框架可以动态地安装不同驱动程序来访问不同数据源。

JDBC API 主要用于将 SQL 语句传递给数据库，但它还可以用于以表格方式从任何数据源中读写数据。通过接口的 javax.sql.RowSet 组可以使用的 reader/writer 实用程序，可以被定制以使用和更新来自电子表格、纯文本文件或其他任何表格式数据源的数据。JDBC API 位于两个软件包 java.sql 和 javax.sql 中，javax.sql 中主要包含了一些高级特性。软件包 java.sql 提供了用于访问数据库的相关接口与类，如图 3.1.13 所示。

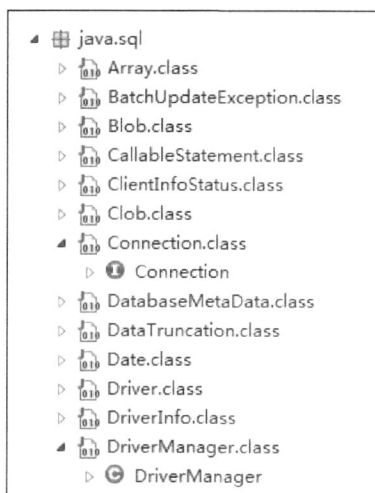

图 3.1.13　在 MyEclipse 中展开软件包 java.sql 中的 Connection 接口

注意：使用 JDBC API 访问 MySQL 数据库，见第 3.5 节。

3.1.11　异常及处理

Java 异常处理机制提供了一种自动检测异常并及时提示出错信息的方法，减少了人工操作带来的片面性和不确定性，以确保系统安全地运行。

Java 通过面向对象的方法来处理异常，它把程序中可能出现的各类异常封装为类，每种异常类代表一种运行错误，类中包含了运行错误信息及处理方法。

总体上，Java 异常可以分为非检查型异常和检查型异常两类。

非检查型异常由系统自动检测出异常，自动报错，提供默认的异常处理程序。如数组越界、除 0 等。一个非检查型异常的例子如图 3.1.14 所示，其中 java.lang.ArithmeticException 为抛出的异常类名称。

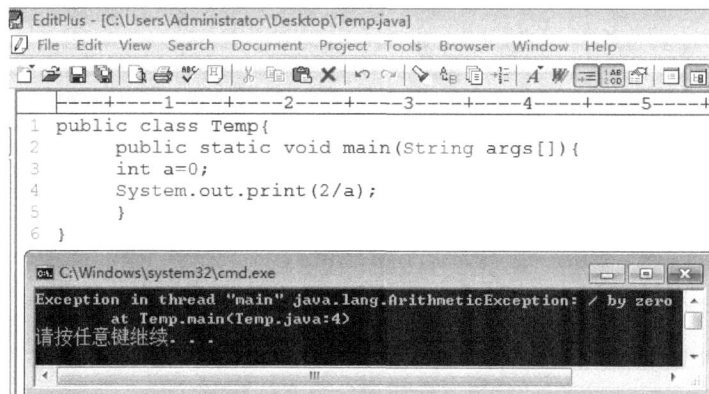

图 3.1.14　捕获异常示例（0 作为除数）在 MyEclipse 中的运行效果

检查型异常要求用户程序必须做处理。捕获异常是通过使用 try{…}catch{…}块捕获所发生的异常并进行相应的处理，一个捕获异常的例子如图 3.1.15 所示。

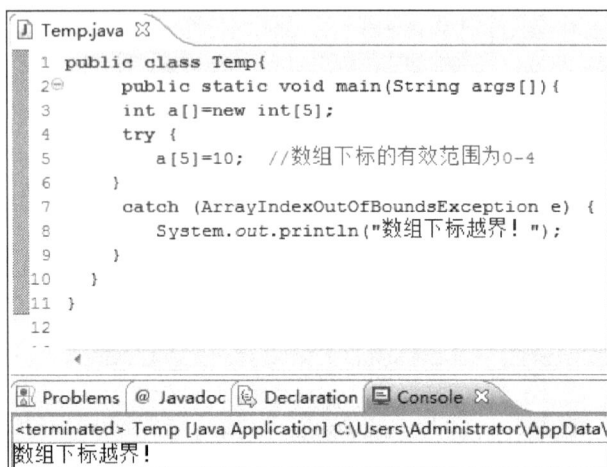

```
Temp.java ✕
 1 public class Temp{
 2⊖    public static void main(String args[]){
 3     int a[]=new int[5];
 4     try {
 5        a[5]=10;    //数组下标的有效范围为0-4
 6     }
 7     catch (ArrayIndexOutOfBoundsException e) {
 8        System.out.println("数组下标越界！");
 9     }
10   }
11 }
12
```

```
🔳 Problems | @ Javadoc | 🔍 Declaration | 🖳 Console ✕
<terminated> Temp [Java Application] C:\Users\Administrator\AppData\
数组下标越界！
```

图 3.1.15 捕获异常示例(数组下标越界)在 MyEclipse 中的运行效果

注意:如果有多个异常可能发生,则需要多个异常类名称和多个 catch 块代码。

3.2 Java 程序的调试、运行环境

3.2.1 认识 JDK

简单地说,JDK 是面向开发人员使用的 SDK(Software Development Kit,软件开发包),它提供了 Java 的开发环境和运行环境,包括函数库、编译程序等,即 JDK 就是 Java 的 SDK。JDK 文件系统如图 3.2.1 所示。

图 3.2.1 JDK 安装目录

JRE (Java Runtime Environment)是 Java 程序的运行环境。既然是运行,当然要包含 Java 虚拟机 JVM(Java Virtual Machine),还有所有 java 类库中的 class 文件,都在 lib 目录下打包成了.jar 文件。JRE 的地位就像一台 PC 机一样,我们写好的 Win32 应用程

序需要操作系统帮我们运行,同样地,我们编写的 Java 程序也必须要 JRE 才能运行。所以我们可以说,只要你的电脑安装了 JRE,就可以正确运行 Java 应用程序。

安装 Sun 公司开发的 Java 软件时,有两套相同的 JRE,一套位于 Java 文件夹,另一套位于 Java\jdk1.6.0_10 文件夹。为什么要安装两套相同的 JRE 呢? 这是这是因为 JDK 里面有很多用 Java 所编写的开发工具(如 javac.exe、jar.exe 等),而且都放置在 \lib\tools.jar 里。如果将 tools.jar 改名为 tools1.jar,然后运行 javac.exe,显示如下结果: Exception in thread "main" java.lang.NoClassDefFoundError:com/sun/tools/javac / Main。这个意思是说,你输入 javac.exe 与输入 java -cp c:\jdk\lib\tools.jar com.sun. tools.javac.Main 是一样的,会得到相同的结果。从这里我们可以证明 javac.exe 只是一个包装器(Wrapper),而制作的目的是为了让开发者免于输入太长的命令。而且可以发现,lib 目录下的程序都很小,不大于 29K,从这里我们可以得出一个结论:JDK 里的工具几乎都是用 Java 所编写,所以也是 Java 应用程序,因此要使用 JDK 所附的工具来开发 Java 程序,也必须要自行附一套 JRE 才行,所以位于 C:\Program Files\Java 目录下的那套 JRE 就是用来运行一般 Java 程序用的。

文件夹 jdk1.6.0_10 里存放的各文件(夹)的作用如下:
- bin 文件夹:含有 java 的编译器 javac.exe 和解释执行器 java.exe。
- lib 文件夹:存放包含系统类库的.jar 包文件。
- src.zip 文件:系统类库的源代码,使用方法参见第 3.3.3 小节。

注意:在集成环境中可以像展开文件夹一样,展开.jar 包,以查看其内的软件包、进而查看软件包内的类,参见第 3.3.4 小节。

3.2.2 手工环境下 Java 源程序的编译和运行

为了在 DOS 命令行方式下编译和运行 Java 源程序的方便,通常,先将 JDK 的 bin 路径加载到 Windows 的环境变量 Path 里。

如果 Java 程序中引用了外部的 jar 包(类),则就建立 Windows 的环境变量 Classpath,即用到的类所在的 jar 包文件的路径,classpath 的值为这些 jar 包文件的全路径,中间以分号分隔。

编辑安装 Windows 7 操作系统的计算机的环境变量的方法是:点击右键"计算机→高级系统设置→环境变量→新建或编辑",如图 3.2.2 所示。

在配置环境变量 Classpath 之前,通常先配置环境变量 java_home,其值为 JDK 的路径,参见图 1.4.5。

注意:(1) 环境变量 Java_home 指示 JDK 的安装目录。
(2) 建立环境变量 classpath 后,需要重启计算机才能生效。

使用 javac.exe 编译某个 Java 源文件前,在 DOS 命令行方式下,进入源文件所在的目录,然后输入如下命令:

javac 带扩展名的类名 (如果源程序中没有使用打包命令)
javac 包名.带扩展名的类名 -d. (如果源程序中使用了打包命令)
javac -classpath .;额外 jar 包路径名* 包名.带扩展名的类名-d
(适用于机房安装了保护卡的情形)

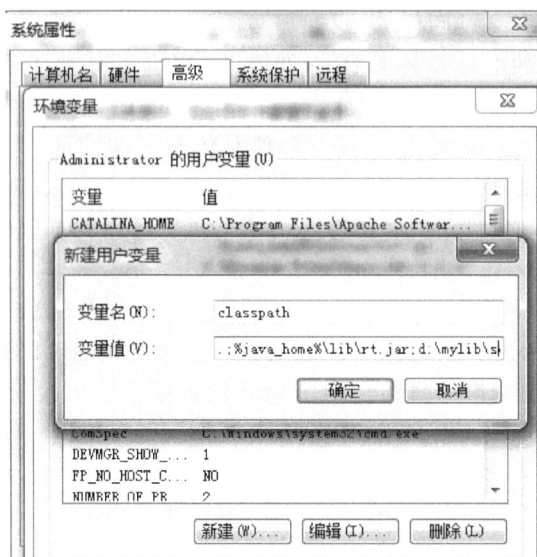

图 3.2.2　建立环境变量 ClassPath

注意：(1) 编译后的.class 文件,称为字节码文件。

(2) 命令参数中"-d"是源程序中含有打包命令时所必须使用的,"."表示在当前目录创建包对应的文件夹。

Java 应用编译后,可以使用 java.exe 运行来运行该类。在 DOS 命令行方式下,进入源文件所在的目录,输入如下命令：

<u>java 不带扩展名的类名</u>　　　(如果源程序中没有使用打包命令)

<u>java 包名.不带扩展名的主类名</u>　　(如果源程序中使用了打包命令)

注意：(1) 为了保证能在命令方式下的任何目录下执行 Java 的编译和运行命令,通常需要设置系统环境变量 path 包含 Java 安装目录下 bin 文件夹路径。

(2) 当 Java 源程序所在的路径比较复杂时,切换路径是比较麻烦的,而下面介绍的将编译和运行命令嵌入到 EditPlus 软件中的方法是比较容易的。

(3) 如果 Java 源文件保存为 UTF-8 格式且包含中文,则编程时会出现警告信息(不影响运行),而源文件使用了默认的 ANSI 格式保存时,不会出现警告错误。

3.2.3　将编译/运行命令嵌入到编辑软件 EditPlus 中

使用 EditPlus 的菜单"Tools-Configure User Tools…",如图 3.2.3 所示。

设置编译的对话框,如图 3.2.4 所示。

设置运行的对话框,如图 3.2.5 所示,其中 Argument 参数中的包名 pp 应与源程序打包命令中的包名一致。

注意：(1) Argument 参数为"$(FileName)-d."，适合于有包和无包两种情形。

(2) 当需要补充额外的 jar 包编译时,应设定 Argument 参数为

　　　　-classparth .;额外 jar 包路径名* $(FileName)-d.

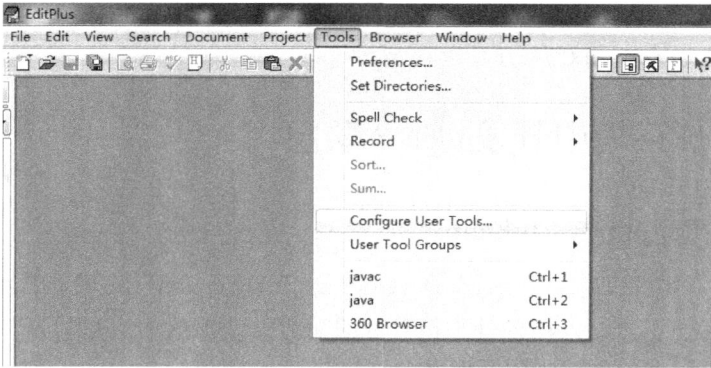

图 3.2.3　使用 EditPlus 的菜单"Tools-Configure User Tools…"

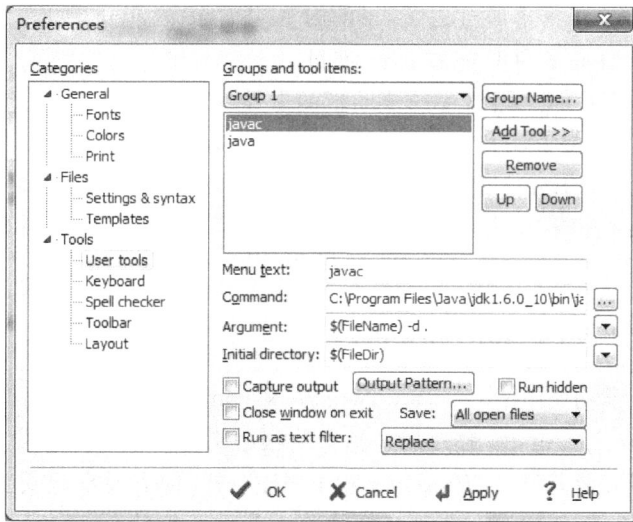

图 3.2.4　设置在 EditPlus 中进行 Java 编译的快捷键

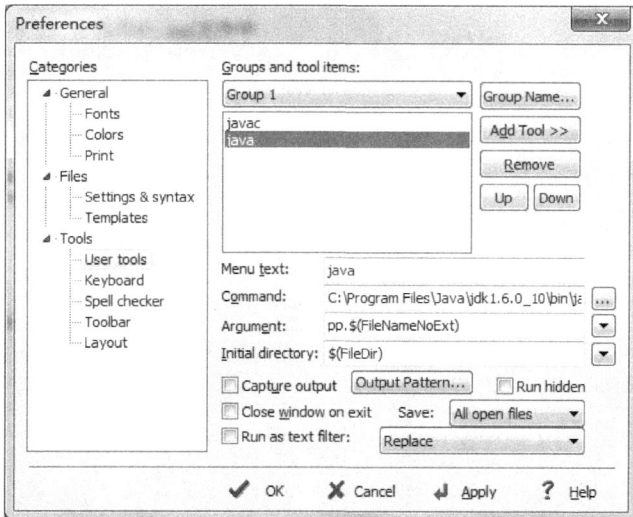

图 3.2.5　设置在 EditPlus 中运行 Java 程序的快捷键

注意:编译命令参数一般不需要更改,但运行命令中的参数一般需要相应更改,即要与源程序中的打包命令相对应。

3.3 在集成环境中开发 Java 项目

3.3.1 关于 Eclipse 与 MyEclipse

Eclipse 是一个 IDE(Integrated Developing Environment,集成开发环境),而这个 IDE 是允许安装第三方开发的插件来使自身的功能得到扩展和增强的,Eclipse 是一个开放源代码,基于 Java 的可扩张的开发平台。

MyEclipse 本身是 Eclipse 的插件,安装后可以进行 Java EE 项目的开发,但目前的 MyEclipse 已经把 Eclipse 集成进去了,目前的 MyEclise 既能开发 Java EE 项目,也能开发 Java 项目,而 Eclipse 软件只能做 Java 项目。

作者教学网站主页第三门课程的滚动新闻里提供了 MyEclipse for Spring 10 软件的下载链接,下载后的安装方法与一般的 Windows 应用程序一样。

MyEclipse 是一个十分优秀的用于开发 Java,J2EE 的 Eclipse 插件集合,其功能非常强大。不同版本的 MyEclipse,其功能略有差别,主要表现在所提供的类库上。本书主要介绍 MyEclipse for Spring 10 的使用。

3.3.2 安装 MyEclipse for Spring 10

访问作者的教学网站 http://www.wustwzx.com,从第三门课程的滚动新闻里可以下载 MyEclipse for Spring 10,解压后包括安装程序文件和破解的帮助文档。

安装过程如同安装普通的 Windows 应用程序一样,但需要牢记安装的目标路径。安装完成后,不要急于运行,而是要先要破解操作的帮助文档破解并激活 MyEclipse。

破解完成后,首次使用时,将会出现产品已经激活(Product activated)的信息,如图 3.3.1 所示。

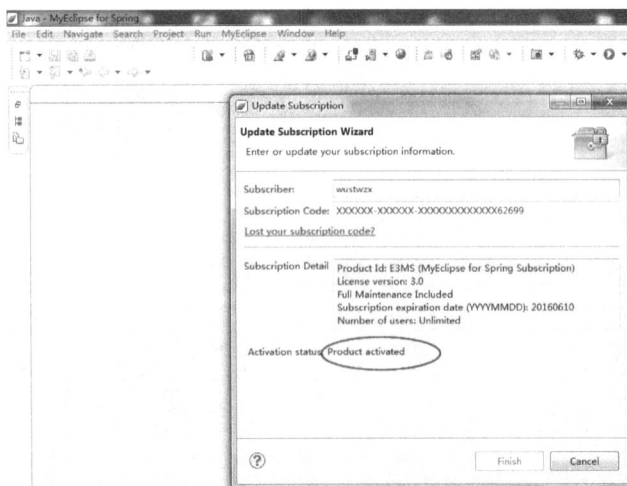

图 3.3.1 MyEclipse 激活信息

注意：Eclipse 是免费软件，而 MyEclipse 不然。

3.3.3　Java 项目开发前在 MyEclipse 中的若干设置

1. 设置工作空间

在安装了 MyEclipse 软件后，首次运行时会提示设置工作空间。工作空间实际上就是一个文件夹，用户还可以使用菜单"File-Switch Workspace"设置新的工作空间。

开发 Java 项目和 Java EE 项目时建立的项目文件夹将被保存在工作空间所对应的文件夹里。

2. 设置 Java 编辑助手

Java 的助手功能非常有用，能大大减轻初学者的记忆负担。在类名后输入一个"."时，自动显示该类的所示方法。为了能够在再输入一个字母时，自动显示以该字母打头的所有方法，需要进行设置。其方法是：使用菜单"Window→Preferences"，依次选择 Java→Editor→Content Assist，在文本框 Auto activation triggers for Java 内输入".abcdefghijklmnopqrstuvwxyzABCDEFGHIJKLMNOPQRSTUVWXYZ"，如图 3.3.2 所示。

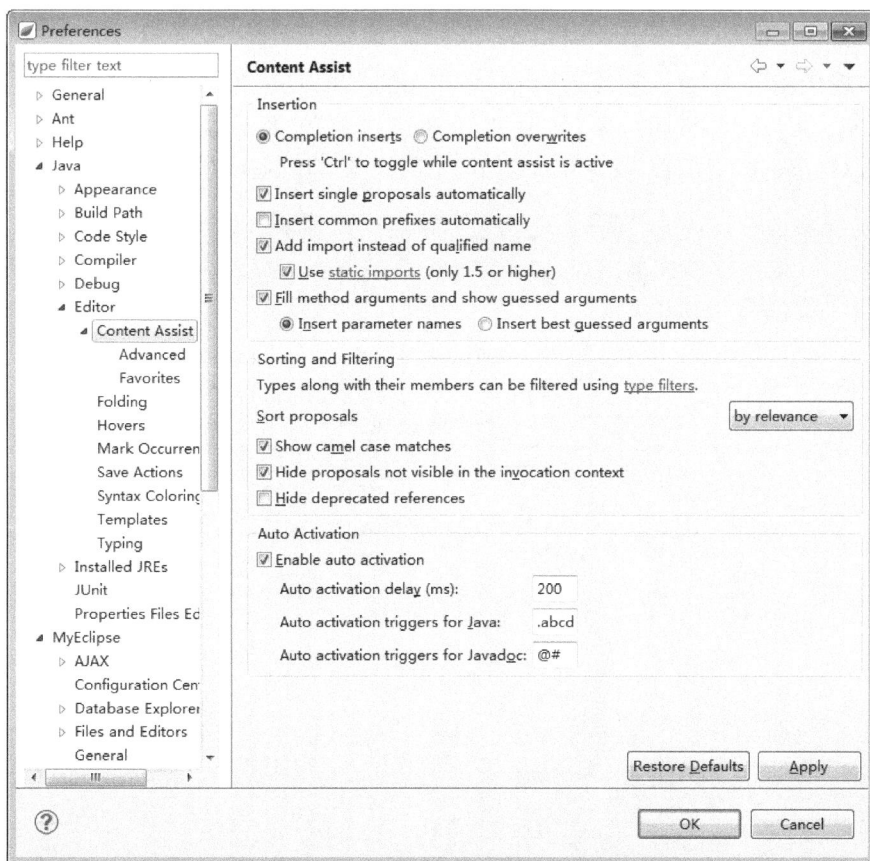

图 3.3.2　在 MyEclipse 中设置 Java 编辑助手

3. 定制 MyEclipse 快捷菜单

快捷菜单是相对某个对象而言的,即点击右键对象时所出现的菜单。在 MyEclipse 中,快捷菜单定制的是使用菜单"Window-Customize Perspective",如图 3.3.3 所示。

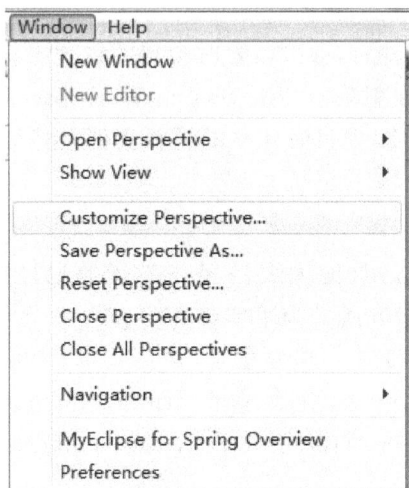

图 3.3.3　定制 MyEclipse 快捷菜单所使用的菜单项

在出现的对话框中,通常通过对 MyEclipse 和 web 两个可选项设置快捷菜单(Shortcuts),可以定制不同对象(如项目、文件夹和包等)的快捷菜单,实现个性化的设置,例如,对 Java Web 项目(参见第 4.4 节)定制快捷菜单的操作,如图 3.3.4 所示。

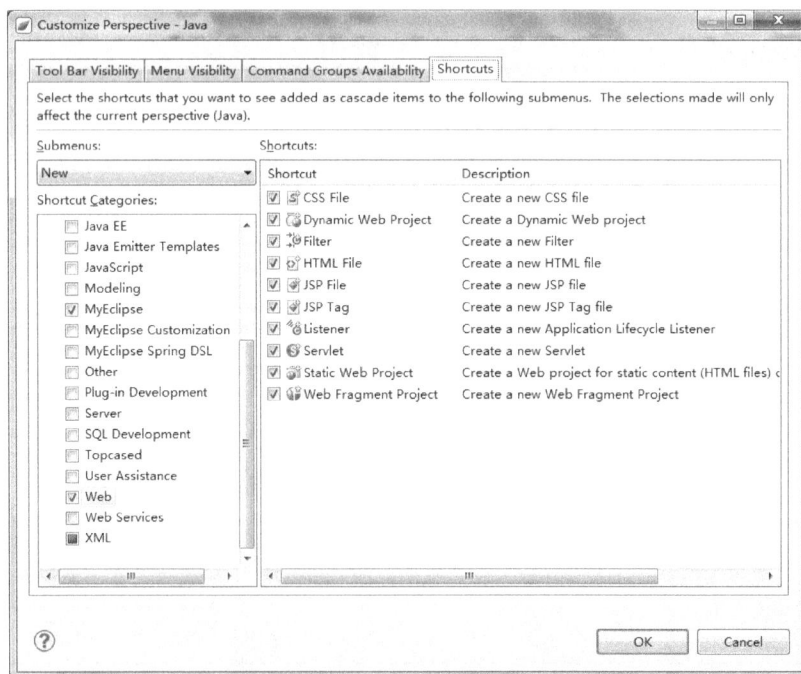

图 3.3.4　设置 Java Web 项目的快捷菜单

4. 设置首选参数——文本字体和字号

在安装了 MyEclipse 软件后，为了在 MyEclise 中浏览 JSP 网站，需要使用菜单
"Window→Preferences"，操作如图 3.3.5 所示。

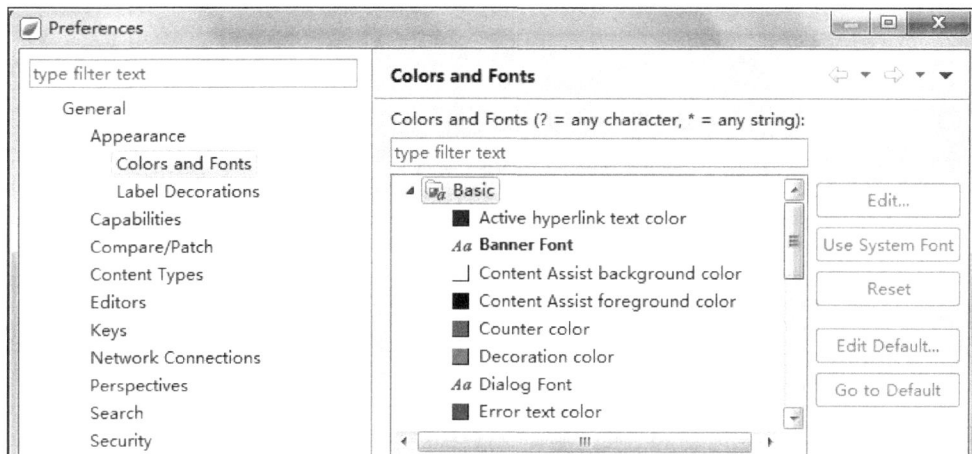

图 3.3.5　设置 MyEclipse 字体等对话框

5. 取消拼写检查

在集成环境中新建项目时，为了避免出现 Java 源程序中(特别是注释部分的英文)拼
写检查的警告，一般应使用 MyEclipse 菜单"Windows→Preferences"，依次选择 General
→Editos→Text Editors→Spelling，去掉默认的勾选，操作如图 3.3.6 所示。

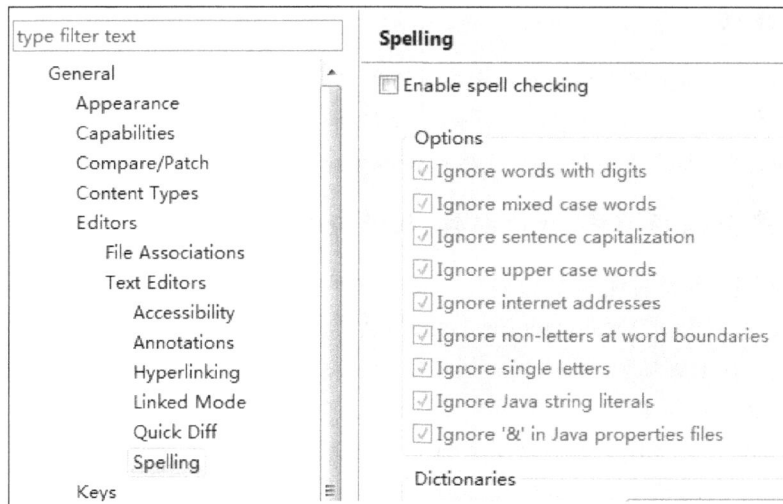

图 3.3.6　取消拼写检查

3.3.4　新建 Java 项目

在 MyEclipse 中，使用菜单"File—New—Java Project"，即可出现创建 Java 项目的对

话框。

在出现的对话框中，输入项目名称即可。创建后的项目文件系统，如图 3.3.7 所示。

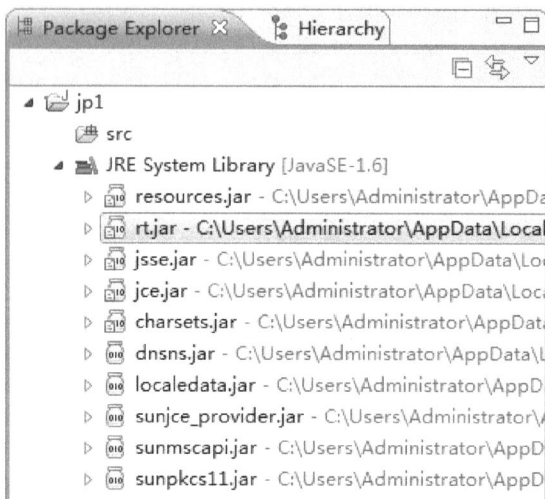

图 3.3.7　在集成环境中新建 Java 项目

注意：(1) 在集成环境中可以像展开文件夹一样，展开.jar 包，以查看其内的软件包、进而查看软件包内的类。

(2) 手工编译和运行 Java 应用程序，通常需要环境变量 path、java_home 和 classpath，而在集成环境中不需要。

3.3.5　新建包

使用项目的快捷菜单"New→Package"，在出现的对话框中，输入包名，将在系统的 src 文件夹里创建一个名称与包名相同的子文件夹。

注意：新建包，相当于执行了一条打包命令 package。

3.3.6　新建 Java 源程序、快速编辑、编译与运行

Java 源程序，主要表现为类和接口。如果要在某个包内建立类或接口，可使用包的快捷菜单"New→Class"或"New→Interface"，系统将给出用于设计类或接口的框架。

注意：(1) 在集成环境 MyEclipse 中，每一个类（或接口）对应一个.java 文件，这与手工开发时的.java 文件不同；

(2) 使用项目的快捷菜单新建类或接口所出现的对话框中，有存放位置的选项，即放置在什么包内。

在集成环境中编辑 Java 源程序时，几个快速编辑的方法如下：

(1) 使用组合键"Alt＋/"并回车，自动产生类的构造函数块。

(2) 输入"main"并回车，自动产生 main() 方法块。

(3) 快速编辑 try...catch 块：选择要执行的语句序列→点击右键→Surround With→Try/catch Black。

（4）快速建立类成员的 Getters 和 Setters：在空白处点击右键→Source→Generate Getters and Setters，选择所有属性，即可自动产生设置所有类属性的 setXxxx( )方法和获取所有类属性的 getXxxx( )方法。

（5）按组合键"Ctrl＋Shift＋O"，可自动导入所有类需要导入的软件包（类或接口）。

（6）按 Ctrl＋D，可以快速删除光标所在的行。

（7）选中要屏蔽的代码，按"Ctrl＋Shift＋/"，可屏蔽该代码的作用；再按"Ctrl＋Shift＋\"，则取消屏蔽。

注意：在 MyEclipse 环境中，对任何对象（如项目名、源程序名等）改名，只需要按功能键 F2，而不是使用对象的快捷菜单。

3.3.7　Java 项目的导入/导出

1. 导出项目

点击右键项目名称，选择"Export…"，在出现的对话框中选择"File System"，操作如图 3.3.8 所示。

图 3.3.8　项目导出向导之一

在接着的对话框中，选择要导出的项目和存放的路径，操作如图 3.3.9 所示。

2. 导入项目

导入项目是导出项目的反向操作，使用菜单"File—Import"并按照出现的向导操作即可将项目导入到 MyEclipse 中。

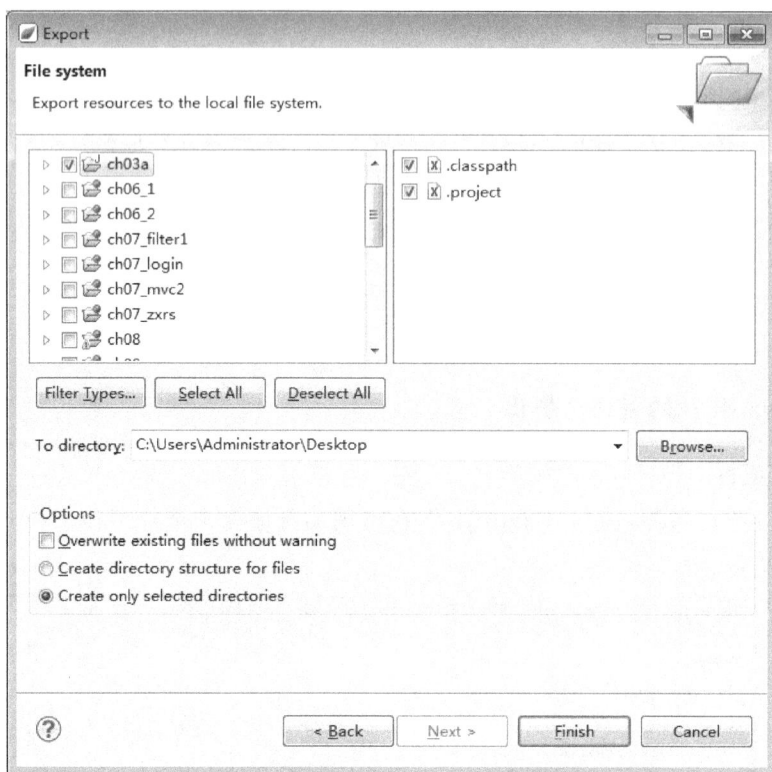

图 3.3.9　选择要导出的项目和存放的路径

3.4　用于 JSP 网站开发中的几个关键技术

除了通过定义类(封装数据和方法)实现代码重用外,Java 还提供了实现软件重用的多种技术,如继承(或组合)、抽象类、接口与多态等,下面分别介绍。

3.4.1　类的继承与组合

1. 类的继承

在 Java 中,当创建一个新类时,就已经实现继承,除非明确指明从其他类继承,否则就隐含继承 Java 的根类 Object。

Java 只支持单继承,即是说每个类只能有一个直接的父类,而不能有多个。

注意:(1) 为了在子类中能使用父类中的成员属性或方法,应在父类中设置 public 访问属性,即不要设置为 private 访问属性;

(2) 当子类中定义了与父类同名的方法时,父类的成员方法被子类的成员方法覆盖。

【例 3.4.1】　类继承的用法示例。

【源代码】类继承用法示例的源代码如下。

```
package pp;   //打包
//将所有学生的共性提取出来,做一个父类
class   Stu{
    //定义成员属性
        public String name;        //必须,因为在主类中要访问本属性
    public int age;
    public float fee;
    public void printName(){
        System.out.println("姓名:"+this.name);
    }
}
//小学生类
class Pupil extends Stu{
    public void pay(float fee){
        this.fee=fee;
    }
}
//中学生类
class MidddleStu extends Stu{
    public void pay(float fee){
        this.fee=fee*.8f;
    }
}
//大学生类
class CollegeStu extends Stu{
    public void pay(float fee){
        this.fee=fee*.7f;
    }
}
public class Sj03_5{   //主类
    public static void main(String args[]){
        Pupil p1=new Pupil();   //创建实例
        p1.name="李明";   //更改属性
        p1.printName();   //使用父类中的方法
    }
}
```

2. 类的组合

类的组合,是把已经存在的类作为数据成员添加到新的类中。例如,一辆车由车身、发动机、车轮、车窗和车门等部件组成,我们自然地会把各个部件(如 Body,Engine 等)放到类 Car 中,形成 Car 的一个组成部分,代码如下。

```
class Body{    //类的语句    }
class Engine{    //类的语句    }
class Wheel{    //类的语句    }
class Windows{    //类的语句    }
class Doors{    //类的语句    }
class Car{    //类的语句    }
    Body bb;
    Engine ee;
    Wheel ww;
    Window win;
    Doors dd;
}
```

组合后,就可以在 Car 类中通过对象 bb、ee、wh、win 和 dd 使用多个类的数据成员和方法。

3.4.2　抽象类与抽象方法

抽象类是一个具有抽象结构的父类,包含了它的子类们共同的方法申明,但没有方法的具体实现。抽象类只能被继承,不能被实例化,抽象类定义的抽象方法只能在其子类中实现。

【例 3.4.2】　一个抽象类的用法示例。

【源代码】源程序代码,如图 3.4.1 所示。

图 3.4.1　抽象类的定义与使用实例

注意:抽象类作为父类时,其所有抽象方法要在子类中实现。

3.4.3　接口

接口的声明格式如下:

　　[public] interface 接口名称{

　　　　返回类型 方法名(参数列表);

```
...
    类型 常量名＝值；
    ...
}
```

接口没有构造方法，不能通过 new 运算符被直接实例化，而是在类里使用 implements 关键字实现，其语法格式如下：

```
[public] class 类名称 implements 接口名称列表{
    ...
    //接口的方法体实现代码
    ...
}
```

【例 3.4.3】 接口的用法示例：电脑通过接口使用相机和手机。

【源程序】源程序 Sj03_7.java 的代码如下。

```
package jk;  //打包
interface Usb{//定义接口
        //声明两个没有主体的方法
        public void start();
        public void stop();
}
//编写相机类并实现接口的所有方法
class Camera implements  Usb{
        public void start(){
        System.out.println("我是相机,我开始工作了!");
        }
        public void stop(){
        System.out.println("我是相机,我停止工作了!");
        }
}
//编写手机类并实现接口的所有方法
class Phone implements  Usb{
        public void start(){
        System.out.println("我是手机,我开始工作了!");
        }
        public void stop(){
        System.out.println("我是手机,我停止工作了!");
        }
}
//编写计算机类,其方法的形参为 Usb 接口类型
class Computer {
```

```
        public void useUsb(Usb usb){//使用接口方法
            usb.start();
            usb.stop();
        }
}
public class Sj03_7 {        //主类
        public static void main(String args[]){
            Computer computer=new Computer();      //创建实例 computer
            Camera camera1=new Camera();   //创建一个相机
            Phone phone1=new Phone();   //创建一个手机
            computer.useUsb(camera1);//计算机通过接口使用相机方法
            System.out.println("-------------");
            computer.useUsb(phone1);//计算机通过接口使用手机方法
            System.out.println("");
        }
}
```

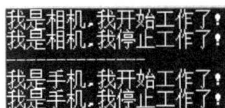

图 3.4.2　程序运行结果

【程序运行】程序运行结果,如图 3.4.2 所示。

【例 3.4.4】　一个综合使用继承和接口的示例。

【设计要点】通过接口,可以在不打破继承关系的前提下,实现对某个类的功能扩展。

【源代码】程序 Zh.java 的源代码如下。

```
package zh;  //打包
interface Fish{
        public void swimming();//没有主体的方法申明
}
interface Bird{
        public void fly();//没有主体的方法申明
}
class  Monkey{
        public String name;
        public int age;
        public void jump(){
            System.out.println("我是猴子,会跳");
        }
}
class LittleMonkey extends Monkey implements Fish,Bird{
        public void fly(){
            System.out.println("我是小猴,也能像鸟儿飞");
        }
        public void swimming(){
            System.out.println("我是小猴,也能像鱼儿游泳");//
```

```
        }
    }
public class Zh{
    public static void main(String args[]){
        LittleMonkey p1=new LittleMonkey();  //实例化
        p1.jump();   //调用方法
        System.out.println("-------------");
        p1.swimming(); //
        p1.fly();
        System.out.println();
    }
}
```

【程序运行】程序的运行结果，如图 3.4.3 所示。

图 3.4.3　程序运行结果

3.4.4　静态方法、静态变量和静态类

1. 静态方法

通常，在一个类中定义一个方法为 static，那就是说，用类名而无需本类的对象即可调用此方法。使用静态方法的一个简明示例代码如下：

```
class Simple{
    static void go(){
        System.out.println("Go...");
    }
}
public class Cal{
    public static void main(String[] args){
        Simple.go();
    }
}
```

静态方法的调用方法是"类名.方法名()"。

注意：静态方法常常为应用程序中的其他类提供一些实用工具，在 Java 的类库中大量的静态方法正是出于此目的而定义的。

2. 静态变量

静态变量与静态方法类似。所有此类实例共享此静态变量，也就是说在类装载时，只分配一块存储空间，所有此类的对象都可以操控此块存储空间。

注意：第 7.4.2 小节介绍的网站在线人数统计方法，可作为综合应用静态方法与静态变量的示例。

3.4.5 向上转型、动态绑定与多态

1. 向上转型

Java 编程时，子类的对象可以赋值给父类对象，也就是子类对象可以向上转型为父类对象。向上转型是安全的，而向下转型则不安全。

注意：如果转型的子类和父类具有同名的方法，转型后的对象自动调用原所属类里的方法。

2. 动态绑定

一个方法调用同一方法所在的类连接到一起就是绑定，绑定分为静态绑定与动态绑定两种。

静态绑定：编译时，编译器能准确调用哪个方法，即运行前的前期绑定。

动态绑定：在程序运行期间，JVM 根据对象的类型自动判断应该调用哪个方法，也称后期绑定。

3. 多态

多态，即多种状态，是指在继承的关系下，不同类的对象调用同名的方法，产生不同的行为。

多态原理是基于前面所述的向上转型和动态绑定实现的。前提条件是在继承关系下，每个子类都定义有一个同名的成员方法。首先，利用向上转型机制，把子类的对象转化为父类的对象，然后转型后的对象通过动态绑定机制自动调用转型前所属子类同名的方法，这就实现了多态。

【例 3.4.5】 一个基于向上转型和动态绑定的多态的用法示例。

【源代码】多态示例的源代码，如图 3.4.4 所示。

```
//由继承实现的多态举例
package dt;   //打包
class Animal{
        String name;
        int age;
        public void cry(){
        System.out.println("不知道怎么叫");
        }
}
class Dog extends Animal{
        public void cry(){        //此方法与父类同名
                System.out.println("汪汪叫...");
        }
}
class Cat extends Animal{
        //在子类中重写父类的方法
        public void cry(){        //此方法与父类同名
                System.out.println("喵喵叫...");
        }
}
public class Sj03_6 {
        public static void main(String args[]){
                Dog dog=new Dog();  //创建Dog类的一个实例
                dog.cry();  //不会产生歧义
                Cat cat=new Cat();  //创建Cat类的一个实例
                cat.cry();  //不会产生歧义
                System.out.println("-----------");
                Animal an=new Dog();  //向上转型
                an.cry();  //调用转型前所属子类中的方法
                an=new Cat();
                an.cry();  //调用转型前所属子类中的方法
        }
}
```

图 3.4.4 多态用法示例的源代码

【例 3.4.6】 一个接口实现多态的经典案例。

【源代码】案例程序 CarShop.java 的源代码如下。

```java
interface Car{  //定义接口 Car
    String getName();//获得汽车名称
    int getPrice();//获得汽车售价
}
class BMW implements Car{ //宝马类
    public String getName(){
        return "BMW";
    }
    public int getPrice(){
    return 300000;
    }
}
class CheryQQ implements Car{  //奇瑞 QQ 类
    public String getName(){
        return "CheryQQ";
    }
    public int getPrice(){
        return 20000;
    }
}
public class CarShop{   //汽车销售店类,主类
    private int money=0; //汽车收入
    public void sellCar(Car car){   //卖车方法的参数是接口类型
        System.out.println("车型:"+car.getName()+"  单价:"+car.getPrice());
        money+=car.getPrice();
    }
    public int getMoney(){   //获取售车总收入方法
        return money;
    }
    public static void main(String args[]){
    CarShop aShop=new CarShop();
    aShop.sellCar(new BMW());   //卖了一部宝马
    aShop.sellCar(new CheryQQ());//卖了一部奇瑞
    System.out.println("总收入:"+aShop.getMoney());
    }
}
```

【程序运行】程序运行效果,如图 3.4.5 所示。

注意:(1) 引起多态的原因是方法 sellCar(Car car)中的参数为接口类型,而实现了 Car 接口的类 BMW 与接口的关系类似于继承关系(但不是继承),

```
车型: BMW   单价: 300000
车型: CheryQQ  单价: 20000
总收入: 320000
```

图 3.4.5　程序运行结果

即是另一种形式的向上转型。

（2）接口可以理解为更加抽象的抽象类。

（3）新增一种车型（如桑塔纳），并不需要修改 sellCar 方法，只需让新定义的类实现 Car 接口，这就是接口实现多态的好处。

3.5　在 Java 应用程序中访问 MySQL 数据库

3.5.1　JDBC 工作原理

JDBC(Java DataBase Connectivity)是一套用 Java 语言实现的用于执行 SQL 语句的 Java API，它封装了与数据库服务器通信的细节，以 Java 类库的形式为开发者提供了访问多种关系型数据库的统一接口，开发者通过调用 JDBC API 编写 Java 应用程序来发送 SQL 语句对数据库进行访问。

JDBC API 使数据库驱动程序之间的差别得到屏蔽，为开发者提供了一个标准的、纯 Java 的数据库程序设计接口。当需要连接任何一种数据库系统时，Java 应用程序只需调用统一的 JDBC API，就可以完成向数据库系统发送 SQL 语句的功能。

JDBC 底层的实现，包括如下的三个方面：

（1）JDBC 驱动管理器类 java. sql. DriverManager：负责装载特定的数据库 JDBC 驱动。

（2）JDBC 驱动器 API：最主要的接口是 java. sql. Driver。

（3）JDBC 驱动器：实现 JDBC API（接口），由数据库供应商或其他第三方工具提供创建。

注意：尽管 JDBC 在 Java 语言层面实现了统一，但不同的数据库仍有许多差异，为了更好地实现跨数据库操作，于是诞生了 Hibernate 项目，Hibernate 是对 JDBC 的再封装，它实现了对数据库操作更宽泛的统一和更好的可移植性，参见第 9.4 节。

3.5.2　使用纯 JDBC 方式访问 MySQL 数据库

任何一个 JDBC 应用程序的开发包含如下步骤：

（1）选择并加载一个合适的 JDBC 驱动程序；

（2）创建一个 Connection 接口对象，建立与数据库的连接；

（3）创建一个 Statement 接口对象，使用该对象进行对数据库的操作；

（4）从返回的 ResultSet 接口对象中获取相应的数据；

（5）关闭相关连接。

1. 加载 JDBC 驱动程序

调用类方法 Class. forName("X") 将导致命名为 X 的类被初始化，并返回一个 Class 对象。其中 X 是实现 JDBC API 接口的 JDBC 驱动器（一般由数据库厂商提供）。例如，MySQL 数据库厂商提供的 JDBC 驱动包 mysql-connector-java-5. 1. 7-bin. jar 提供的 JDBC 驱动器（类）Driver 含于两个软件包中，如图 3.5.1 所示。

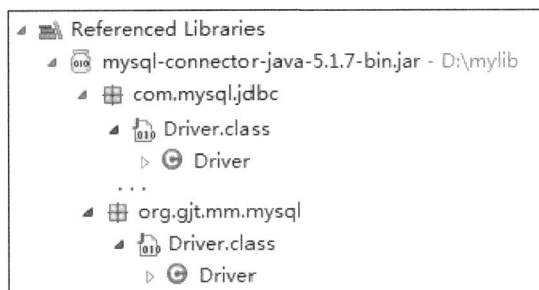

图 3.5.1　MySQL 数据库的 JDBC 驱动器所在的软件包及 jar 包

例如,加载 MySQL 数据库厂商提供的 JDBC 驱动器的代码如下。

```
String driver="com.mysql.jdbc.Driver";
Class.forName(driver);
```

注意:(1) Class 类包含于软件包 java.lang 里,forName()是静态方法。

(2) 加载 JDBC 驱动器可能出现异常,如找不到 JDBC 驱动器时,会抛出 "ClassNotFoundException"异常。

2. 创建 Connection 接口对象

通过使用静态方法 DriverManager.getConnection()产生 Connection 接口对象。

```
String url="jdbc:mysql://localhost:3306/test? user=root&password=root";
Connection con=DriverManager.getConnection(url);
```

注意:(1) 字符串 url 指示了访问本机的 MySQL 数据库 test 的用户名、密码及端口等信息。

(2) 登录数据库服务器也可能出现异常,如 MySQL 服务未开启等。

3. 创建 Statement 接口对象

使用 Connection 接口对象的 createStatement()方法创建一个 Statement 接口类型的实例对象,以将 SQL 语句发送到数据库,其格式如下:

```
Statement stmt=con.createStatement();
```

4. 创建 ResultSet 接口对象

通过 Statement 接口对象的 executeQuery()方法,执行 Select 语句返回所生成的结果对象是 ResultSet 类型,其使用如下:

```
ResultSet rs=stmt.executeQuery(sql);//sql 为 Select 命令
```

使用 ResultSet 接口对象提供的 getString()方法获取其中的数据,有两种格式:

```
String sql= "select查询命令";
rs.getString("字段名"); 或 rs.getString(字段序号);
```

注意:(1) 不带参数的 SQL 语句通常使用 Statement 接口对象执行,如果多次执行相同的 SQL 语句,使用 PreparedStatement 接口对象可能更有效。

(2) ResultSet 是基于连接的,往页面上返回 ResultSet 就要求 Connection 不能关闭。

(3) 前面介绍的是选择查询数据库(对应的 SQL 命令为 Select 命令),如果是操作查询数据库,则要使用相应的 SQL 命令(Insert/Delete/Update)和 Statement 的

excuteUpdata()方法。操作查询不会返回记录集,但返回操作的记录数目,详见第 6 章。

5. 关闭相关连接

数据库操作完毕后,应通过调用 close()方法及时释放三个接口对象占用的内存资源,其格式如下:

```
rs.close();
stm.close();
con.close;
```

【例 3.5.1】　在手工环境中,使用纯 JDBC 方式访问 MySQL 数据库。

【操作步骤】

(1) 建立文件夹 d:\mylib。

(2) 访问作者的教学网站 http://www.wustwzx.com,从第三门课程的滚动新闻里下载 mysql-connector-java-5.1.7-bin.jar 到 d:\mylib。

(3) 编辑系统环境变量 classpath,在最后加上"; d:\mylib\mysql-connector-java-5.1.7-bin.jar",重启计算机,以便环境变量生效。

(4) 使用 Navicat for MySQL,确保存在数据库 test,且库中包含 user 表。

(5) 编辑文件 fw_MySQL.java,其代码如图 3.5.2 所示。

```java
import java.sql.*; //引包（含于JDK提供的系统jar包文件rt.jar文件）

public class fw_MySQL {
        public static void main(String args[]){
                try{
                        String driver="com.mysql.jdbc.Driver";
                        //上述驱动程序（类）含于MySQL数据库厂商提供的.jar文件中
                        Class.forName(driver);
                        String url="jdbc:mysql://localhost:3306/test?user=root&password=root";
                        //创建如下的连接前要求MySQL服务已经打开
                        Connection con=DriverManager.getConnection(url);

                        String sql="select * FROM user"; //
                        Statement stmt=con.createStatement();
                        ResultSet rs=stmt.executeQuery(sql);

                        String v1,v2,v3;
                        while(rs.next()){
                                v1=rs.getString("username"); //访问字段方式一
                                v2=rs.getString(2);  //访问字段方式二
                                v3=rs.getString(3);
                                System.out.println(v1+","+v2+","+v3);
                        }
                        System.out.println(); //换行
                        con.close();
                }
                catch(ClassNotFoundException e){
                        System.out.println(e);
                }
                catch(SQLException e){
                        System.out.println(e);
                }
        }
}
```

图 3.5.2　访问数据库的源文件

（6）编译后运行，其结果如图 3.5.3 所示。

【例 3.5.2】 在集成环境中，使用纯 JDBC 方式访问 MySQL
数据库。

图 3.5.3 程序运行结果

【操作步骤】

（1）打开 MyEclipse for Spring 10。

（2）右击项目 ch03→Build Path→Add Extenal Archives…，选择 d：\mylib\mysql-
connector-java-5.1.7-bin.jar。

（3）右击 src 文件夹→New→Class，输入类名"fw_MySQL"。

（4）编辑源文件，将上例中的相关代码复制过来后保存文件。此时，项目文件系统如
图 3.5.4 所示。

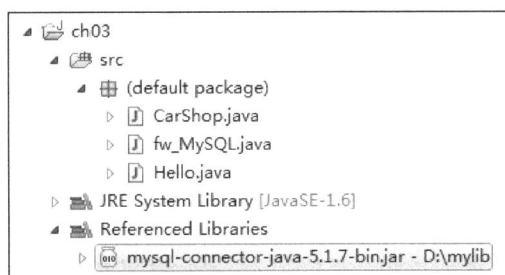

图 3.5.4 项目文件系统

（5）单击工具栏上的"运行"按钮（自动编译），出现与上例相同的结果。

习　题　3

一、判断题

1. Java 类名的首字母，习惯上小写。

2. Java 类（包括抽象类）只支持单继承，不允许一个类同时继承两个及以上的父类。

3. 抽象类和接口都不能被继承。

4. 抽象类和接口不能使用运算符 new 实例化。

5. Java 程序中的变量，可以不声明而直接使用。

6. 在 MyEclipse 环境中编写的 Java 类保存后是自动编译的。

7. 只有在静态类中才能定义静态方法。

8. 一个类可以同时实现若干接口。

9. 每个 Java 源程序必须中必须定义一个包含 main() 方法的类。

10. 抽象类的抽象方法只能在其子类中实现。

11. 创建抽象类 Calendar 的实例，也是使用 new 运算符。

12. 使用纯 JDBC 方式访问 MySQL 数据库，必须具有数据库厂商提供的驱动包。

13. 手工环境开发以纯 JDBC 方式访问 MySQL 数据库的应用程序，需要建立环境变量 ClassPath。

二、选择题

1. 下列软件包中，Java 系统自动引入（即不需要使用 import 语句）的是_____。

    A. java. sql   B. java. text   C. java. lang   D. java. util

2. 编译 java 程序时，实际上做了_____工作。

    A. 存盘   B. 将其转化为计算机能够理解的格式

    C. 加入到程序集中   D. 运行

3. 对 Java 源程序进行编译时，编译命令是_____。

    A. javac   B. java   C. Class   D. jdk

4. 以下的注释中，不合法的是_____。

    A. / * * comment * /   B. / * comment * /

    C. / * comment   D. // comment

5. 在集成环境中编辑 Java 源程序时，快速编辑 try… catch 块的方法：先选择要执行的语句序列，然后在右键菜单里选择_____菜单项。

    A. Surround With   B. Source

    C. Run As   D. Refactor

6. 在集成环境 MyEclipse 中，控制各面板的打开与关闭，可使用_____菜单。

    A. MyEclipse   B. Project   C. Source   D. Window

7. 下列不属于 Java 基本数据类型的是_____。

    A. 对象型   B. 整型   C. 字符型   D. 布尔型

8. 在集成环境 Eclipse/MyEclipse 中开发 Java 项目时引入外部.jar 包,应在 Java 项目名称的右键菜单中选择_____菜单项。

    A. Import　　　　　B. Export　　　　　C. Source　　　　　D. Build Path

9. 关于类与接口,下列说法中不正确的是_____。

    A. 接口没有构造函数

    B. 一个类可以实现多个接口

    C. 接口与类一样,可以被实例化

    D. 类实现接口时,需要实现该接口的所有方法

10. 在 MyEclipse 中,对 Java 项目使用菜单"File→New"时,不出现的选项是_____。

    A. Package　　　　B. Class　　　　　C. Interface　　　　D. Servlet

三、填空题

1. 定义类的成员,包括数据和_____。

2. 在 Java 中,所有类的直接或间接父类是_____。

3. 在 Java 中,初始化类的实例的对象的属性是由类的_____完成的。

4. 一个 Java 源文件,最多只能定义一个 public,且文件名必须按_____命名。

5. 类变量或者静态变量,在类中是通过使用关键字_____定义的。

6. 条件测试的结果为 true 或 false,对应的变量类型是_____。

7. 在 Java 语言中,一对花括号用来定义类块或_____块。

8. 集成环境 MyEclipse 中,自动导入所用类对应的软件包的快捷键是_____。

9. 查看 MyEclipse 中项目文件夹所在的路径,应使用系统的_____菜单。

10. 含有数据库访问的 Java 应用程序与普通的 Java 应用程序相比,必须使用_____软件包。

11. extends 定义类之间的继承关系,而_____定义类与接口之间的实现关系。

12. 在 Java 中,如果子类具有与父类同名的方法,则在向_____转型时,转型后的对象自动调用转型前所属子类同名的方法。

13. 在 MyEclipse 中,实现 Java 源程序的快速编辑,可使用组合键"Alt+_____"。

实验 3(A)　Java 基础与 Java 应用程序的手工开发

一、实验目的

1. 掌握 JDK 文件系统各部分的功能；
2. 掌握在集成环境中建立 Java 类(或接口)的方法；
3. 掌握 Java 引用类型的使用；
4. 掌握 Java 中用于 JSP 网站开发的若干关键技术，特别是接口与多态；
5. 掌握手工编译和运行 Java 应用程序的方法。

二、实验内容及步骤

【预备】访问 http://www.wustwzx.com/jsp_sy/index.html 并单击"实验 3(A)"超链接，下载本章实验内容的源代码并解压(得到文件夹 ch03)，供研读和调试使用。

1. 使用 JDK 和 EditPlus 开发一个简单的 Java 应用程序，并编译和运行。
   - (1) 将 Java 编译命令嵌入到 EditPlus 中(即定义快捷键)。先在 Windows 的文件窗口中得到 javac.exe 的完整路径并复制到剪贴板，使用 EditPlus 菜单"Tools—Configure User Tools"，在出现的对话框中，在 Command 文本框中粘贴。然后分别在 Argument 和 Initial directory 下拉列表中设置相关参数。
   - (2) 同样地，将 Java 运行命令 java.exe 嵌入到 EditPlus 中。但要注意，设定 Argument 的值为 $(FileNameNoExt)，即没有带包运行。
   - (3) 使用 EditPlus 打开文件 ch03\Sj03_1.java，按"Ctrl+1"编译后，观察在 ch03 文件夹多了类文件 Sj03_1.class，即完成了 Java 源程序的编译。
   - (4) 在 EditPlus 编辑状态下按"Ctrl+2"，出现运行类的结果，显示当前时间。
   - (5) 屏蔽第一行并保存后再重新编译，查看出现的错误信息。
   - (6) 取消对第一行的屏蔽，去掉输出语句中的".toLocaleString()"，保存后再重新编译和运行，查看所显示的时间格式的不同。
2. 掌握手工编译和运行 Java 应用程序的方法和枚举类型的使用。
   - (1) 使用 EditPlus 打开文件 ch03\Sj03_2.java。
   - (2) 查看枚举的定义方法和相关类。
   - (3) 编译和运行。
3. 掌握类的封装和访问控制。
   - (1) 使用 EditPlus 打开文件 ch03\Sj03_3.java。
   - (2) 编译和运行。
   - (3) 将 name 的访问属性从 public 改变为 private，查看编译时的错误信息。
4. 掌握 Java 的继承机制和带包编译/运行方法。
   - (1) 使用 EditPlus 打开文件 ch03\Sj03_5.java。
   - (2) 查看各类的定义和继承关系。
   - (3) 编译和运行。

5. 掌握 Java 的抽象类的定义与使用。

  （1）使用 EditPlus 打开文件 ch03\Sj03_6.java。

  （2）查看抽象类及抽象方法的定义。

  （3）查看子类继承抽象方法的定义及方法的实现代码。

  （4）编译和运行。

6. 掌握接口的定义和使用。

  （1）使用 EditPlus 打开文件 ch03\Sj03_7.java。

  （2）查看接口的定义和相关类的定义。

  （3）编译和运行。

7. 掌握向上转型、动态绑定与多态。

  （1）使用 EditPlus 打开文件 ch03\Sj03_8.java。

  （2）查看父类和子类的定义。

  （3）查看向上转型的代码。

  （4）编译和运行。

三、实验小结及思考

（由学生填写，重点写上机中遇到的问题）

实验 3(B)　在集成环境中开发 Java 项目

一、实验目的

1. 掌握使用 MyEclipse for Spring 10 开发 Java 项目前的若干设置工作；
2. 掌握在集成环境中建立 Java 类(或接口)的方法；
3. 掌握在 MyEclipse for Spring 10 中导入/导出项目的方法；
4. 掌握在 MyEclipse for Spring 10 开发 Java 项目的方法；
5. 掌握在 MyEclipse 集成环境中快速编辑的若干方法。

二、实验内容及步骤

1. 建立 Java 项目的集成开发环境。
   (1) 访问作者教学网站 http://www.wustwzx.com，从第三门课程的滚动新闻里下载 MyEclipse for Spring 10。解压后，双击其中的安装文件 myeclipse4spring-10.6-offline-installer-windows.exe 文件，即可开始安装。在出现的对话框中，记清楚安装的目标文件夹，因为下一步破解时要用。
   (2) 打开解压文件夹里破解操作的 Word 文件，按照规定的步骤破解后再运行 MyEclipse for Spring 10。
   (3) 首次使用 MyEclipse for Spring 10，设定工作空间为 d:\MyEclipse10。
2. 在 MyEclipse for Spring 10 中导入一个已经存在的 Java 项目。
   (1) 运行 MyEclipse for Spring 10。
   (2) 导入解压文件夹 ch03 里的 Java 项目 ch03，操作方法参见第 3.3.7 小节。
3. 设置和使用 MyEclipse 编辑时的联机支持等功能实现快速编辑。
   (1) 导入 Java API 的源文件，参见第 3.3.3 小节。
   (2) 设置编辑助手功能，参见第 3.3.3 小节。
   (3) 使用组合键"Alt＋/"并回车后，自动产生类的构造函数块。
   (4) 输入"main"并回车后，自动 main()方法块。
   (5) 使用快捷菜单，自动产生 try…catch 块。
   (6) 取消拼写检查功能。
4. 掌握集成开发与手工开发的区别，将例 3.4.3 在集成环境中实现。
   (1) 使用 EditPlus 打开上次实验解压文件夹里的源文件 Sj03_7.java，以便下面定义接口和类时粘贴代码。
   (2) 在项目 ch03 的 src 文件夹里，新建名为 jk 的包。
   (3) 在 jk 包内新建一个名为 Usb.java 的接口文件。
   (4) 在 jk 包内新建一个名为 Camera.java 并实现 Usb 接口的类文件，粘贴相应的代码。
   (5) 在 jk 包内新建一个名为 Phone.java 并实现 Usb 接口的类文件，粘贴相应的代码。

（6）在 jk 包内新建一个名为 Computer.java 的类文件,粘贴相应的代码。

（7）在 jk 包内新建一个名为 Sj03_7.java 的主类文件,粘贴相应的代码,保存后单击工具栏上的"运行"按钮。

5. 在 MyEclipse for Spring 10 中开发 Java 应用程序。

（1）双击项目 ch03 里 src 文件夹里的 Hello.java 文件。

（2）查看 java.util.Calendar 类的使用。

（3）查看 java.text.SimpleDateFormat 类的使用。

（4）查看 java.text.SimpleDateFormat 类的使用。

（5）单击工具栏运行类的按钮,查看控制台显示的运行结果。

（6）双击项目 ch03 里 src 文件夹里的 CarShop.java 文件。

（7）查看接口和类的定义。

（8）单击工具栏运行类的按钮,查看控制台显示的运行结果。

（9）修改源程序,增加一款汽车（Nissan）并在 main（）方法里增加相应的代码（不需要修改 sellCar（）方法）。

（10）保存文件后单击工具栏运行类的按钮（自动编译）,查看控制台显示的运行结果。

6. 在 MyEclipse for Spring 10 中导出 Java 项目。

（1）右击项目 ch03,选择"Export…"。

（2）在出现的对话框中,单击"File System"后单击"Next"按钮。

（3）在出现的对话框中,选择保存项目的路径后,单击"Finish"按钮。

（4）双击目标位置里的文件夹 ch03,查看相关文件（夹）。

三、实验小结及思考

（由学生填写,重点写上机中遇到的问题）

实验 3(C)　使用 JDBC 访问 MySQL 数据库

一、实验目的

1. 掌握纯 JDBC 方式访问数据库的原理；
2. 掌握在 Java 应用程序中访问 MySQL 数据库所需要的 Java 类；
3. 掌握在手工环境中开发访问 MySQL 数据的应用程序的编译和运行方法；
4. 掌握在 MyEclipse 集成环境中开发访问 MySQL 数据的应用程序的编译和运行方法。

二、实验内容及步骤

【预备】访问作者的教学网站 http://www.wustwzx.com，从第三门课程的滚动新闻里下载 MySQL 的 JDBC 驱动包 mysql-connector-java-5.1.7-bin.jar 并存放至 d:\mylib 文件夹里。

1. 使用 JDK 和 EditPlus，以纯 JDBC 方式访问 MySQL 数据库(参见例 3.5.1)。
   (1) 配置 Windows 系统的环境变量 ClassPath，并将 MySQL 的 JDBC 驱动包的路径添加到 ClassPath 中。
   (2) 重启计算机，以便环境变量生效(机房环境如果装了保护卡，可能不能生效！)
   (3) 使用 EditPlus 打开文件 fw_MySQL.java，查看连接 MySQL 数据库的代码。
   (4) 查看创建记录集的代码。
   (5) 查看源文件 fw_MySQL.java 中输出记录集的代码。
   (6) 编译(机房环境，需要带路径和 jar 包编译，参见第 3.2.2 小节)和运行。

2. 在集成环境中，使用纯 JDBC 方式访问 MySQL 数据库(参见例 3.5.2)。
   (1) 打开 MyEclipse for Spring 10。
   (2) 对项目 ch03 引入刚才下载的 MySQL 的 JDBC 驱动 jar 包。
   (3) 打开项目 ch03 里的源文件 fw_MySQL.java，查看查询 MySQL 数据源的代码。
   (4) 单击工具栏的"运行"按钮，查看状态信息。
   (5) 打开项目 ch03 里的源文件 xg_MySQL1.java，查看操作 MySQL 数据库的代码。
   (6) 单击工具栏的"运行"按钮，查看状态信息并打开数据源验证。

三、实验小结及思考

(由学生填写，重点写上机中遇到的问题)

第4章　JSP 网站及其基本工作原理和开发环境

从前面的学习,我们知道,JSP 网站需要安装 JDK 和 Apache Tomcat,JSP 技术是 Java 技术家族的一部分,也是 J2EE 的一个组成部分。本章主要介绍 JSP 的页面指令和动作标签,JSP 网站的运行环境、网站文件系统结构和基本工作原理,最后介绍 JSP 网站的开发环境及其使用,学习要点如下:

- 掌握运行 JSP 网站所需要的支撑软件;
- 掌握 JSP 网站的基本工作原理;
- 掌握 JSP 的页面指令和动作标签的用法;
- 掌握手工开发 JSP 网站的方法;
- 掌握在集成环境 Eclipse 中开发 Java EE 项目的方法;
- 掌握在集成环境 Eclipse 中导入/导出 Java EE 项目的方法;
- 掌握在集成环境 MyEclipse 中部署项目的方法。

4.1　JSP 页面语法

4.1.1　JSP 页面结构

JSP 网站当然包含 JSP 网页,简单地说,JSP 网页就是包含 Java 脚本的 HTML 网页,即 JSP 页面中除了通常的 HTML 代码外,还包含在服务器端执行的 Java 脚本。不过,它必须以.jsp 作为扩展名。

注意:在 JSP 页面中,也可通过＜script＞标记引入在客户端执行的 JavaScript 脚本。

【例 4.1.1】　JSP 示例网页——显示当前日期。

页面 sj04_1.jsp 的代码,如图 4.1.1 所示。

```
<%@ page language="java" import="java.util.*" pageEncoding="GBK"%>
<%@ page import="java.text.*"%>
<%
        SimpleDateFormat formater=new SimpleDateFormat("yyyy年MM月dd日");
        String CurrentDate=formater.format(new Date());
%>
<HTML>
 <HEAD>
  <TITLE>显示当前日期</TITLE>
  <style type="text/css">
   .big {        text-align: center;}
  </style>
 </HEAD>
 <BODY>
        <div class="big">
                <div><img src="jpg/wkd.jpg" width="950"></div>
                <div><img src="jpg/dht.jpg"></div>
                <div><%=CurrentDate%></div>
        </div>
 </BODY>
</HTML>
```

图 4.1.1　一个简单的 JSP 页面示例

页面浏览效果,如图 4.1.2 所示。

图 4.1.2　JSP 页面的浏览效果

注意:在 JSP 页面中,Java 脚本使用一对 $<\%\ldots\%>$,其内可以定义变量、方法和创建对象等,并且一般出现在页面的开头。

4.1.2　JSP 页面指令、页面包含指令和标签指令

页面中的 JSP 指令有 page 指令、include 指令和 taglib 指令三种。

1. 页面指令 page

页面 page 指令用来设置与当前网页相关的属性,如网页使用的脚本语言、页面编码方式等,其用法格式如下:

$<@$ page 属性名＝值$\cdots\%>$

例如:

$<@$ page language="java" import="java.util. * " pageEncoding="UTF-8"$\%>$

注意:(1) 在 JSP 页面中,若包含中文信息,则页面指令中的 pageEncoding 属性值应与保存文件时选用的编码格式一致,否则,会出现中文乱码(参见第 1.4.4 小节)。

(2) JSP 指令不会产生任何的输出。

(3) 页面头部可以出现多条$<@$ page import="包类"$\%>$,以引入页面脚本运行时所需要的 Java 包类。否则,需要将引入的包类列表(中间用逗号分隔)作为 page 指令中 import 属性值。

2. 页面包含指令 include

JSP 页面包含指令 include 通过 file 属性指示将某个 JSP 文档包含到当前页面中,该指令的使用格式如下:

$<\%@$ include file=" 文件名. jsp"$\%>$

使用本方法,能方便地将显示网站主页头部的文件(通常命名为 top. jsp)或底部的文件(通常命名为 foot. jsp)包含到当前 JSP 页面中,使得网站页面具有统一的外观。

注意:(1) 页面包含指令可以出现在页面的任何位置;

(2) 避免被包含的 jsp 文件中的 Java 脚本中定义的变量与当前页面相同;

(3) top. jsp 与 foot. jsp 中,一般不使用标记$<$title$>$和$<$body$>$;

(4) 在 JSP 网站开发中,实现页面包含功能还可以使用 JSP 动作标签$<$jsp:include$>$ (参见第 4.1.4 小节),或者使用更简便的方法——使用 JSP 的模板技术,参见第 10 章 SiteMesh。

3. 页面标签指令 taglib

JSP 页面标签指令 taglib 的使用格式如下:

<%@taglib prefix="标签前缀" uri="标签库描述符" %>

注意：uri(统一资源标识符)属性指定的标签库描述符,是标签描述文件(＊.tld)的文件名。在标签描述文件中,定义了标签库中各个标签的名字,并为每个标签指定一个标签处理类。

例如,引用 Struts2 框架中标签文件 struts-tags.tld 的 taglib 指令格式如下:

<%@taglib prefix="s" uri="/struts-tags"%>

4.1.3　JSP 脚本元素：声明、表达式和脚本程序

1. 声明<%! …%>

声明语句在 JSP 页面中用于定义方法和变量,它们在整个页面内都有效,其用法格式如下:

<%! 声明变量或方法 %>

注意：在"<%"与"!"之间不要空格。

2. 表达式<%＝…%>

JSP 表达式,用于把 Java 数据向页面直接输出信息,其使用格式如下:

<%＝变量或有返回值的方法名()%>

注意：变量或方法名后没有分号。

3. 脚本程序段<%…%>

脚本程序指用 Java 语言编写的嵌在"<%...%>"标记内的程序段,可以进行变量定义、赋值和方法调用。

注意：初学 JSP,通常将脚本程序段、HTML 标签、JSP 标签混合使用(参见例 4.1.2 和例 4.1.3 的源代码)。

4.1.4　JSP 动作标签

JSP 动作标签是 JSP 规范所定义的一种 XML 标签,它在处理请求时被执行,这与指令标签不同。JSP 动作标签包括<jsp:include>、<jsp:forward>、<jsp:useBean>、<jsp:setProperty>、<jsp:getProperty>、<jsp:plugin>、<jsp:fallback>、<jsp:param>和<jsp:params>。

1. 包含文件：<jsp:include>

动作标签<jsp:include>用于在当前 jsp 页面中嵌入另一个页面,基本用法格式如下:

<jsp:include page="页面" flush=true/>

当向嵌入的 jsp 页面传递参数时,其用法格式如下:

<jsp:include page="jsp 页面" flush="true" >
　　<jsp:param name="p1" value="v1">
　　<jsp:param name="p2" value="v2">

…

</jsp:include>

注意：(1) 属性 flush="true"，表示清除保存在缓冲区中的数据。

(2) 动作标签<jsp:param>嵌入在动作标签<jsp:include>内，起传递参数的辅助作用。

(3) 在接收参数的页面里，需要使用 JSP 的内置对象 request（见第 5.3 节）的 getParameter()方法，参见例 4.5.1。

2. 请求转发：<jsp:forward>

动作标签<jsp:forward>用于转发请求，基本用法格式如下：

<jsp:forward page="页面" />

当向转发的 jsp 页面传递参数时，其用法格式如下：

```
<jsp:forward page="jsp 页面">
    <jsp:param name="p1" value="v1">
    <jsp:param name="p2" value="v2">
    …
</jsp:forward>
```

注意：动作标签<jsp:param>与其<jsp:include>和<jsp:forward>一起使用。

3. 声明使用 JavaBean：<jsp:useBean>

本动作标签在 JSP 页面中创建一个 JavaBean 实例，用法详见第 6.2 节。

4. 设置/获取 JavaBean 属性值：<jsp:setProperty>和<jsp:getProperty>

动作标签<jsp:setProperty>和<jsp:getProperty>分别用于设置 JavaBean 属性和获取 JavaBean 属性，需要与<jsp:useBean>动作标签一起使用，详见第 6.2 节。

5. 声明使用 Java 插件：<jsp:plugin>

动作标签<jsp:plugin>可以在页面中插入 Java Applet 小程序或 JavaBean，它们能够在客户端运行，并根据浏览器的版本转换成<object>或<embed>HTML 标签。当转换失败时，由动作标签<jsp:fallback>显示提示信息，其用法格式如下：

<jsp:fallback>提示信息文本</jsp:fallback>

此外，还可以使用动作标签<jsp:params>向 Applet 或 JavaBean 传递参数，动作标签<jsp:params>只能与<jsp:plugin>一起使用，其使用格式如下：

```
<jsp:params>
    <jsp:param name="p1" value="v1">
    <jsp:param name="p2" value="v2">
    …
</jsp:params>
```

注意：(1) 动作标签<jsp:fallback>和<jsp:params>是辅助动作标签<jsp:plugin>的。

(2) Applet 是一种特殊的 Java 程序，它本身不能单独运行，需要嵌入在一个 HTML 文件中，借助于浏览器来解释执行。

【例 4.1.2】 使用<jsp:include>标签实现文件包含。

【功能说明】在页面的水平线（由 HTML 标签＜hr/＞标记产生）的上方，显示使用动作标签＜jsp:inclde＞所包含的页面 top.jsp 的内容；而在水平线的下方，显示当前页面 sj04_2.jsp 的内容。

【源代码】页面 sj04_2.jsp 的代码，如图 4.1.3 所示。

```
<%@ page language="java" pageEncoding="gb2312" %>
<%@ page import="java.util.*" %>
<%
   Calendar now=Calendar.getInstance();
%>
<html>
<head><title>文件包含动作标签的使用</title></head>
<body>
    <jsp:include page="top.jsp" flush="true"/>
    <hr/>
    朋友，
   <%
    if(now.get(Calendar.AM_PM)==Calendar.AM)
        out.print("早上好！<br>");
    else
        out.print("下午好！<br>");
   %>
</body>
</html>
```

图 4.1.3　页面 sj04_2.jsp 的源代码

【例 4.1.3】　使用＜jsp:forward＞实现请求转发。

【功能说明】在页面 sj04_2.jsp 页面中，产生一个 10 以内的随机整数，当不超过 5 时，转发到页面 sj04_3a.jsp 页面，显示随机数和相关说明信息；当大于 5 时，转发至页面 sj04_3b.jsp，显示随机数和相关说明信息。转发后，浏览器地址栏仍然是页面 sj04_3.jsp（即不是通常的跳转），连续按 F5 刷新时，其内容会发生变化。

【源代码】页面 sj04_3.jsp 的代码，如图 4.1.4 所示。

```
<%@ page language="java" import="java.util.*" pageEncoding="GBK"%>
<HTML>
 <HEAD>
  <TITLE>使用forward动作标签</TITLE>
 </HEAD>
 <BODY>
  <%
        int i=(int)(Math.random()*10);//产生随机数
        if(i>5){
  %>
        <jsp:forward page="sj04_3a.jsp">
               <jsp:param name="sjs" value="<%=i%>" />
        </jsp:forward>
  <%
        }else{
  %>
        <jsp:forward page="sj04_3b.jsp">
               <jsp:param name="sjs" value="<%=i%>" />
        </jsp:forward>
  <%}%>
 </BODY>
</HTML>
```

图 4.1.4　页面 sj04_3.jsp 的源代码

注意：转发的参数值类型是 String 类型，表单提交所传递的数据类型也是 String 类型（参见第 5.3 节）。

页面 sj04_3a.jsp 的代码，如图 4.1.5 所示。

注意：request 是 JSP 的内置对象，转发时的参数信息由系统封装在该对象里，

```
<%@ page language="java" import="java.util.*" pageEncoding="GBK"%>
<HTML>
 <HEAD>
  <TITLE> forward动作标签转发到的页面</TITLE>
 </HEAD>
 <BODY>
  <%
   //接收参数
   String sjs=request.getParameter("sjs");
  %>
  页面中产生的随机数是：<%=sjs%></br>
  您得到的数大于或等于5。
 </BODY>
</HTML>
```

图 4.1.5　页面 sj04_3a.jsp 的源代码

getParameter()是该对象的一个方法,用于获取参数值,参见第 5.2 节。

页面 sj04_3b.jsp 的代码,如图 4.1.6 所示。

```
<%@ page language="java" import="java.util.*" pageEncoding="GBK"%>
<HTML>
 <HEAD>
  <TITLE> forward动作标签转发到的页面</TITLE>
 </HEAD>
 <BODY>
  <%
   //接收参数
   String sjs=request.getParameter("sjs");
  %>
  页面中产生的随机数是：<%=sjs%></br>
  您得到的数小于5。
 </BODY>
</HTML>
```

图 4.1.6　页面 sj04_3b.jsp 的源代码

4.1.5　EL 表达式

JSP 表达式在实际开发中应用广泛,因为该表达式能实现对 pageContext、session 和 request 等内置对象(详见第 5 章)的简化访问、请求参数、Cookie 和其他请求数据的简单访问。

表达式语言(EL,Expression Language)是一种简单、容易使用的语言,并且可以标签快速访问 JSP 内置对象和 JavaBean 组件。调用 EL 表达式的一般格式如下:

$$\${表达式}$$

例如,在 JSP 页面中输出 session.getAttribute("un")时,可以使用与之等效的 EL 表达式是:

$$\${sessionScopy.un}$$

又如,与 request.getAttribute("pwd")等效的 EL 表达式是:

$$\${requestScopy.pwd}$$

4.2　JSP 网站运行环境

4.2.1　JDK 作为 Java 程序运行环境

JSP 网站的建立,需要安装 Web 服务器软件,Apache Tomcat 是常用的 Web 服务器软件。从第 1.4.2 小节,我们知道,在安装本软件前,需要安装 JDK。

安装 Apache Tomcat 时,需要指定 JDK 的安装路径。事实上,Apache Tomcat 最终还是依赖 Java 环境。

4.2.2　使用 Apache Tomcat 作为 JSP 网站服务器

Apache 组织开发的 Tomcat,实际上包含 JSP 引擎和 Servlet 引擎两个系统模块,在服务器启动时载入内存,并随着 Web 服务器关闭而释放。

JSP 引擎是前端服务器,其作用是当客户端向服务器发出 JSP 页面请求时,交 JSP 页面转译为 Servlet 源代码,然后调用 Java 命令,把 Servlet 源代码编译成字节码,并保存在响应的目录中。

Servlet 引擎(也称容器)是后端服务器,其作用是管理和加载应用 Servlet 模块。当客户端向响应的应用 Servlet 发出请求时,Servlet 引擎把应用 Servlet 载入 Java 虚拟机运行,由应用的 Servlet 处理客户端请求,将处理结果返回客户端。

注意:目前,广泛使用 Apache Tomcat 6.0 作为 JSP 网站的服务器软件。

4.2.3　服务器软件 Apache Tomcat 6 的使用

启动 Apache Tomcat 服务并在浏览器地址栏输入 http://localhost:8080 后,单击主页左上方的"Tomcat Manager"超链接,即可实现管理员登录,如图 4.2.1 所示。

图 4.2.1　服务器管理员登录

存放 Tomcat 管理员密码的文件 tomcat-users.xml 位于 conf 文件夹里,其格式如图 1.4.13 所示。

ApacheTomcat 管理员登录成功后,可以方便地对网站项目进行管理。例如,浏览其中的 Web 网站项目、项目的重新加载(Reload)等,操作界面如图 4.2.2 所示。

注意:(1) 从管理员界面可以看出,可以对每个项目执行 Start(运行)、Stop(停止)、Reload(重载)和 Undeploy(不发布)共 4 种操作。

(2) 复杂的项目可能包含对外部 jar 包或自行开发的类(接口)的引用(参见第 6 章和第 7 章)。

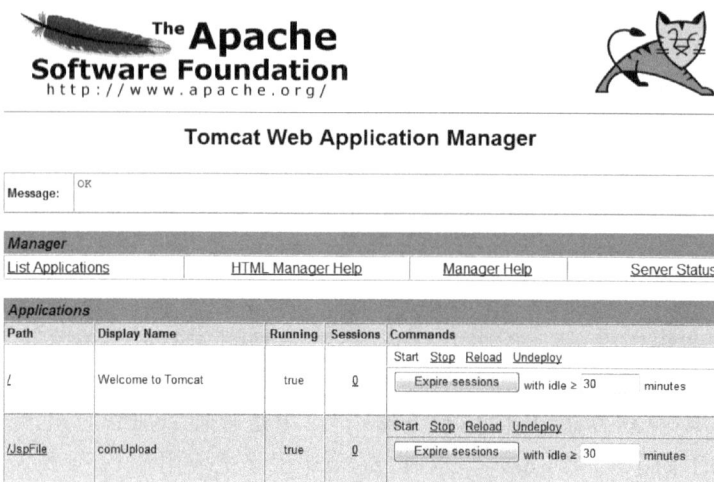

图 4.2.2　服务器管理员登录后的操作界面

4.3　JSP 网站的基本工作原理

4.3.1　JSP 网站的文件系统结构

Apache Tomcat 服务器的安装目录下的 webapps 文件夹里的每一个文件夹代表一个 Web 应用项目（系统自带的除外）。实际项目开发时，每个项目文件夹还包含一个名为 WEB-INF 的文件夹。典型的 Web 项目的文件结构，如图 4.3.1 所示。

注意：(1) 简单的项目可以没有 WEB-INF 目录；

（2）项目应用外部的 jar 包文件应存放在 lib 目录里；

（3）用户开发的.class 文件（字节码文件，编译 java 源文件后的结果文件）存放在 classes 目录里（参见第6,7章）。

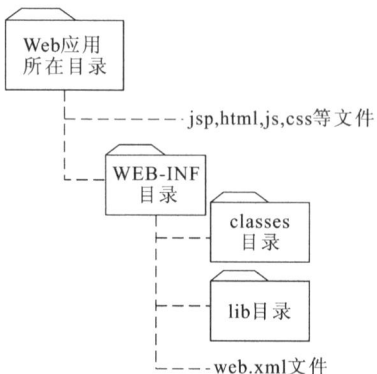

图 4.3.1　存放在服务器里的 Web 项目的文件系统结构图

4.3.2　JSP 网站项目配置文件 web.xml

网站主页、Web 项目中 Servlet 配置，则要在 web. xml 中进行 Servlet 配置。MyEclipse 提供了两种编辑方法。

网站配置文件的可视化的设计，如图 4.3.2 所示。

选择"Welcome File List"，单击"Source"按钮，可以看到主页配置信息出现在 web. xml 的＜welcome-file-list＞配置节内，如图 4.3.3 所示。

同样地，可以完成 Servlet、Listener 和 Filter 等设计，它们的配置代码将出现在配置文件 web. xml 的不同的配置节内。

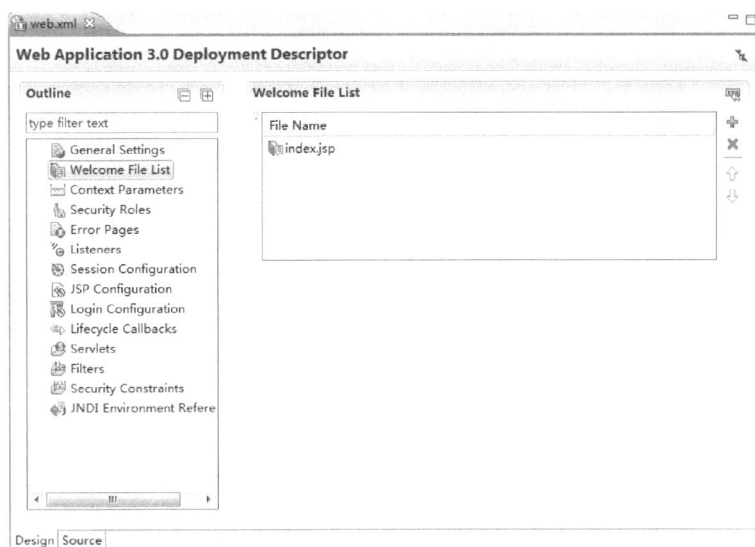

图 4.3.2　在集成环境中修改网站配置文件

```
<?xml version="1.0" encoding="UTF-8"?>
<web-app version="3.0"
        xmlns="http://java.sun.com/xml/ns/javaee"
        xmlns:xsi="http://www.w3.org/2001/XMLSchema-instance"
        xsi:schemaLocation="http://java.sun.com/xml/ns/javaee
        http://java.sun.com/xml/ns/javaee/web-app_3_0.xsd">
  <display-name></display-name>

  <welcome-file-list>
    <welcome-file>index.jsp</welcome-file>
  </welcome-file-list>

</web-app>
```

图 4.3.3　简单的网站配置文件 web.xml

注意:(1) 网站配置文件有 Design 和 Source 两种方式,使用按钮可以切换。

(2) 用户开发的 JavaBean(参见第 6 章),不需要在 web.xml 中配置。

(3) 项目的配置文件与 Apache Tomcat 安装目录里的 conf\web.xml,都会对项目的运行产生影响,且是补充关系。

(4) Servlet、Servlet 过滤器和 Servlet 监听器的配置,详见第 7 章。

(5) 配置文件首行的 encoding 属性值应与文件保存的编码一致,通常使用 gb2312 或 UTF-8。

4.3.3　访问 JSP 默认网站和用户网站

安装了服务器软件 Apache Tomcat 后,就自动建立了一个 Web 项目,对应于 Tomcat 6\webapps\ROOT 文件夹,它作为默认访问的 Web 网站,其方法是在浏览器的地址栏输入:http://localhost:8080。

用户在 Tomcat 6\webapps 建立的项目对应于用户网站,其访问方法是在浏览器的地址栏输入:http://localhost:8080/项目名/主页名.jsp。

注意：Web 服务器管理员可以同时控制多个 JSP 用户网站的运行，这点与 ASP.NET 网站不同。

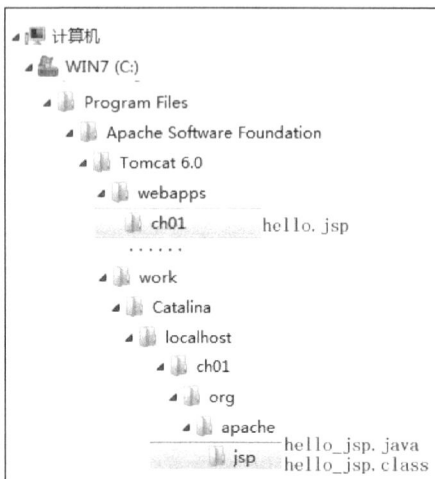

图 4.3.4　JSP 页面及其转译后的 Servlet 文件

4.3.4　JSP 工作原理与 Servlet 初步

从前面的学习，我们知道，JSP 页面可以理解为是含有 Java 代码的 HTML 代码。当用请求网站里的某个 JSP 页面时，如果是首次访问，服务器则会先将该 JSP 页面转译成 Java 代码并自动调用 JDK 编译成 .class 文件，然后由 Tomcat 容器加载并运行。

JSP 转译后的源文件是符合 Servlet 规范（详见第 7.1 节）的 Java 文件，图 4.3.4 表示了访问页面 hello.jsp 后转译的文件 hello_jsp.java（源文件）和 hello_jsp.class（字节码文件）。

如果该 JSP 页面不是首次访问，而且自上次编译后未做任何修改，则由 Web 服务器直接调用该 Servlet 文件运行，否则还会重新编译后再运行。

转译 hello.jsp 后的 hello_jsp.java 文件代码如下。

```
package org.apache.jsp;
import javax.servlet.*;
import javax.servlet.http.*;
import javax.servlet.jsp.*;
import java.util.*;

public final class hello_jsp extends org.apache.jasper.runtime.HttpJspBase
    implements org.apache.jasper.runtime.JspSourceDependent {
  private static final JspFactory _jspxFactory=JspFactory.getDefaultFactory();
  private static java.util.List _jspx_dependants;
  private javax.el.ExpressionFactory _el_expressionfactory;
  private org.apache.AnnotationProcessor _jsp_annotationprocessor;

  public Object getDependants() {
    return _jspx_dependants;
  }

  public void _jspInit() {
    _el _ expressionfactory = _ jspxFactory. getJspApplicationContext
(getServletConfig().getServletContext()).getExpressionFactory();
    _ jsp _ annotationprocessor = ( org. apache. AnnotationProcessor )
getServletConfig ( ). getServletContext ( ). getAttribute ( org. apache.
AnnotationProcessor.class.getName());
```

```
    }

  public void _jspDestroy() {
    }

  public void _jspService (HttpServletRequest  request, HttpServletResponse
response)
        throws java.io.IOException, ServletException {

    PageContext pageContext=null;
    HttpSession session=null;
    ServletContext application=null;
    ServletConfig config=null;
    JspWriter out=null;
    Object page=this;
    JspWriter _jspx_out=null;
    PageContext _jspx_page_context=null;

    try {
      response.setContentType("text/html;charset=GB2312");
      pageContext=_jspxFactory.getPageContext(this, request, response,
          null, true, 8192, true);
      _jspx_page_context=pageContext;
      application=pageContext.getServletContext();
      config=pageContext.getServletConfig();
      session=pageContext.getSession();
      out=pageContext.getOut();
      _jspx_out=out;

      out.write("\r\n");
      out.write("\r\n");
      out.write(" \r\n");

//书写 Java 脚本
Calendar now=Calendar.getInstance();

      out.write("\r\n");
      out.write("<html>\r\n");
      out.write("<head>\r\n");
      out.write("\t<title>白天上班时的问候语</title>\r\n");
      out.write("</head>\r\n");
      out.write("<body>\r\n");
```

```
        out.write("朋友,\r\n");
        out.write(" ");

   if(now.get(Calendar.AM_PM)==Calendar.AM){
        out.write("\r\n");
        out.write("早上好! <br>\r\n");
        out.write(" ");
} else {
        out.write("\r\n");
        out.write("下午好! <br>\r\n");
}
        out.write("\r\n");
        out.write("<! --Java 代码里的花括号{}不能省略-->\r\n");
        out.write("</body>\r\n");
        out.write("</html>\r\n");
        out.write("\r\n");
    } catch (Throwable t) {
      if (! (t instanceof SkipPageException)){
        out= _jspx_out;
        if(out!=null && out.getBufferSize()!=0)
          try { out.clearBuffer(); } catch (java.io.IOException e) {}
        if(_jspx_page_context!=null)_jspx_page_context.handlePageException(t);
      }
    } finally {
      _jspxFactory.releasePageContext(_jspx_page_context);
    }
  }
}
```

下面对上面的 Servlet 源文件作几点说明。

（1）类 hello_jsp 继承于 org. apache. jasper. runtime. HttpJspBase 基类，而 HttpJspBase 实现了 HttpServlet 接口。可见，JSP 在运行前都将编译成一个实现了 Servlet 接口的类。类 HttpJspBase 和接口 JspSourceDependent 所在的软件层次，如图4.3.5 所示。

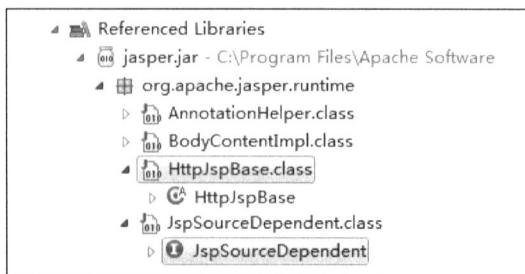

图 4.3.5　Tomcat 的 lib\jasper.jar 中的类与接口

注意：文件 jasper.jar 在 Tomcat 6\lib 文件夹里可以找到。

（2）在类文件 hello_jsp.java 中主要定义了_jspService()方法，它用于处理 http 请求与响应。并且，原 JSP 文件中的 Java 代码原封不动地出现在该方法里，原 JSP 文件中的静态代码作为 out.println()方法的参数，其中 out 对象是 JspWriter 类型。

注意：此处的 out 并不是 JSP 内置对象 out，但作用相同，表示向浏览器输出。

（3）hello_jsp.java 中除了_jspservice()方法，还有_jspInit()方法和_jspjspDestroy()方法。

JSP 工作原理，如图 4.3.6 所示。

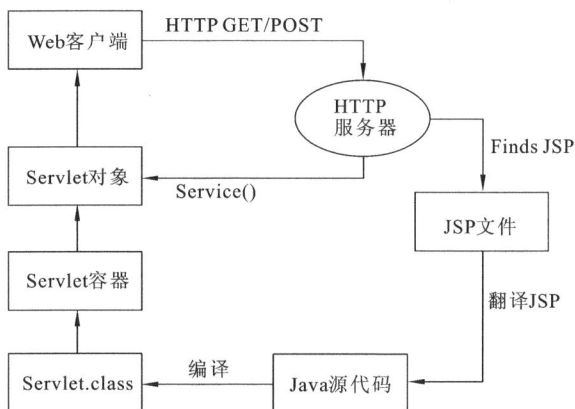

图 4.3.6　JSP 的工作原理

Servlet 的生命周期，如图 4.3.7 所示。

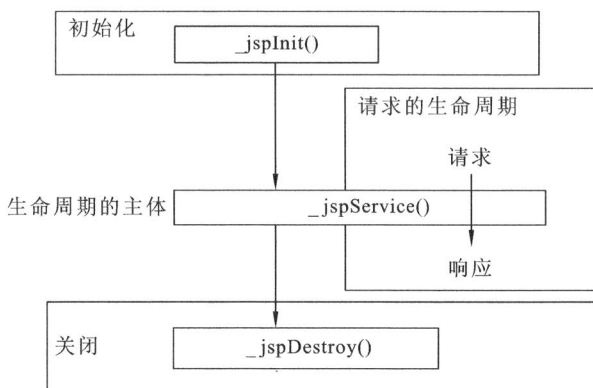

图 4.3.7　Servlet 的生命周期

（1）创建 Servlet 实例。Servlet 容器只生成一个 Servlet 实例，每次请求时将复用这个实例对象。

（2）实例初始化。调用 Servlet 里的 init()方法。

（3）请求处理。调用 Servlet 里的 service()方法。

（4）实例销毁。调用 Servlet 里的 destroy()方法。

4.3.5　Tomcat 作为 Servlet 容器

启动 Tomcat 时，就创建一个线程池，并加载 Servlet 类。当客户端请求指向特定的 Servlet 时，Tomcat 就会创建该 Servlet 请求对象 HttpServletRequest 和 Servlet 响应对象 HttpServletResponse，然后根据请求中的 URL，通过 web.xml 里的映射找到正确的 Servlet，为这个请求创建或分配一个线程，并把 HttpServletRequest 和 HttpServletResponse 传递给这个 Servlet 线程。根据请求的不同类型，Servlet 中的 service()方法会调用 doGet()或 doPost()方法，由方法 doGet()或 doPost()生成动态页面，并把这个页面"塞到"HttpServletResponse 里。线程结束，容器响应对象转换为一个 HTTP 响应，把它发回给客户端，然后删除响应对象。Servlet 容器处理请求的原理，如图 4.3.8 所示。

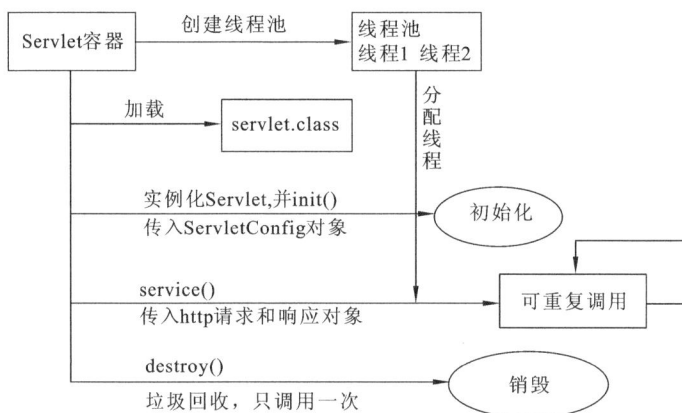

图 4.3.8　Servlet 容器的工作机制

4.4　在集成环境 MyEclipse 中开发 Java EE 项目

JSP 网站是重要的 Java EE 项目，当网站的业务逻辑较复杂时，为了提高代码的复用性能，通常需要把处理业务逻辑的代码封装到类中（参见第 5 章 JavaBean）并使用 Servlet（是一种特殊的类）作为处理请求的转发控制器（参见第 7 章），这些类在使用前需要编译并且放置到特定的文件夹里，使用集成环境能方便地完成这些工作。

Java Web 项目开发，如同 Java 项目的开发，也是需要系统提供的类库的支持。在集成环境中，JDK 类库与 Java EE 类库是分开的，并且都可以根据"jar 包→软件包→类与接口"这三个层次进行查找。

4.4.1　Java EE 项目开发前在 MyEclipse 中的若干设置

为了更好地使用 MyEclipse 开发 Java EE 项目，先需要做一些准备工作。

1. 设置首选参数——引入外部的 Apache Tomcat

在安装了 MyEclipse 软件后，为了在 MyEclise 中浏览 JSP 网站，需要使用菜单

"Window—Preferences",然后分别选择 MyEclipse 和 servers,设置 MyEclipse 使用的服务器(Servlet 容器)为 Tomcat 6.x,如图 4.4.1 所示。

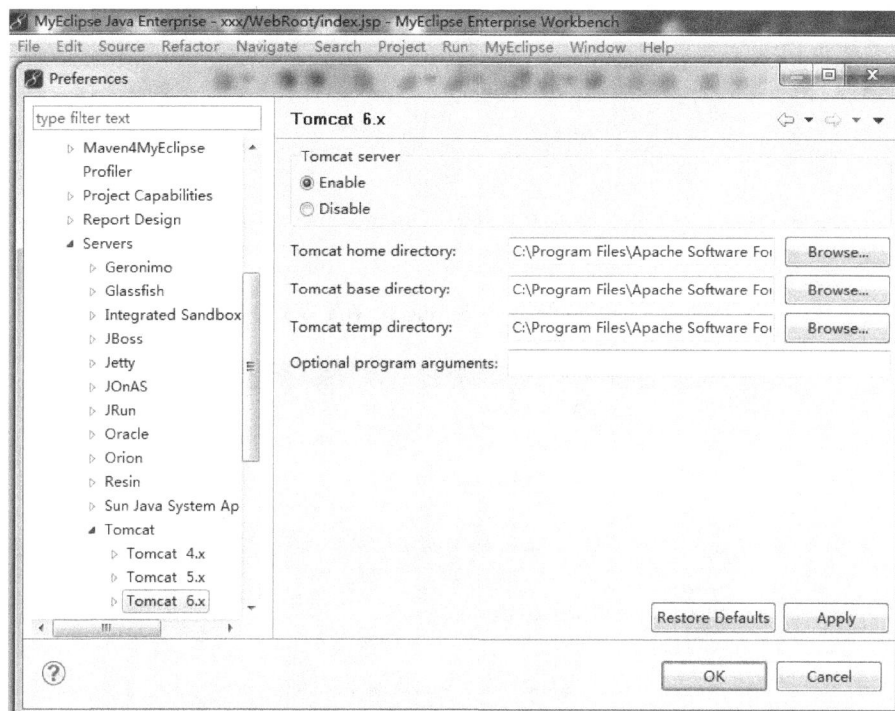

图 4.4.1　设置 MyEclipse 的首选参数 Tomcat

注意:在 MyEclipse 中使用我们安装的 Apache Tomcat 时,在 MyEclipse 中发布 Web 项目后,会在 Apache Tomcat 的 WebRoot 文件夹里增加一个相应的项目,该项目的文件系统与 MyEclipse 中的文件系统不完全相同。例如,在 Apache Tomcat 的 WebRoot 下的项目文件夹里,没有 Java 类的源文件代码,编译 Java 类后的字节码文件存放在 WebRoot\WEB-INF\classes 文件夹里。

2. 修改 MyEclipse 配置文件 myeclipse.ini 中的相关参数

为了避免字符编码不统一的问题,在 MyEclipse for Spring 10 的安装目录下找到 myeclipseforspring.ini 文件,如图 4.4.2 所示。

使用记事本程序打开 MyEclipse 的配置文件(扩展名为 INI),在最后增加一行如下的代码。

```
-Dfile.encoding=utf-8
```

使用菜单"Window→Preferences→General→Workspace",设置空间里文本文件(程序文件、配置文件等)的编码,如图 4.4.3 所示。

按上面的方法设置完成后,在 MyEclipse 中新建文件时,将统一使用 UTF-8 编码方式,否则,默认使用编码 ISO-8859-1。因此,这是一个非常重要的设置。

图 4.4.2　MyEclipse for Spring 10 的配置文件的位置

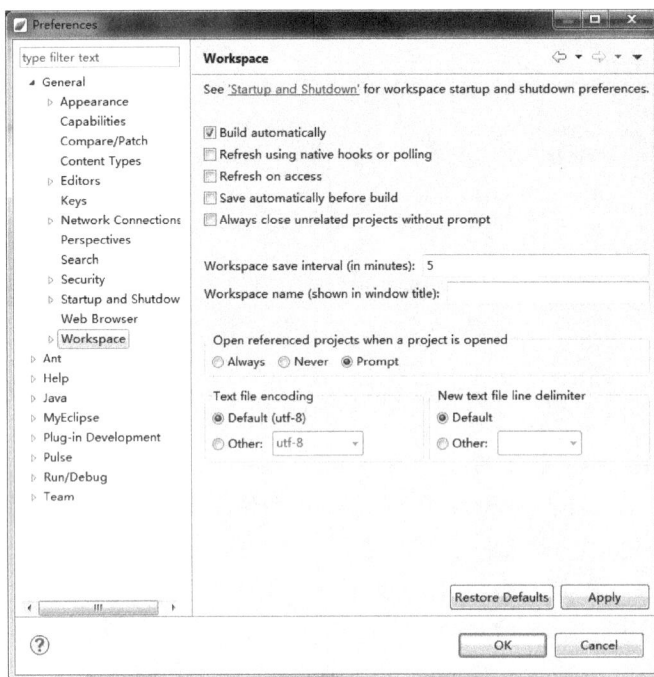

图 4.4.3　设置 MyEclipse 的字符编码

3. 载入 Java EE 类库的源代码文件

安装 MyEclipse 后，首次使用并双击 Java EE　6 Liberaries 中某个 jar 包的某个软件包里的某个类时，将出现如图 4.4.4 所示的信息（Source not found）。

上图中右边的信息表明，没有载入 Java EE 6 类库的源代码。事实上，JDK 安装目录里的 src.zip 文件就是 Java 类库的源代码。下载了 Java EE 6 类库的源码文件后，单击"Attach Source..."按钮，指定源代码文件的路径，即可完成 Java EE 类库的源代码载入。以后，双击类（或接口）名称就可以查看其源代码了。例如，在 MyEclipse for Spring 10 中，查看 javax.srvlet.jar 包中的 javax.servlet 软件包中的 Filter 接口的源代码，如图 4.4.5 所示。

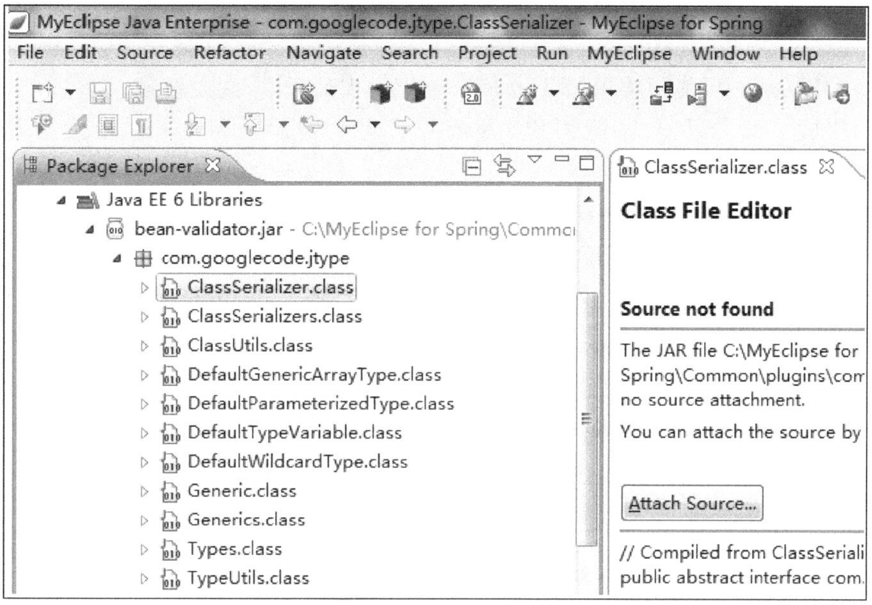

图 4.4.4 双击 Java EE 中 jar 包里的类(接口)名称时没有源代码

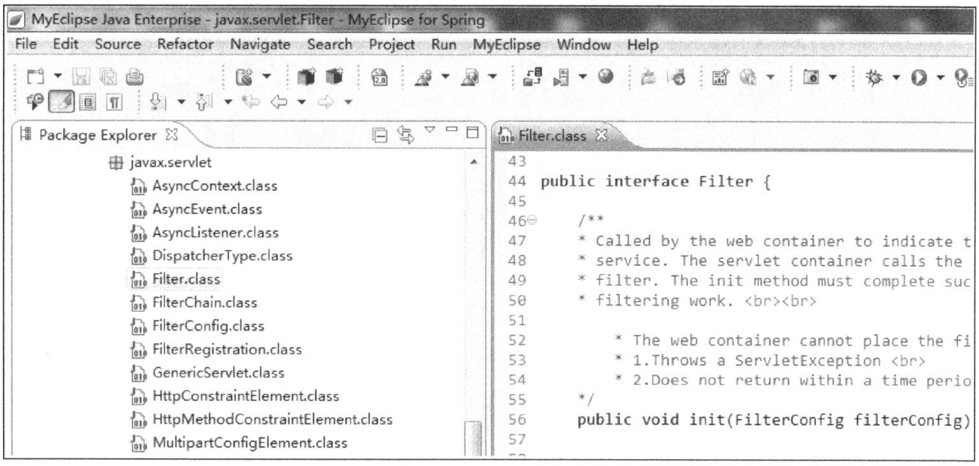

图 4.4.5 在 MyEclipse 中载入了 Java EE 6 类库源代码后,查看 Filter 接口的源代码

注意:(1) MyEclipse 提供关于 Java EE 的类库中的 jar 包数量与 MyEclipse 版本相关。

(2)文件名 apache-tomcat-6.0.36-src.zip 应理解 Java Web 开发的类库的源代码,而 Web 服务器使用 Apache Tomcat。事实上,Java EE 6 Libraries 里的有些包(如 javax. servlet.jar)在 Apache Tomcat 的 lib 文件夹里也能找到(对应于 servlet-api.jar)。

(3)Java EE 类库的源码文件需要先下载(见作者教学网站第三门课程里的 apache-tomcat-6.0.36-src.zip)。

4.4.2 新建 Java Web 项目

在 MyEclipse 中，使用菜单"File→New→Web Project"，就会新建一个 JSP 网站的基本框架。集成环境与手工环境相比，后者需要建立指示外部 jar 包位置的环境变量 ClassPath，而前者不需要。

注意：Web 项目与 Java 项目相比，有如下的不同。

（1）多了用于存放 Java EE 开发的类库的 Java EE 6 Libraies 文件夹。

（2）多了 WebRoot 文件夹，而且该文件夹里自动创建了 index.jsp 文件和 WEB-INF 文件夹。其中，web.xml 是网站配置文件，主要用于对 Servlet 的配置；WEB-INF\lib 文件夹用于存放需要引用的外部 jar 包文件。

（3）当项目文件窗口消失时，先使用菜单"Window→Open Prespective→Other…"，选择"MyEclipse Java Enterprise（default）"，然后再使用菜单"Window→Show→Package Explorer"，可恢复到最初的项目文件显示方式。

4.4.3 新建和编辑 JSP 文件

在 MyEclipse 中，右击项目名称，在快捷菜单中选择"File→New→JSP（Advanced Templates）"，就会出现一个创建 JSP 页面的对话框，如图 4.4.6 所示。

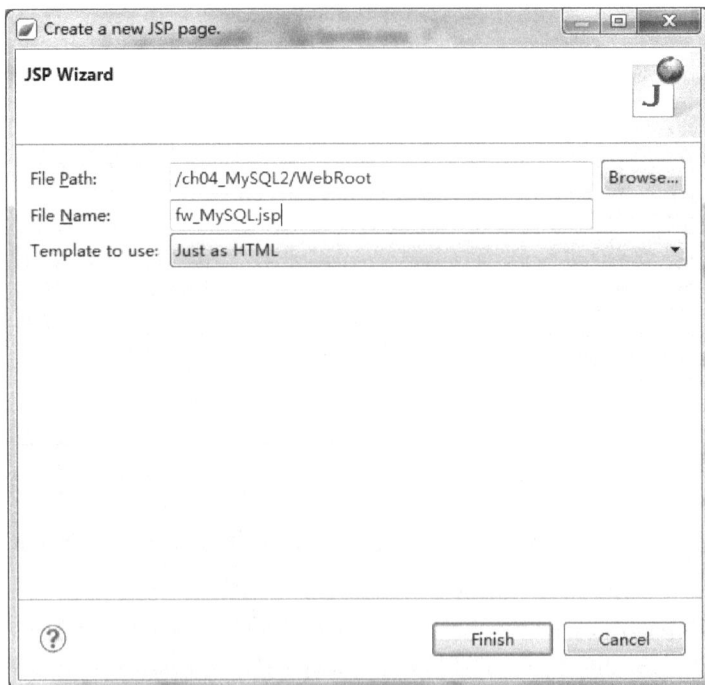

图 4.4.6 MyEclipse 中创建 JSP 页面对话框

注意：在 MyEclipse 中快速修改项目名称或项目文件名称的方法是单击项目或文件名称，按功能键 F2。

4.4.4　JSP 网站项目发布与 JSP 网站浏览

1. 项目发布

在集成环境中,Web 项目的发布是一个非常重要的概念。网站项目发布,是浏览网站的前提。在图 4.4.7 中,第一个工具就是发布 Web 项目的工具(Deploy MyEclipse J2EE Project to Server)。

图 4.4.7　MyEclipse 的常用工具(部分)

选择已经存在的某个 Web 项目(如 ch04_MySQL2),单击发布按钮后,出现如图 4.4.8 所示的对话框。

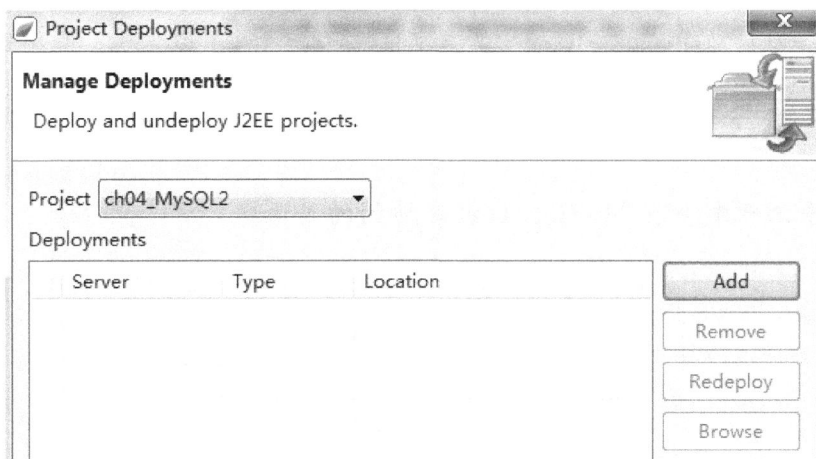

图 4.4.8　新发布一个 Web 项目对话框

单击按钮"Add"后,出现选择 Web 服务器的窗口,一般选择"Tomcat 6.x",如图 4.4.9 所示。

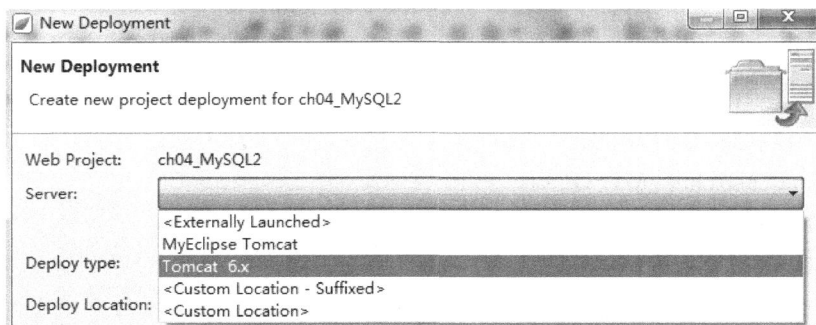

图 4.4.9　Web 项目新发布、选择 Web 服务器窗口

发布一个网站项目,实质上是把 MyEclipse 项目中的相关文件(夹)复制到文件夹 Tomcat 6\webapps 里,其中 Java 源文件不会被复制,对应的字节码文件(扩展名为 .class)将复制到 Tomcat 6\webapps\项目名\WEB-INF\classes 里,而系统引入的外部 .jar 文件存放在 Tomcat 6\webapps\项目名\WEB-INF\lib 里。

注意:如果当前项目已经发布过,可以先使用 Remove 按钮删除后再重新发布,或者使用 Redeploy 按钮直接重新发布。否则,在图 4.4.9 中找不到 Tomcat 6.x。

2. 浏览 JSP 网站里指定的 JSP 页面

浏览网站前,需要启动 Web 服务器。

注意:如果在集成环境中发布 Web 项目,就不要在 DOS 命令行方式启动 Web 服务器,反之亦然。即,要避免 Web 服务器软件的重复启动和运行。

4.4.5 使用 File 菜单实现 Java EE 项目的导入和导出

Java EE 项目的导出和导入,与 Java 项目相同,即都是使用 MyEclipse 菜单"File→ Export"导出项目,使用 File→Import"导入项目,参见第 3.3.7 小节。

4.5 开发含有 MySQL 数据库访问的 JSP 页面

4.5.1 手工开发含有 MySQL 数据库访问的页面

在第 3 章,已经介绍过使用纯 JDBC 访问 MySQL 数据库的应用程序。要开发含有 MySQL 数据库访问的 JSP 页面,实质上是要把相关代码移植到 JSP 页面里,即作为 Java 脚本。

注意:编译访问数据库的 Java 应用程序时,通过 ClassPath 指定由数据库提供的 JDBC 驱动包的路径,而 Web 项目是把驱动包放入 WEB-INF\lib 文件夹里。

【例 4.5.1】 一个访问 MySQL 数据库的 JSP 页面(手工环境)。

【开发步骤】

(1) 在 Apache Tomcat 的 webapps 文件夹里新建项目文件夹 ch04_MySQL1。

(2) 在项目文件夹里新建 WEB-INF 子文件夹,再在 WEB-INF 文件夹里创建 lib 子文件夹。

(3) 将 MySQL 的 JDBC 驱动包复制到 lib 文件夹里。

(4) 使用 EditPlus 编写访问 MySQL 数据库的页面 fw_MySQL1.jsp,并以默认的 ANSI 编码格式保存。

【源代码】页面代码如图 4.5.1 所示。

(5) 发布项目 ch04_MySQL2。

(6) 启动 Web 服务器。

(7) 启动浏览器,浏览网站项目。

注意:一般地,网站包含大量的数据库访问。如果将访问数据库的代码直接写在页面中,重复率是非常高的。实际上,一般将访问数据库的代码封装类(参见第 6 章),以减少代码冗余。

```
<%@ page language="java" import="java.util.*" pageEncoding="gb2312"%>
<%@ page import="java.sql.*"%>
<html>
  <head>
      <title>纯JDBC访问MySQL数据库</title>
  </head>
<body>
<%
 try{
        String driver="com.mysql.jdbc.Driver";
        Class.forName(driver);
        String url="jdbc:mysql://localhost:3306/test?user=root&password=root";
        Connection con=DriverManager.getConnection(url);

        String sql="SELECT * FROM user";
        Statement stmt=con.createStatement();
        ResultSet rs=stmt.executeQuery(sql);

        String v1,v2,v3;
        while(rs.next()){
            v1=rs.getString("username");
            v2=rs.getString(2);
            v3=rs.getString(3);
            out.println(v1+","+v2+","+v3+"<br>");
        }
        con.close();
    }
    catch(Exception e){
            out.println("错误: "+e);
    }
%>
</body>
</html>
```

图 4.5.1　访问数据库页面 fw_MySQL.jsp 的源代码

4.5.2　在 MyEclipse 中开发含有 MySQL 数据库访问的页面

【例 4.5.2】　一个访问 MySQL 数据库的 JSP 页面（MyEclipse 集成环境）。

【开发步骤】

（1）在启动 MyEclipse。

（2）新建项目文件夹 ch04_MySQL2。

（3）将 MySQL 的 JDBC 驱动包复制到 WEB-INF\lib 文件夹里。

（4）使用 EditPlus 打开例 4.5.1 编写的页面，以 UTF-8 格式另外到其他地方，然后在项目 ch04_MySQL2 里新建 JSP 文件，粘贴相关代码。

（5）发布项目 ch04_MySQL2。

（6）启动 Web 服务器。

（7）启动浏览器，浏览网站项目。

注意：手工开发与集成开发 Web 项目的区别在于，手工开发需要自己建立 WEB-INF 等文件夹，需要手工编译 Java 源程序。

习　题　4

一、判断题

1. JSP 页面的 page 指令中的属性名必须严格大小写。

2. JSP 页面中的服务器脚本代码，可以使用与 C 语言相同的注释方法。

3. 在 Tomcat 6.0\webapps\ROOT 下，不能放 jsp 页面文件。

4. 任何 JSP 网站项目，都必须建立 web.xml 文件。

5. 含有对 Servlet 引用的 JSP 网站项目，必须在 web.xml 中配置该 Servlet。

6. 当项目更新了.class 文件或者增加 jar 包文件到项目的 lib 文件夹时，需要管理员 Reload 项目或重启 Apache Tomcat 服务器，才能生效。

7. JSP 的页面包含指令与页面包含动作标签，都能向包含的页面传递参数。

8. 动作标签＜jsp:param＞不能单独使用，只能配合其他动作标签一起使用。

9. 发布 MyEclipse 中的 Web 项目时，其中的 WEB-INF 文件夹会一起发布到 Tomcat 6.0\Webapps 文件夹里。

二、选择题

1. JSP 页面文件中的第一行是_____。
   A. include 动作　　B. include 指令　　C. page 动作　　D. page 指令

2. page 指令的_____属性用于引入需要的包或类。
   A. extends　　　B. import　　　C. isErrorPage　　D. language

3. JSP 页面的组成不包括_____。
   A. 普通的 HTML 标记符　　　　B. JSP 标记
   C. 变量和方法声明　　　　　　D. JavaBean

4. 下列中的_____不是 JSP 的动作标记。
   A. ＜jsp＞　　　　　　　　　B. ＜jsp:include＞
   C. ＜jsp:param＞　　　　　　D. ＜jsp:forward＞

5. 通过_____动作标签可以将客户端的请求重定向另一个 JSP、Servlet 或 HTML。
   A. ＜jsp:useBean＞　　　　　B. ＜jsp:include＞
   C. ＜jsp:forward＞　　　　　D. ＜jsp:plugin＞

6. 假设使用 ANSI 格式保存 JSP 文件，若页面中包含输出中文，则应指定页面 page 指令中_____属性的值为 GB2312 或 GBK。
   A. charset　　　　　　　　　B. pageEncoding
   C. code　　　　　　　　　　D. language

7. 在 JSP 网站服务器里，不需要的文件类型是_____。
   A. java　　　　B. class　　　　C. xml　　　　D. jsp

8. 在 Apache Tomcat 的管理员登录后，能完成删除项目文件操作的_____。

   A．Start   B．Stop   C．Reload   D．Undeploy

9．JSP 页面文件第一次运行时,通过 JSP 引擎转化为_____文件。

   A．JSP   B．class   C．Java   D．Servlet

10．MyEclipse 软件的配置文件的扩展名是_____。

   A．jsp   B．xml   C．ini   D．class

11．使用项目的右键菜单 New 建立的_____文件不会保存在 src 文件夹里。

   A．Servlet   B．Class   C．Interface   D．JSP

三、填空题

1．在 JSP 页面指令中,通过_____属性指明想要引入的包和类。

2．JSP 把_____作为默认的脚本语言。

3．使用_____指令,可以把另一个 JSP 页面嵌入到当前的 JSP 页面中。

4．转发所传递的参数的数据都是_____类型。

5．在 MyEclipse 中,如果使用了 Tomcat 服务器,则发布某个 Web 项目后,该项目文件夹会自动出现 Tomcat 服务器的____文件夹里。

6．在 MyEclipse 中新建 Web 项目时,会自动建立一个文件名为_____的页面,并且该文件出现在 web.xml 的相关配置节中作为默认的主页。

7．在 MyEclipse 中导入别人开发的 Web 项目,需要使用 File 的_____菜单项。

8．数据库厂商提供的 JDBC 驱动包应放置在项目的 WEB-INF 里面的_____文件夹里。

实验 4(A)　手工方式开发 JSP 网站

一、实验目的

1. 掌握 JSP 网站的文件系统结构；
2. 掌握手工方式开发 JSP 网站所需要做的工作；
3. 掌握 JSP 页面中表达式、声明和 Java 脚本程序的用法；
4. 掌握 JSP 标签与 Java 脚本混合编程的方法；
5. 掌握 JSP 网站的基本工作原理；
6. 掌握手工环境开发数据库访问页面的方法。

二、实验内容及步骤

【预备】访问 http://www.wustwzx.com/jsp_sy/index.html，单击"实验 4(A)"超链接，下载本次实验内容的源代码并解压（得到文件夹 ch04a），供研读和调试使用。

1. 掌握 JSP 页面的基本语法。
    （1）将解压文件夹里的文件夹 ch04a 复制到 Tomcat 6\webapps 文件夹里。
    （2）使用 EditPlus 打开文件 Tomcat 6\webapps\sj04_1.jsp。
    （3）查看 JSP 表达式的用法。
    （4）查看 JSP 脚本段的用法。
    （5）在 DOS 命令行方式下，启动 Web 服务器。
    （6）浏览页面 Tomcat 6\webapps\sj04_1.jsp。

2. 掌握 JSP 的动作标签实现页面包含和服务器端的页面转发。
    （1）使用 EditPlus 打开 Tomcat 6\ch4a 项目里的页面 sj04_2.jsp。
    （2）查看实现页面包含的动作标签。
    （3）单独浏览被包含的页面 top.jsp。
    （4）浏览页面 sj04_2.jsp，观察水平线的上方和下方的实现代码。
    （5）使用 EditPlus 打开 Tomcat 6\ch4a 项目里的页面 sj04_3.jsp。
    （6）查看实现页面转发并包含参数传递的 JSP 动作标签代码。
    （7）使用 EditPlus 打开 Tomcat 6\ch4a 项目里的页面 sj04_3a.jsp。
    （8）查看接收参数和显示参数值的 Java 代码。

3. 手工环境中开发含有数据库访问的 JSP 页面。
    （1）将解压文件夹 ch4a 里的文件夹 ch04_MySQL1 复制到 Tomcat 6\webapps 文件夹里，即 ch04_MySQ1L 作为一个 Web 项目。
    （2）查看 Tomcat 6\webapps\ch04_MySQ1L\WEB-INF\lib 文件夹里存放着 MySQL 数据库的 JDBC 驱动包 mysql-connector-java-5.1.7-bin.jar。
    （3）启动 Web 服务器。
    （4）浏览页面 fw_MySQL.jsp。
    （5）使用 Windows 的管理工具，停止（不是暂停！）MySQL 服务，刷新页面，观察

　　页面捕获错误时给出的提示信息。

（6）启动 MySQL 服务,刷新页面,页面浏览正常。

4. JSP 网站工作原理分析。

（1）使用 EditPlus 程序打开 Tomcat 安装目录里的文件 webapps \ ch01 \ hello. jsp。

（2）使用 EditPlus 程序打开文件 C:\Program Files\Apache Software Foundation \Tomcat 6. 0\work\Catalina\localhost\ch01\org\apache\jsp\hello_jsp. java 文件。

（3）对比两个文件可以发现:java 文件中定义的类 hello_jsp 中的方法_jspService （）中的代码是将 jsp 页面中 HTML 代码使用 out. write（）改写并与 jsp 页面 中的 java 脚本原封不动地合并。

（4）转译后的 hello_jsp. java 文件继承 extends org. apache. jasper. runtime. HttpJspBase 类 并 实 现 implements org. apache. jasper. runtime. JspSourceDependent 接口,因此,转译的实质就是将 jsp 文件转换成一个 Servlet 源文件。

（5）可以看到转译后的源文件 hello_jsp. java 对应的字节码文件 hello_jsp. class, 这表明 Tomcat 是 Servlet 的容器,Tomcat 加载和运行编译后的 Servlet,并 以此响应用户请求。

三、实验小结及思考

（由学生填写,重点写上机中遇到的问题）

实验 4(B)　在集成环境中开发 Java EE 项目

一、实验目的

1. 掌握 MyEclipse 软件使用前的设置工作；
2. 掌握 Java Web 项目与 Java 项目的不同；
3. 掌握在集成环境中开发 Web 项目的方法；
4. 掌握在集成环境中发布 JSP 网站项目的方法；
5. 掌握在环境中开发数据库访问页面的方法。

二、实验内容及步骤

【预备】访问 http://www.wustwzx.com/jsp_sy/index.html 并单击"实验 4(B)"超链接，下载本次实验内容的源代码并解压（得到文件夹 ch04b），供研读和调试使用。

1. 定制 MyEclipse for Spring 10 的 Web 开发环境。

　　参见本书第 4.4.1 小节，完成如下功能：

　　(1) 设置新建文件时使用 UTF-8 编码，实现字符编码的统一。

　　(2) 设置 Web 服务器为外部的 Apache Tomcat 6.0，以方便使用发布后的目标网站。

　　(3) 导入 Java EE 类库的源代码。

　　(4) 通过"Window→Preferences→MyEclipse→Servers→Tomcat→Tomcat 6.x"，在 MyEclipse 中使用 Tomcat 6.0 服务器。

2. 在集成环境中开发一个简单的 Web 项目，体验其错误自动提示、联机支持等功能。

　　(1) 启动 MyEclise for Spring 10。

　　(2) 新建一个名为 test 的 Web 项目（如果已经存在，请先删除）。

　　(3) 将例 4.1.1 在集成环境中实现。其中，图片文件夹 jpg 含于解压后的文件夹 ch04b 里，集成环境中使用 UTF-8 字符编码。

3. 在集成环境中，建立含有数据库访问的 Web 项目并发布。

　　(1) 启动 MyEclise for Spring 10。

　　(2) 导入解压文件夹里的 Web 项目 ch04_MySQL2。

　　(3) 单击工具上的项目发布按钮，发布项目 ch04_MySQL2。

　　(4) 查看 Tomcat 6.0\webapps 下多了文件夹 ch04_MySQL2。

　　(5) 启动 Web 服务 Apache Tomcat 6。

　　(6) 启动浏览器，浏览项目 ch04_MySQL2 里的 fw_MySQL.jsp 页面。

三、实验小结及思考

（由学生填写，重点写上机中遇到的问题）

第5章 JSP内置对象及其使用

JSP 容器为用户创建了 9 个可以直接使用的内置对象,它们分别是 out,response,request,session,application,config,pagecontext,page 和 exception,所有这些对象在 Tomcat 容器启动时自动创建。本章学习要点如下:

- 使用 request 获取用户的请求信息;
- 使用 response 对象向客户端返回来自服务器端的回应信息;
- 使用 session 对象保存每一个用户的信息;
- 使用 application 对象保存所有用户的共享信息;
- 了解内置对象相关的类(或接口)所在的软件层次。

5.1 向客户端输出信息对象——out

out 对象是代表向客户端发送数据,发送的内容是浏览器要显示的内容。out 对象是软件包 javax. servlet. http. jsp 中的抽象类 JspWriter 的实例,而类 JspWriter 则继承了软件包 java. io 中的抽象类 Writer。JspWriter 的软件层次,如图 5.1.1 所示。

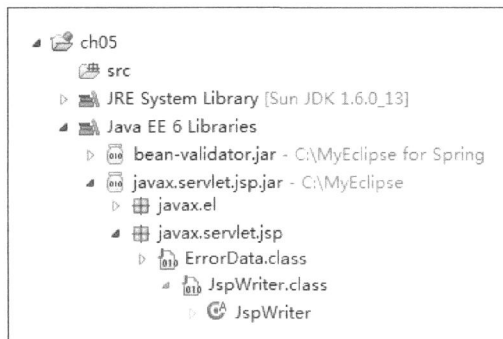

图 5.1.1 out 对象的父类 JspWriter 所在的软件层次

通过 out 对象的 println( )方法或 write( )方法向客户端输出各种数据,使用 out. close( )关闭输出流。

注意:(1) <%out. println(e)%>与<%=e%>等效,参见第 4.1.3 小节 JSP 表达式。

(2) out 对象的 println( )方法的换行作用在 IE 浏览器中失效。页面中需要换行时,可在输出字符串中加上特殊的字符串,如加上特殊的字符串——HTML 换行标记"
"。

5.2 响应客户端请求对象——response

response 对象是接口 javax. servlet. http. HttpServletResponse 的实例,主要作用是

对客户端的请求做出响应,将 Web 服务器的处理结果发回给客户端。

HttpServletResponse 是处理 http 请求与响应的两个重要接口之一,含于 javax. servlet. http 软件包中,如图 5.2.1 所示。

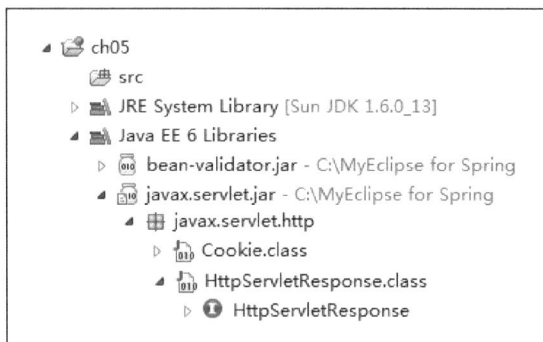

```
▲ 🗁 ch05
    🗁 src
    ▷ 🗟 JRE System Library [Sun JDK 1.6.0_13]
    ▲ 🗟 Java EE 6 Libraries
        ▷ 📦 bean-validator.jar - C:\MyEclipse for Spring
        ▲ 📦 javax.servlet.jar - C:\MyEclipse for Spring
            ▲ 🎴 javax.servlet.http
                ▷ 🔟 Cookie.class
                ▲ 🔟 HttpServletResponse.class
                    ▷ ❶ HttpServletResponse
```

图 5.2.1 HttpServletResponsest 接口所在的软件层次

因为 response 对象是接口 javax. servlet. http. HttpServletResponse 的实例化对象,所以 response 对象具有接口 javax. servlet. http. HttpServletResponse 中所定义的方法,response 对象的常用方法如表 5.2.1 所示。

表 5.2.1 response 对象的常用方法

方法名	功能描述
sendRedirct()	重定向请求,产生页面跳转
addCookie()	将 cookie 信息写入客户端硬盘
getWriter()	获取 PrinterWriter 类型的响应流对象
addCookie()	建立 Cookie 信息,向客户端写入一个 cookie
setHeader()	设置指定的 Http 文件的头信息
setContentType()	设置响应的 MIME 类型,改变 ContentType 属性

注意:(1) sendRedirect()方法实现的跳转属于客户端跳转,在跳转后地址栏的页面地址会相应地变化。前面介绍的<jsp:forward>属于服务器端跳转,使用 Servlet 实现的跳转也是服务器端跳转(参见第 7.2.1 小节),它们在浏览器的地址栏里不会变化。

(2) setHeader()方法及 setContentType()方法的使用,参见第 7.3.1 小节和第 8.2 节。

5.2.1 重定向方法 Redirect()

使浏览器立即重定向到程序指定的 URL,即实现了页面跳转。用法格式如下:

response. sendRedirect("网址或网页");

注意:本方法属性客户端跳转,不同于服务器端跳转,参见例 4.1.3 和例 7.4.1。

5.2.2 获得 http 响应流方法 getWriter()

getWriter()方法是接口 javax. servlet. http. HttpServletResponse 中没有定义的方

法,在编写 Servlet(详见第 7 章)程序时,通过如下指令:

    `PrintWriter out=response.getWriter();` //得到返回信息(http 响应流)

返回一个 PrintWriter 对象(字符流对象),然后对字符流对象进行某种操作(如输出等)。

5.3　请求信息对象——request

  与 response 对象相对应,使用 request 对象可以访问任何 http 请求传递的信息,request 对象是 javax. servlet. http. HttpServletRequest 接口的实例对象,如图 5.3.1 所示。

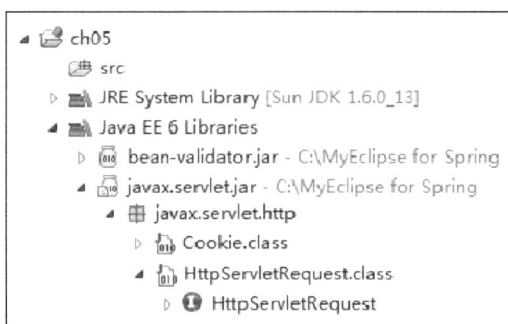

图 5.3.1　HttpServletRequest 接口与 resquest 对象

request 对象的主要属性如下:

表 5.3.1　JSP 内置对象 request 对象提供的主要方法

方法名	功能描述
String getParameter("name")	返回 name 指定参数的参数值
String[] getParameterValues("name")	返回包含参数 name 的所有值的数组
void setAttribute("name","value")	设置属性 name 的属性值 value
String getRealPath(". ")	返回当前的物理路径(不含文件名)
String getContextPath（". "）	返回当前的相对路径(不含文件名)
String getRequestURL()	返回请求资源的绝对路径(含文件名)
String getRequestURI()	返回请求资源的相对路径(含文件名)
StringgetQueryString()	返回 http 请求时传递的参数
String getRemoteAddr()	返回发送此请求的客户端 IP 地址
String getServerName()	返回接受请求的服务器主机名
String getCharacterEncoding()	返回字符编码方式
setCharacterEncoding("code")	设定接收信息的编码,code 通常是 utf-8 或 gbk
getSession()	返回与请求相关的 session
getCookies()	返回客户端的所有 Cookie,结果为一个 Cookie 数组

  注意:(1) 来自客户端的请求经 Servlet 容器处理后,封装一个 HttpServletRequest

接口类型的对象 request,作为 jspService()方法的一个参数由容器传递给 JSP 页面,参见第 4.3.4 小节中转译后的 Java 源代码。

（2）request 和 application 都提供了 getRealPath()方法和 getContextPath()方法,功能相同。并且,JSP 推荐使用 application.getRealPath()方法,参见第 5.5 节。

5.3.1　获取表单传递值

利用 request.getParameter()方法,可以获取表单元素的值。

【例 5.3.1】　JSP 处理表单示例。

【源代码】页面 sj05_tri.jsp 的代码如下。

```
<%@page language="java" import="java.util.* " pageEncoding="UTF-8"%>
<html>
  <head>
    <title>输入三条边,求三角形的面积</title>
   </head>
<body>
请输入三角形三个边的长度,输入的数字用逗号分隔:<br>
<form method="post">
    <input type="text" name="boy">
    <input type="submit" value="提交">
</form>
<%!
  double a[]=new double[3];
  String answer=null;
%>
<%
int i=0;
boolean b=true;
String s;
double result=0;
double a[]=new double[3];
  s=request.getParameter("boy");  //获取表单元素值
  if(s!=null)   {
StringTokenizer fenxi=new StringTokenizer(s,",");
while(fenxi.hasMoreTokens())   {
String temp=fenxi.nextToken();
try{
a[i]=Double.valueOf(temp).doubleValue();
i++;}
  catch(NumberFormatException e)   {
```

```
    out.print("<br>"+"请输入数字字符");}
    }
}
if(a[0]+a[1]>a[2] && a[0]+a[2]>a[1] && a[1]+a[2]>a[0] && b==true){
double p= (a[0]+a[1]+a[2])/2;
result=Math.sqrt(p* (p-a[0])* (p-a[1])* (p-a[2]));
out.print("三角形("+a[0]+","+a[1]+","+a[2]+"的");
out.print("面积:"+result);
    }
else
    out.print("<br>您输入的边不能构成一个三角形!");
%>
</body>
</html>
```

【浏览效果】在文本框内输入"3,4,5"并单击"提交"按钮后,页面的浏览效果,如图5.3.2 所示。

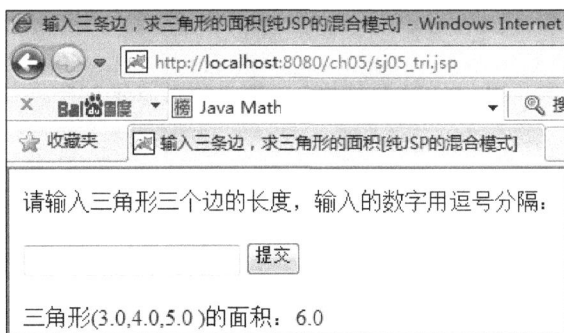

图 5.3.2　页面浏览效果

注意:(1) 表单<form>标记里未指定表单处理程序,则由当前的 jsp 页面处理。

(2) 使用 MV 模式开发,将分离三条边、判定是否三角形和计算面积等业务逻辑封装成类,实现本例功能,参见第 6.2.2 小节例 6.2.1。

5.3.2　获取 URL 传递变量

使用 request. QueryString 属性,可以获取 HTTP 查询字符串变量的集合。当在浏览器地址栏请求某个页面或在页面跳转时,在目标页面后面再加上问号、参数名和参数值,则在目标页面里通过使用 request. QueryString 属性获取传递的参数值。

例如,在浏览器地址栏访问并输入参数(或链接时带参数)

目标页面 URL? p1=pv1&&p2=pv2...

则在目标页面里,通过使用下面的接收语句:

```
Stringstr=request.getQueryString();
```

变量 p1,p2…的值可以从字符串 str 中获取。

5.3.3 查询环境信息

使用 request 相关方法,可以获取服务和客户端的相关信息,使用格式如下:

request. 方法名([参数]);

【例 5.3.2】 显示环境信息的示例页面。

【源代码】页面 sj05_env.jsp 的源代码,如图 5.3.3 所示。

```jsp
<%@ page language="java" import="java.util.*" pageEncoding="UTF-8"%>
<html>
  <head>
    <title>获取环境信息</title>
  </head>
  <body>
    客户端IP: <%=request.getRemoteAddr() %><br>
    服务器IP: <%=request.getLocalAddr() %><br>
    服务器端口号: <%=request.getLocalPort() %><br>
    当前页面的绝对路径: <%=request.getRealPath(".") %><br>
    当前页面的相对路径: <%=request.getContextPath() %><br>
    请求资源(绝对): <%=request.getRequestURL() %><br>
    请求资源(相对): <%=request.getRequestURI() %><br>
  </body>
</html>
```

图 5.3.3　页面 sj05_env 源代码

【浏览效果】在作者家里的局域网环境中,页面浏览效果如图 5.3.4 所示。

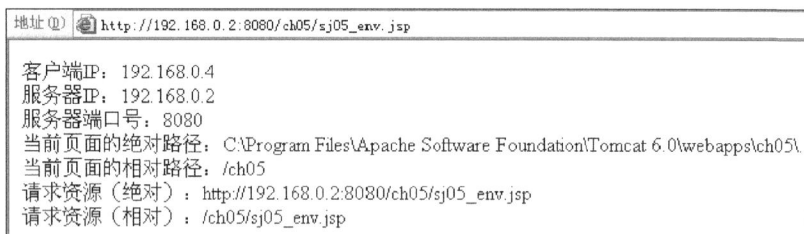

```
地址(D) 🔳 http://192.168.0.2:8080/ch05/sj05_env.jsp

客户端IP: 192.168.0.4
服务器IP: 192.168.0.2
服务器端口号: 8080
当前页面的绝对路径: C:\Program Files\Apache Software Foundation\Tomcat 6.0\webapps\ch05\.
当前页面的相对路径: /ch05
请求资源(绝对): http://192.168.0.2:8080/ch05/sj05_env.jsp
请求资源(相对): /ch05/sj05_env.jsp
```

图 5.3.4　页面 sj05_env 的浏览效果

注意:对于通过拨号(共享)方式上网的计算机,request. getRemoteAddr() 则显示的客户端网关(或计算机)的 IP 地址。

5.3.4 设置统一的请求编码

当表单提交的信息含有中文时,需要在表单处理页面中设置请求编码,而且使用的编码应与表单文件的存储编码相同,使用格式如下:

request. setCharacterEncoding("编码名称");

注意:当请求编码的格式与表单页面存储使用的编码不一致时,则在处理页面中出现中文乱码。

【例 5.3.3】 含有中文信息的用户注册页面。

【源代码】页面 sj05_reg.jsp 的源代码,如图 5.3.5 所示。

【浏览说明】如果屏蔽 Java 脚本中的第一行或者指定编码为"gbk",则提交中文时显示为乱码。其中,本页面是在 MyEclipse 中开发的,使用 UTF-8 编码。

```
<%@ page language="java" import="java.util.*" pageEncoding="UTF-8"%>
<html>
  <head>
     <title>用户注册</title>
  </head>

<body>
<form action="" method="post">
    用户名称: <input type="text" name="name" /> <br />
    用户密码: <input type="password" name="pwd" />  <br />
    <input type="submit" name="submit" value="  提交" />
</form>

  <%
   request.setCharacterEncoding("utf-8");  //统一字符编码
   String username= request.getParameter("name");   //获取表单元素值
   String password = request.getParameter("pwd");
  %>
  您提交的用户名是: <%=username %>,密码是: <%=password %>
</body>
</html>
```

图 5.3.5　页面源代码

5.4　会话信息对象——session

session 对象是 javax. servlet. http. HttpSession 接口的实例化对象,HttpSession 接口所在的软件层次,如图 5.4.1 所示。

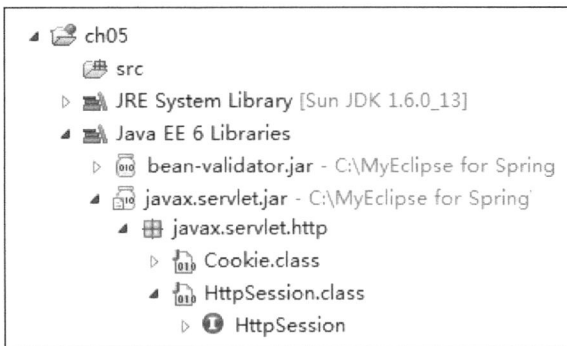

图 5.4.1　HttpSession 接口所在的软件层次

session 对象指的是客户端与服务器的一次会话,从客户连到服务器的一个 WebApplication 开始,直到客户端与服务器断开连接为止。

session 对象的常用方法,如表 5.4.1 所示。

表 5.4.1　session 对象的主要方法

方法名	功能描述
getId( )	返回 JSP 引擎创建 session 对象时设置的唯一 ID 号
isNew( )	返回服务器创建的一个 session,客户端是否已经加入
setAttribute(属性名,值)	设置指定名称的属性值

方法名	功能描述
getAttribute(属性名)	获取指写的属性值
getValueNames()	返回一个包含此 session 中所有可用属性的数组
removeValue(String name)	删除 session 中指定的属性
setMaxInactiveInterval(int n)	设置 session 信息的有效期,默认值为 1800 秒
getMaxInactiveInterval()	获取 session 信息的有效期
invalidate()	取消 session,使 session 不可用

从一个客户打开浏览器并连接到服务器开始,到客户关闭浏览器离开这个服务器结束,被称为一个会话。session 对象的 ID 是指当一个客户首次访问服务 JSP 服务器时,JSP 自动创建的字符类型的标识,这样 session 对象和客户之间建立了一一对应关系。

session 对象代表一个会话过程,在某个用户第一次访问网站时自动创建。在整个会话过程中,存储在 session 对象中的信息不会因为网页的跳转而消失或者变化,session 信息保存在服务器缓存区。

注意:在同一台计算机中,使用不同的浏览器同时打开若干窗口访问 JSP 网站,Web 服务器对 session 标识的产生有一定的差异。例如,IE 浏览器产生的 session 标识相同(即认为是同一用户),而 360 浏览器产生的 session 标识不同(即认为是不同的用户)。

Session 对象通常用来保存客户端信息,每个不同用户的每次不同访问都有唯一的 Session 值。创建会话时,服务器自动生成的用户标识通过使用方法 session.getId() 可以获得。用户标识是系统随机生成的不会重复的字母和数字组成的系列。

Session 信息保存的有效期通过 session.setMaxInactiveInterval(int n) 可以设置。如果通过方法 session.getMaxInactiveInterval() 获取的值是一个负数,则表明该 session 用户永远不会超时。

注意:(1) 除 session 标识这个特殊的信息写在客户端硬盘外,其他都保存在服务器端。

(2) 闭浏览器时,并不立即释放所有 Session 对象占用的内存空间,因为 Session 对象有一定的生命周期,所以,Session 对象在关闭浏览器且到了超期时消失。

【例 5.4.1】 Session 信息与表单提交的综合使用。

【源代码】页面 sessiondemo.jsp 的源代码,如图 5.4.2 所示。

```
<%@ page language="java" import="java.util.*" pageEncoding="UTF-8"%>
<html>
  <head>
    <title>用户登录·Session·表单</title>
  </head>
  <body>
<%
    session.setAttribute("SessionID",session.getId());//设置session属性
%>
  <form action="sessiondemo_1.jsp" method="post">
    用户名称: <input type="text" name="username" />      <br />
    用户密码: <input type="text" name="password" />      <br />
    <input type="submit" name="submit" value="  登录" />
  </form>
  </body>
</html>
```

图 5.4.2　页面 sessiondemo.jsp 的源代码

页面 sessiondemo_1.jsp 作为上面表单页面的处理页面,其源代码如图 5.4.3 所示。

```
<%@ page language="java" import="java.util.*" pageEncoding="UTF-8"%>
<html>
  <head>
     <title>Session与表单</title>
  </head>
  <body>
  你的Session标识是:<%=session.getId()%><br/>
  你的Session标识是:<%=session.getAttribute("SessionID")%><br/>
  结论:同一用户在不同页面间跳转时,Session标识不变。<hr>
  <%
     request.setCharacterEncoding("UTF-8");  //防止提交中文时出现乱码
     String un=request.getParameter("username");  //获取表单信息
     String pwd=request.getParameter("password");
  %>
  欢迎您-<%=un %>,您的登录密码是:<%=pwd %><hr>
  用户名信息,一般在其他页面中还会用到,通常使用Session实现跟踪
  <%
     session.setAttribute("username",un);  //关键信息写入session对象里
  %>
  <a href="sessiondemo_2.jsp">验证一下</a>
  </body>
</html>
```

图 5.4.3　表单处理页面 sessiondemo_1.jsp 的源代码

注意:本页面将用户的关键信息(用户名)通过 session.setAtrribute()方法保存后,就能实现用户跟踪,即该 session 用户在其链接访问的不同页面都能共享那个用户名信息。

页面 sessiondemo_2.jsp 作为体验会话跟踪的页面,其源代码如图 5.4.4 所示。

```
<%@ page language="java" import="java.util.*" pageEncoding="UTF-8"%>
<html>
  <head>
     <title>通过Session获取会话信息(会话跟踪)</title>
  </head>
  <body>
     <%=session.getAttribute("username") %>,您好!
  </body>
</html>
```

图 5.4.4　体验会话跟踪页面 sessiondemo_2.jsp 的源代码

注意:页面 sessiondemo_1.jsp 和页面 sessiondemo_2.jsp 不能单独浏览,sessiondemo_1.jsp 被表单页面调用,sessiondemo_2.jsp 被 sessiondemo_1.jsp 调用。

5.5　所有会话信息共享对象——application

application 是 javax.servlet.ServletContext 接口的实例化对象,ServletContext 接口所在的软件层次,如图 5.5.1 所示。

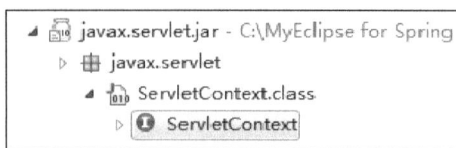

图 5.5.1　ServletContext 接口所在的软件层次

在服务器启动后自动产生,这个对象存放的信息在多个会话和请求之间能实现全局信息共享。

Application 类型的变量则可以实现站点多个用户之间在所有页面中的信息共享。可以理解 application 为全局变量,而前面介绍的 session 变量是局部变量。

一旦分配了 Application 对象的属性,它就会持久地存在,直到关闭或重启 Web 服务器。application 对象针对所有用户,在应用程序运行期间会持久地保存。它的常用方法如表 5.5.1 所示。

表 5.5.1　application 对象的主要方法

方法名	功能描述
setAttribute(属性名,属性值)	设置指定属性名称的属性值
getAttribute(属性名)	获取指写的属性值
getServerInfo()	返回当前版本 Servlet 编译器的信息
getRealPath()	得到虚拟目录对应的物理目录(绝对路径)
getContextPath()	获取当前的虚拟路径名称(相对网站根目录而言)
getAttributeNames()	获取所有属性的名称
removeAttribute()	删除指定属性

注意:JSP 网站中,网站在线人数的统计并不像 ASP 或 ASP. NET 网站那样,将 session 对象和 application 对象的 OnStart 事件过程和 OnEnd 事件过程写入配合网站的全局文件中完成,而是通过 Servlet 监听器实现,参见第 7.4.2 小节。

【例 5.5.1】　使用 JSP 内置对象 session 和 application,统计页面访问次数。

【设计原理】

● 使用 application 对象的属性保存页面的访问量。

● 当有新 session 时,访问量加 1。

● 首次访问时,设置 application 对象表示访问量的 num 属性。

【源代码】页面 page_visit_cs.jsp 的源代码,如图 5.5.2 所示。

【页面浏览】Web 项目 ch05 发布后,打开 IE 浏览器窗口,首次访问页面 page_visit_cs.jsp 的浏览效果,如图 5.5.3 所示。

新开 360 浏览器窗口,再次访问该页面,其浏览效果如图 5.5.4 所示。

注意:(1) 由于没有将访问量写入数据库,所以在服务器重启后将重新统计。

(2) 在同一台机器上测试时,新开浏览器窗口是否作为一个新 session,不同的浏览器处理不一样,选择 360 浏览器可以增加人数,而 IE 不增加。

```
<%@ page language="java" import="java.util.*" pageEncoding="UTF-8"%>
<html>
  <head>
    <title>页面访问次数统计</title>
  </head>
  <body>
    <%
        int visit_num;
        String strNum=(String)application.getAttribute("num");
        if(strNum!=null)
            visit_num=Integer.parseInt(strNum);
        else
            visit_num=1; //首次访问

        if(session.isNew())
            visit_num=visit_num+1;

        application.setAttribute("num",String.valueOf(visit_num));
    %>
    <h3>欢迎您！您是本页面的第<%=visit_num%>位访客。</h3>
  </body>
</html>
```

图 5.5.2　在 MyEclipse 中的源代码

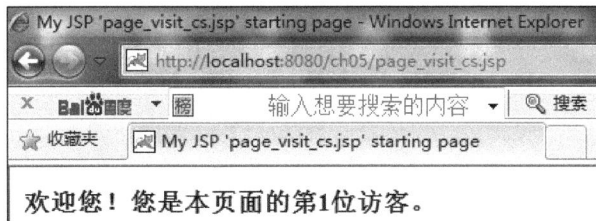

图 5.5.3　在 MyEclipse 中首次访问

图 5.5.4　第二次访问该页面的浏览效果

5.6　Cookie 信息的建立与使用

JSP 提供了用于进行 Cookie 信息处理的类 javax. servlet. http. Cookie，其软件层次如图 5.6.1 所示。

图 5.6.1　Cookie 类的软件层次

建立一个 Cookie 信息，需要使用 Cookie 类的构造方法，其用法格式如下：

Cookie 名 = Cookies("属性名"，属性值)；

获取存放在客户端硬盘里的 Cookie 名称信息，其用法格式如下：

Cookie[]存放的属性数组名＝request. getCookies()；

每个 Cookie，通过 getValue()方法可以获取属性值。

注意：(1) 方法 request. getCookies()获取的是存放 cookie 信息的对象数组。

(2) Web 服务器为来访者建立的 Session 标识，是自动建立的 Cookie 信息。

Cookie 类提供的主要方法，如表 5.6.1 所示。

表 5.6.1　**Cookie 类提供的主要方法**

方法名	功能描述
Cookie(String name,String value)	构造方法，实例化对象
Cookie[] getCookies()	获取客户端设置的全部 cookie
getName()	获得 cookie 的属性名
getValue()	获得 cookie 的属性值
setMaxAge(int)	设置 cookie 的保存时间，单位为秒

【**例 5.6.1**】　Cookie 信息的建立与使用。

【**源代码**】读取所有 Cookie 对象并显示这些 Cookie 信息页面 cookiedemo_r.jsp 的源代码，如图 5.6.2 所示。

```
<%@ page language="java" import="java.util.*" pageEncoding="UTF-8"%>
<html>
  <head>
    <title>Cookie信息处理</title>
  </head>
  <body>
    <%
      Cookie[]c=request.getCookies();//读取Cookie对象数组
      if(c!=null){
        out.write("目前，本机可用的Cookie信息如下：<hr/>");
        for(int i=0;i<c.length;i++)
          out.println(c[i].getName()+"---"+c[i].getValue()+"<br/>");
      }
      else
        out.write("本机目前没有可以使用Cookie信息！");
    %>
  </body>
</html>
```

图 5.6.2　读取并显示 Cookie 信息页面的源代码

建立 Cookie 对象并写入客户端页面 cookiedemo_w.jsp 的源代码,如图 5.6.3 所示。

```
<%@ page language="java" import="java.util.*" pageEncoding="UTF-8"%>
<html>
  <head>
    <title>Cookie信息处理·写</title>
  </head>
  <body>
    <%
      Cookie myCookie1=new Cookie("xm","wzx"); //创建对象
      Cookie myCookie2=new Cookie("pwd","abc123");
      //myCookie1.setMaxAge(5); //设置存活时间(有效期),单位是秒
      //myCookie2.setMaxAge(5); //设置存活时间(有效期),单位是秒
      response.addCookie(myCookie1); //写入客户端硬盘
      response.addCookie(myCookie2);
      out.write("已经成功建立了两个自定义的Cookie信息,请再次浏览显示页面");
    %>
  </body>
</html>
```

图 5.6.3　建立 Cookie 对象并写入客户端页面的源代码

【浏览效果】先浏览页面 cookiedemo_w.jsp,再浏览 cookiedemo_r.jsp 时的页面效果,如图 5.6.4 所示。

图 5.6.4　页面浏览效果

注意:(1) SESSIONID 显然是用户请求时容器自动为容器为创建的并保存在客户端硬盘上的用户标识。

(2) 在浏览页面 cookiedemo_w.jsp 前,取消对两条设置存活时间命令的屏蔽,则建立的 Cookie 信息在 5 秒后由浏览器自动删除。

5.7　网页错误和未捕捉的例外对象——exception

java.lang.Throwable 的实例,该实例代表其他页面中的异常和错误,Throwable 类的软件层次如图 5.7.1 所示。

exception 对象的常用的方法有 getMessageO 和 printStackTraceO 等。

通过 exception 对象,设置错误处理页面的步骤如下。

(1) 创建一个用于指出错误的 JSP 页面,在其 page 指令中添加属性:

图 5.7.1　异常类 Throwable 所在的软件层次

isErrorPage＝"true"

（2）在其他页面中指向错误页面，通过在该页面的 page 指令中添加属性：

errorPage＝"错误页面名.jsp"

注意：只有当页面是错误处理页面，即编译指令 page 的 isErrorPage 属性为 true 时，该对象才可以使用。

5.8　页面上下文对象——pageContext

JSP 内置对象 pageContext 是抽象类 javax.servlet.jsp.PageContext 的一个实例，表示该 JSP 页面上下文，其创建和初始化都是由容器完成的，PageContext 类所在的软件层次如图 5.8.1 所示。

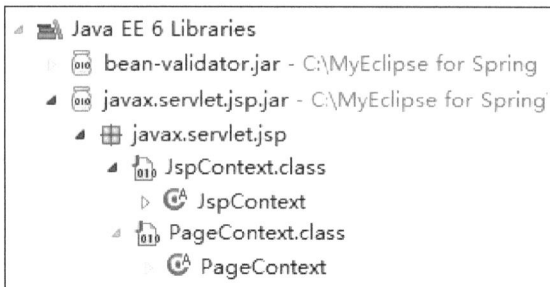

图 5.8.1　PageContext 类所在的软件包

通过 pageContext 对象，可以访问页面内的所有对象，或者重新定向客户端的请求。例如，访问页面中的共享数据（如本页面中的 session 和 application 等）。

抽象类 pageContext 的主要方法，如表 5.8.1 所示。

表 5.8.1　上下文对象 pageContext 的主要方法

方法名	功能描述
forward()	页面重定向到另一个页面或 servlet
getSession()	返回当前页面的 HttpSession 对象
getRequest()	返回当前的 request 对象

续表

方法名	功能描述
getResponse	返回当前的 response 对象
setAttribute(属性名,属性值)	设置属性在 page 范围内
setAttribute ("request ", "hello", pageContext. REQUEST_SCOPE)	设置属性在 request 范围内
setAttribute("session", "hello", pageContext. SESSION_SCOPE)	设置属性在 session 范围内
setAttribute("app", "hello", pageContext. APPLICATION_SCOPE)	设置属性在 application 范围内
getServletContextO	获取当前页的 ServletContext 对象
getServletConfigO	获取 Servlet 的配置参数
getRealPath(String path)	获取相对路径的物理路径

注意:(1) 在实际项目开发中,很少使用 pageContext 对象,因为可以直接调用 request 和 response 等内置对象的相关方法。

(2) 在 Servlet 中,经常对 ServletContext 这个上下文内容接口编程,参见第 7.2.1 小节。

5.9　Servlet 的配置对象——config

config 对象的主要作用是获取服务器的配置信息,它被封装成接口 javax. servlet. ServletConfig,开发者可以为应用程序环境在 web. xml 文件中为 Servlet 和 JSP 页面提供初始化参数。ServletConfig 接口所在的软件层次,如图 5.9.1 所示。

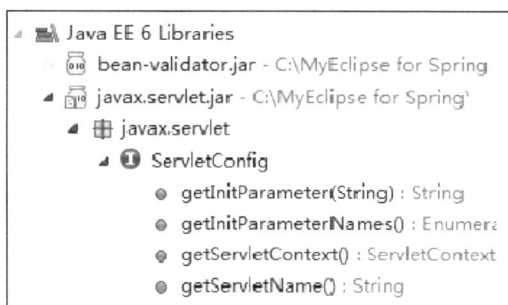

图 5.9.1　ServletConfig 接口的主要方法

config 对象的常用方法,如表 5.9.1 所示。

表 5.9.1　配置对象 config 的主要方法

方法名	功能描述
getServletName()	获取当前的 Servlet 名称
getServletContext()	获得当前的 Servlet 上下文对象
getInitParameter()	获取指定的初始参数的值

注意:(1) JSP 页面通常无须配置,也就不存在配置信息。

（2）通过 pageContext.getServletConfig()方法也可以获得一个 config 对象。

（3）config 对象的一些方法，主要在 Servlet 开发时使用，参见第 7 章。

5.10　页对象——page

page 对象代表当前的 JSP 页面对应的 Servlet 类的实例，这从转换后的 Servlet 类的源文件中（参见第 4.3.4 小节），可以看到这种关系：

$$Object\ page\ =\ this;$$

注意：（1）page 是类 java.lang.Object 的一个实例。

（2）通过 page.getClass()方法可以获得存放在 Apache Tomcat 服务器 work 目录下与与 JSP 对应的类名。

（3）在 JSP 页面中，很少使用 page 对象。

习　题　5

一、判断题

1. JSP 的内置对象都是由 Web 服务器自动创建的。
2. 内置对象 out 是抽象类 JspWriter 的实例。
3. 对象 request 是 ServletRequest 的一个实例。
4. 除 session 标识外，其他 Session 信息都保存在客户端硬盘里。
5. Cookie 类、HttpServletRequest 接口和 HttpServletResponse 接口同处一个软件包里。

二、选择题

1. 下列对象中的_____是用来传递响应输出流的。
   A. page 　　　　 B. application 　　 C. out 　　　　 D. config
2. 下面的_____返回 request 对象所有属性的名字，结果集是一个枚举型的实例。
   A. getAttribute( ) 　　　　　　 B. getParameterNames( )
   C. getAttributeNames( ) 　　　 D. setAttribute( )
3. 如果访问 JSP 网站中的 JSP 页面含有脚本程序并且有显示的内容，则这些要显示的内容保存在_____对象中。
   A. out 　　　　 B. session 　　　 C. response 　　 D. request
4. 提供重定向方法的对象是_____。
   A. out 　　　　 B. exception 　　 C. request 　　 D. response
5. 获取环境信息，应使用 JSP 的_____内置对象。
   A. request 　　 B. response 　　 C. session 　　 D. application

三、填空题

1. 接口 HttpServletResponse 和 HttpServletRequest 都在_____软件包中。
2. 通过提交表单所传递的数据都是_____类型。
3. 在 JSP 中获取当前页面的物理路径，要使用 application(或 request)对象_____的方法。
4. 获取客户端和服务器端的相关环境信息，应使用_____对象的相关方法。
5. 设置请求页面的编码，应使用 request 对象的_____方法。
6. 获取客户端的确 IP 地址，应使用 request 对象的_____方法。
7. 将 Cookie 信息写入客户端，需要使用_____对象的 addCookie( )方法。
8. application 是接口_____的实例化对象。
9. 设置 session 和 request 等对象的属性，使用的方法是_____。

实验 5　JSP 内置对象的使用

一、实验目的

1. 掌握 JSP 内置对象 out、response 和 request 对应的类（或接口）；
2. 掌握使用 Request 获取表单信息的方法；
3. 进一步掌握纯 JSP 与 Java 脚本、HTML 混合编程的方法；
4. 掌握 session 信息在同一用户的不同页面之间共享的使用方法；
5. 掌握使用 application 对象实现所有用户、所有页面信息共享的方法；
6. 掌握 Cookie 信息的建立与使用方法。

二、实验内容及步骤

【预备】访问 http://www.wustwzx.com/jsp_sy/index.html，单击"实验 5"超链接，下载本次实验内容的源代码并解压（得到文件夹 ch05），打开 MyEclipse 并导入解压文件夹里的 Web 项目 ch05，发布项目后再启动 Web 服务器。

1. 用户注册与表单提交、中文乱码解决方案。
   （1）打开 ch05 项目里的 sj05_reg.jsp 页面。
   （2）查看设置请求编码所使用的对象与方法。
   （3）查看获取表单元素值的代码。
   （4）浏览页面并输入中文信息测试。
2. session 与 application 对象的使用——页面计数器。
   （1）打开 sy05 项目里的页面 page_visit_cs.jsp。
   （2）查看保存整型数据到 application 对象前后类型的转换。
   （3）查看判断是否为新会话的代码。
   （4）新型 360 窗口浏览，测试页面计数的增加。
3. Cookie 信息的建立与使用。
   （1）打开 sy05 项目里的页面 cookiedemo_r.jsp 并浏览。
   （2）查看获取 Cookie 对象数组的代码。
   （3）查看获取 Cookie 对象名和值的方法。
   （4）打开 sy05 项目里的页面 cookiedemo_w.jsp 并浏览。
   （5）查看创建 Cookie 对象和写入的方法。
   （6）再次浏览 cookiedemo_r.jsp，观察 Cookie 信息（对象）的增加。
4. 掌握会话跟踪的设计方法。
   （1）打开 sy05 项目里的 sessiondemo_1.jsp 并浏览。
   （2）打开 sy05 项目里的 sessiondemo_1.jsp 文件，查看用户跟踪的代码。

三、实验小结及思考

（由学生填写，重点写上机中遇到的问题）

第 6 章　JavaBean 与 MV 开发模式

在前面的 JSP 网站项目开发中,HTML 代码与 JSP 代码是混合的,业务逻辑代码在不同的页面中存在大量的重复。要编写结构良好且便于复用的代码,让页面设计师与程序员各司其职,方便后期的维护,则需要使用 Java EE 提供的 JavaBean 组件。本章重点介绍 JavaBean 的开发方法、JSP 对 JavaBean 的各种支持,学习要点如下:

- 掌握 JavaBean 的定义规范;
- 掌握 MV 开发模式的特点;
- 掌握 JavaBean 之间的调用方法;
- 掌握在 JSP 页面中调用 JavaBean 的方法。

6.1　JavaBean 与 Java Web 开发模式

6.1.1　JavaBean 概述

Java EE 是基于组件开发的,JavaBean 是用 Java 语言开发的一个可重用的组件,实质上是一个 Java 类,封装了一些数据和业务逻辑,在 JSP 网站项目开发中可以减少代码重复(即实现代码重用)。

JSP 搭配 JavaBean 来使用,有以下优点:

(1) 将 JSP 页面中的 Java 代码分离出来。

(2) 通过将用到的 Java 程序写成 JavaBean 组件并在 JSP 页面中调用 JavaBean 来实现代码重用。

6.1.2　JavaBean 定义规范

一个 JavaBean 要满足如下的要求:

(1) 所有的类声明为 public,且放在同一个包中。

(2) 类中所有的属性使用 private 声明。

(3) 封装的属性需要编写相应的 setXxx()方法和 getXxx()方法。

(4) 一个 JavaBean 必须存在一个无参的构造方法。

(5) 习惯上,每个 JavaBean 源文件的开头含有 package 打包语句。

6.1.3　JSP＋JavaBean 作为 Java Web 的一种开发模式

JSP 页面可以通过某种方式调用 JavaBean,接收到客户端提交的请求后,会调用 JavaBean 组件进行数据处理。如果数据处理中含有数据库操作,则需要使用 JDBC 操作。当数据返回给 JSP 时,JSP 组织响应数据,返回给客户端,如图 6.1.1 所示。

注意:在 MVC 模式中,是由 Servlet 调用 JavaBean,参见第 7.5.2 小节。

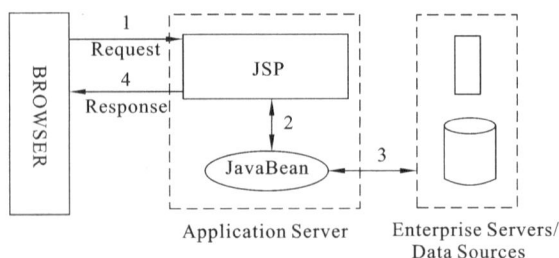

图 6.1.1 JSP＋JavaBean 开发模式

6.2 JavaBean 的使用

6.2.1 将 JavaBean 存放到项目的特定文件夹

手工开发 JSP 网站项目时,需要在项目文件夹里创建一个名 WEB-INF 的子文件夹,再在 WEB-INF 文件夹里创建一个名为 classes 的子文件夹。

注意:使用集成环境 MyEclipse 开发 JSP 网站项目时,会自动创建 WEB-INF 文件夹,并且发布 Web 项目时,会将该文件夹一起发布。

编写 JavaBean 源代码时,将源文件存放至 classes 文件夹里,并且源文件的开头通常需要使用打包命令,以便将编译后的.class 文件存放在相应的包内。

使用 JavaBean 开发的 JSP 网站,典型的文件系统结构如图 6.2.1 所示。

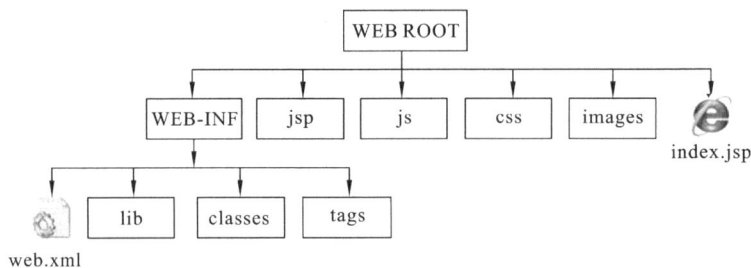

图 6.2.1 典型的 Web 项目的文件系统

注意:(1) JSP 文件存放在项目的根目录里,与 JavaBean 组件的类文件相分离。

(2) 文件夹 WEB-INF\lib 用于存放网站项目所需要的外部.jar 包。

(3) WEB-INF\web.xml 是网站项目的配置文件,在使用 Servlet 时需要,参见第 7.1 节。

6.2.2 在 JSP 页面中通过动作标签使用 JavaBean

在 JSP 页面中,使用动作标签＜jsp:useBean＞可以定义一个具有一定生存范围以及唯一 ID 的 JavaBean 的实例,其语法格式如下:

＜jsp:useBean id＝"实例名" scope＝"保存范围" class＝"包名.类名"＞

其中,表示范围的 scope 属性值共有 4 种,见表 6.2.1。

表 6.2.1　useBean 动作的范围选项（从小到大）

方法名	功能描述
page	实例对象只能在当前页面中使用,加载新页面时销毁
request	在任何执行相同请求的 JSP 文件中都可以使用指定的 JavaBean,知道页面执行完毕向客户端发出响应或者转到另一个页面为止
sesssion	从创建指定 JavaBean 开始,能在任何使用相同 session 的 JSP 文件中使用 JavaBean,该 JavaBean 存在于整个 session 生命周期中
application	从创建指定 JavaBean 开始,能在任何相同 application 的 JSP 文件中使用指定的 JavaBean,该 JavaBean 存在于整个 application 生命周期中,直到服务器重新启动

【例 6.2.1】　手工开发关于三角形的 JavaBean,并设计输入三角形的三个边、然后输出其面积的 JSP 页面。

【实现步骤】

（1）在 Apache Tomcat 的安装目录的 webapps 文件夹里新建文件夹 ch06_1（Web 项目名）,再在 ch06_1 里新建名为 WEB-INF 的系统文件夹,最后在 WEB-INF 建立名为 classes 的文件夹,如图 6.2.2 所示。

（2）使用 EditPlus,在 classes 文件夹里建立名为 Stringtonum.java 的类文件,它实质是一个 JavaBean,功能是实现从输入的字符中分享出三个数,其代码如下。

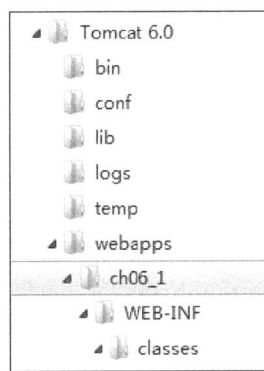

图 6.2.2　项目的目录结构

```
package bean;   //打包
import java.util.*;   //必须,提供了字符串处理类

public class Stringtonum{
    private double num1;   //类的成员
    private double num2;
    private double num3;

    public Stringtonum() {}//此处的无参构造函数可以省略

    public double getNum1()
    {   return num1;}
    public double getNum2()
    {   return num2;}
    public double getNum3()
    {   return num3;}

    public void setNum1(double n)
    {   num1=n;}
    public void setNum2(double n)
```

```
        {  num1=n;}
    public void setNum3(double n)
        {  num1=n;}

    public boolean strtonum(String str)    //定义方法,其返回值是逻辑型
        {  double a[]=new double[3];
           int i=0;
           if(str==null)   return false;
           StringTokenizer fenxi=new StringTokenizer(str,",");
           //建议使用 String 类的 Split()方法,因为 StringTokenizer 是 Java 的遗留类

           while(fenxi.hasMoreTokens())
           {
             String temp=fenxi.nextToken();
             try{ a[i]=Double.valueOf(temp).doubleValue();
                    i++; }
             catch(NumberFormatException e)
             { return false;}
           }
        num1=a[0];num2=a[1];num3=a[2];
        if(num1<0.0||num2<0.0||num3<0.0)
            return false;
        return true;
        }

    }
```

（3）在 EditPlus 中,按 Ctrl＋1 调用 Java 编译程序带包编译,编译后的字节码文件 Stringtonum.class 将保存在自动建立的 bean 文件夹时。

（4）使用 EditPlus,在 classes 文件夹里建立名为 Triangle.java 的类文件,它也是一个 JavaBean,封装了三角形的 Getter、Setter 和计算面积等方法,其代码如下。

```
    packagebean;   //打包
    import java.util.*;   //导入系统软件包中的类

    public class Triangle{
     private double edge1,edge2,edge3;
     public Triangle() {}   //此处的无参的构造函数不可省略
                            //因为下面定义带参数的构造函数
     public Triangle(double e1,double e2,double e3)   //含有参数的构造函数
        {
            this.edge1=e1;
            this.edge2=e2;
            this.edge3=e3;
```

```
        }
    public double getEdge1()
        {   return edge1;}
    public double getEdge2()
        {   return edge2;}
    public double getEdge3()
        {   return edge3;}

    public void setEdge1(double edge)
        {   this.edge1=edge;}
    public void setEdge2(double edge)
        {   this.edge2=edge;}
    public void setEdge3(double edge)
        {   this.edge3=edge;}

    public boolean is Triangle()     //是否构成三角形
        {   if(edge1+edge2>edge3 && edge1+edge3>edge2 && edge3+edge2>edge1)
                return true;
            else
                return false;
        }

    public double calArea()     //三角形的面积
        {
            double p=(edge1+edge2+edge3)/2;
            return Math.sqrt(p*(p-edge1)*(p-edge2)*(p-edge3));
        }
    }
```

（5）在 EditPlus 中，按 Ctrl＋1 调用 Java 编译程序带包编译，编译后的字节码文件 Triangle.class 将保存在自动建立的 bean 文件夹内。

（6）在 ch06_1 文件夹里新建含有表单提交的 Triangle1.jsp 页面，文件代码如下。

```
<%@page language="java" import="java.util.*" pageEncoding="UTF-8"%>
<html>
<head><title>使用 JavaBean 封装业务逻辑·输出三角形的面积</title></head>
<body>

<jsp:useBean id="angle" class="bean.Stringtonum" scope="page"></jsp:useBean>
<jsp:useBean id="tri" class="bean.Triangle" scope="page"></jsp:useBean>

请输入三角形三个边的长度,输入的数字用逗号分隔:<br>
```

```
<form action="" method="post">
<input type="text" name="boy">
<input type="submit" value="提交">
</form>
<%String str=request.getParameter("boy");
    if(!angle.strtonum(str))
          { out.println("请输入三个数字,并以分号分隔!");
            return;
          }
    tri.setEdge1(angle.getNum1());
    tri.setEdge2(angle.getNum2());
    tri.setEdge3(angle.getNum3());
    if(!tri.isTriangle())
          {   out.println("您输入的三个边不能构成一个三角形!");
              return;
          }
    out.println("三角形的面积="+tri.calArea());
%>
    <br> 您输入的三个边是:<%=tri.getEdge1()%>,
    <%=tri.getEdge2()%>,<%=tri.getEdge3()%>
</body>
</html>
```

（7）执行 Windows 的 cmd 命令,进入 DOS 命令行方式。

（8）执行命令 Tomcat6,启动 Apache Tomcat 服务器。

（9）打开浏览器,浏览项目 ch06_1 里的 Triangle1.jsp 页面,效果分别如图 6.2.3 和图 6.2.4 所示。

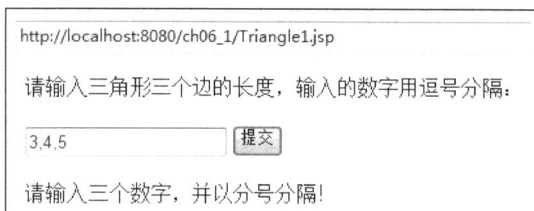

图 6.2.3　页面浏览效果（提交前）

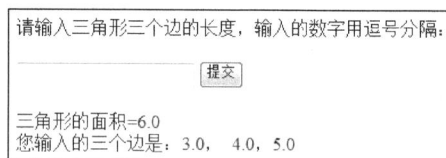

图 6.2.4　页面浏览效果（提交后）

注意:（1）表单标记的 action 属性为空,表示提交至当前的 jsp 页面。

（2）编译完成后,删除 JavaBean 源文件,对页面浏览没有影响,即 JSP 页面只使用了 .class 文件。

（3）当更新了项目里用到的 .class 文件后,需要重新启动 Tomcat 服务器才能生效。当然,比较简单的方法是以管理员身份 Reload 项目,参见第 4.2.3 小节。

（4）因为 JavaBean 本质上也是一个类,因此可以使用 import 命令导入代替使用动作元素<jsp:useBean>（使用方法参见上机实验内容）。使用动作标签的优点是可以设置 JavaBean 的属性。

在例 6.2.1 中,我们是通过 request.getParameter() 获取表单提交的数据。实际上,还可以使用 JSP 的两个动作标签＜jsp:setProperty＞和＜jsp:getProperty＞处理表单，这在表单元素较多时更方便。

通过动作标签＜jsp:setProperty＞，可以设置 JavaBean 实例的属性与表单元素相关联，其语法格式如下：

＜jsp:setProperty name＝"实例名" property＝"属性名" param＝"表单元素名"/＞

上面建立关联需要多条＜jsp:setProperty＞指令。特别地，当表单元素名与 JavaBean 属性名相同时，只需要一条指令就可以全部关联，其语法格式如下：

＜jsp:setProperty name＝"实例名" property＝" * "/＞

注意：建立了 JavaBean 实例属性与表单(元素)的自动关联后，如果某个属性没有对应的表单元素，则该属性的赋值被忽略，并且不会发生错误。

在 JSP 页面中，可以使用如下的指令访问 JavaBean 实例的属性：

＜jsp:getProperty name＝"实例名" property＝"属性名"/＞

设置了 JavaBean 实例的属性与表单元素的关联后，使用上面的指令，当然就是访问了提交的表单数据。

设置或修改 JavaBean 实例的属性，使用如下的格式：

＜jsp:setProperty name＝"实例名" property＝"属性名" value＝"值"/＞

【例 6.2.2】　使用 JavaBean 实现的用户登录系统(实体类用法)。

【实现步骤】

(1) 在 MyEclipse 中，新建名为 ch06_2 的 Web 项目。

(2) 新建包，包名为 bean。

(3) 在 bean 包内，新建名为 User 的类文件，文件代码如图 6.2.5 所示。

```java
package bean;
public class User {
    private String username;
    private String nickname;
    private String password;

    public String getUsername() {
        return username;
    }
    public void setUsername(String username) {
        this.username = username;
    }
    public String getNickname() {
        return nickname;
    }
    public void setNickname(String nickname) {
        this.nickname = nickname;
    }
    public String getPassword() {
        return password;
    }
    public void setPassword(String password) {
        this.password = password;
    }
}
```

图 6.2.5　JavaBean 源文件代码

注意：在输入了三个类属性后，使用 MyEclipse 的快速生成 setXxxx（）方法和 getXxxx（），参见第 3.3.6 小节。

（4）在项目中，新建名为 login.jsp 的登录页面，页面的源代码如图 6.2.6 所示。

```
<%@ page language="java"  pageEncoding="utf-8"%>
<html>
  <head>
    <title>使用JSP动作标签处理表单提交</title>
  </head>

  <body>
    <form  method="post" action="xsxx.jsp">
      用户名：<input type="text" name="un" /><br/>
      昵  称：<input type="text" name="nn" /><br/>
      密  码：<input type="password" name="pw" /><br/>
    <input type="submit" value="提交" />
  </form>
 </body>
</html>
```

图 6.2.6 表单页面 login.jsp 的源代码

（5）在项目中，新建名为 xsxx.jsp 的表单处理页面，页面源代码，如图 6.2.7 所示。

```
<%@ page language="java" import="java.util.*" pageEncoding="UTF-8"%>
<html>
  <head>
    <title>显示表单提交的信息</title>
  </head>
  <body>
    <jsp:useBean id="user" class="bean.User"></jsp:useBean>
    <%
    request.setCharacterEncoding("utf-8"); //设置统一的请求编码
     %>
    <!-- 设置JavaBean实例对象的属性与表单元素相关联 -->
    <jsp:setProperty name="user" property="username"  param="un"/>
    <jsp:setProperty name="user" property="nickname"  param="nn"/>
    <jsp:setProperty name="user" property="password"  param="pw"/>

    <!-- 获取JavaBean实例对象的属性 -->
    用户提交的信息如下：<br><hr/>
    用户名：<jsp:getProperty name="user" property="username"/><br>
    昵称：<jsp:getProperty name="user" property="nickname"/><br>
    密码：<%=user.getPassword()%><br>
  </body>
</html>
```

图 6.2.7 表单处理页面 xsxx.jsp 的源代码

注意：（1）在本页面中，使用创建 JavaBean 实例的 JSP 动作标签。

（2）在本页面中，设置了 JavaBean 实例的三个属性与表单输入的三个元素的关联。

（3）通过<jsp:getProperty>获取表单输入的数据。

（6）在 MyEclipse 中，部署项目 ch06_2、启动 Web 服务器后，页面的浏览效果，如图 6.2.8（a）和 6.2.8（b）所示。

图 6.2.8　(a) 表单输入页面　　　　　　　图 6.2.8　(b) 显示表单输入数据页面

注意：在表单页面 login.jsp 里，用于输入的三个表单元素名与类 JavaBean.java 中的三个属性名称不一致。

(7) 在项目里，新建表单页面 login1.jsp，其源代码如图 6.2.9 所示。

```
<%@ page language="java"  pageEncoding="utf-8"%>
<html>
  <head>
    <title>使用JSP动作标签处理表单提交</title>
  </head>
  <body>
    <form  method="post" action="xsxx1.jsp">
       用户名：<input type="text" name="username" /><br/>
       昵  称：<input type="text" name="nickname" /><br/>
       密  码：<input type="password" name="password" /><br/>
    <input type="submit" name="Submit" value="提交" />
  </form>
 </body>
</html>
```

图 6.2.9　表单页面 login1.jsp 的源代码

注意：在表单页面里，用于输入的三个表单元素名与类 User.java 中的三个属性名称一致。

(8) 新建表单处理页面 xsxx1.jsp，其源代码如图 6.2.10 所示。

注意：建立自动关联，减少了代码量。

(9) 浏览项目里的页面 login1.jsp，其效果与前面相同。

(10) 本用户登录项目的文件系统，如图 6.2.11 所示。

```
<%@ page language="java" import="java.util.*" pageEncoding="UTF-8"%>
<html>
  <head>
    <title>显示表单提交的信息</title>
  </head>

  <body>
    <jsp:useBean id="user" class="bean.User"></jsp:useBean>

    <!-- 设置JavaBean实例对象的属性与表单元素自动关联，前提是表单元素名与JavaBean属性名相同 -->
    <jsp:setProperty name="user" property="*" />

    用户提交的信息如下：<br><!-- 获取JavaBean实例对象的属性 --><hr>
    用户名：<jsp:getProperty name="user" property="username"/><br>
    昵称：<jsp:getProperty name="user" property="nickname"/><br>
    密码：<%=user.getPassword()%><br>
  </body>
</html>
```

图 6.2.10　表单处理页面 xsxx1.jsp

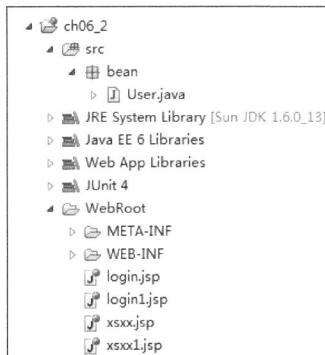

图 6.2.11　用户登录项目
文件系统

6.2.4　使用 MV 模式开发的用户管理系统

用户登录是网站的一个重要功能，一般会涉及用户和用户密码的验证。并且，用户名和用户密码存放在数据库表里。使用 MV 模式开发的用户管理系统，主要思路是将数据和业务逻辑代码分别封装在两个 JavaBean 里。

【例 6.2.3】　在集成开发环境中开发用户登录系统。其中，用户名及密码含于 MySQL 数据库 test 的 user 表。

【设计原理】在例 6.2.2 的基础上，将表单处理页面中加进从数据库中读取数据的代码，如果用户名和密码正确，进入欢迎页面 success.jsp，否则，进入 errorpage.jsp 页面。读取 MySQL 数据库的业务逻辑代码被封装在 sqlBean 里。完成后的项目文件夹系统，如图 6.2.12 所示。

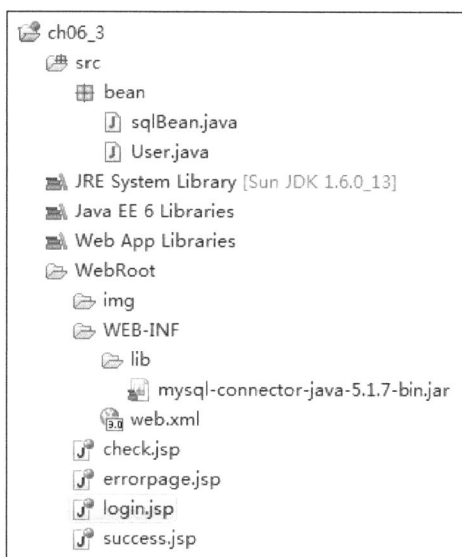

图 6.2.12　用户登录项目文件系统

【实现步骤】

（1）在 MyEclipse 中新建名为 ch06_3 的 Java Web 项目。

（2）将 MySQL 的 JDBC 驱动包复制到项目的 WEB-INF\lib 文件夹里。

（3）在项目的 src 文件夹里新建名为 bean 的包。

（4）在包内建立与例 6.2.2 类似的 JavaBean—User。

（5）在项目里建立与例 6.2.2 类似的表单页面 login.jsp。其中，表单元素名与 User 的属性名是相同的。

（6）在包 bean 里新建 JavaBean 源文件 sqlBean.java，其源代码如下。

```
package bean;
import java.sql.*;
public class sqlBean {      //类定义
    public Connection conn=null;
```

```java
    public ResultSet rs=null;
    Statementst=null;
    public sqlBean(){        //构造方法
        try{
            Class.forName("com.mysql.jdbc.Driver");
            String
url="jdbc:mysql://localhost:3306/test? user=root&password=root";
            conn=DriverManager.getConnection(url);
            st=conn.createStatement();
        }
        catch(java.lang.ClassNotFoundException e){
            System.out.print("连接 MySQL 服务器出错!"+e.getMessage());
        } catch (SQLException e) {
            e.printStackTrace();
        }
    }
    public ResultSet executeQuery(String sql){    //选择查询方法(得到结果集)
        rs=null;
        try{
            rs=st.executeQuery(sql);
        }
        catch(SQLException e){
            System.out.print("执行查询错误:"+e.getMessage());
        }
        return rs;
    }
    public boolean haslogin(String sql){    //是否存在记录
        boolean yn=false;
        sqlBean db=new sqlBean();
        try{
            ResultSet rs=db.executeQuery(sql);    //类内方法调用
            if(rs.next())
                yn=true;        //有记录
            else
                yn=false;
        }
        catch(Exception e){
            e.getMessage();
        }
        return yn;
    }
```

```java
public int executeInsert(String sql){        //插入记录方法
    int num=0;
    try{
        num=st.executeUpdate(sql);
    }
    catch(SQLException e){
        System.out.print("记录插入错误:"+e.getMessage());
    }
    return num;
}
public int Update(String sql){        //更新记录方法
    int num=0;
    try{
        num=st.executeUpdate(sql);
    }catch(SQLException ex){
        System.out.print("执行修改错误:"+ex.getMessage());
    }
    return num;
}
public int executeDelete(String sql){        //删除记录方法
    int num=0;
    try{
        num=st.executeUpdate(sql);
    }
    catch(SQLException e){
        System.out.print("删除记录错误:"+e.getMessage());
    }
    CloseDataBase();
    return num;
}
public void CloseDataBase(){        //关闭数据库连接方法
    try{
        conn.close();
        st.close();
    }
    catch(Exception ex){
        System.out.print("关闭 Connection 对象错误:"+ex.getMessage());
    }
}
}
```

（7）编写表单处理（验证）页面 check.jsp，页面源代码，如图 6.2.13 所示。

```
<%@ page language="java" import="java.util.*" pageEncoding="UTF-8"%>
<jsp:useBean id="user" class="bean.User"></jsp:useBean>
<jsp:useBean id="db" class="bean.sqlBean"></jsp:useBean>
<html>
  <head>
    <title>合法用户的服务器端验证</title>
  </head>
  <body>
    <%  request.setCharacterEncoding("utf-8");  %>
    <!-- 设置JavaBean实例对象的属性与表单元素自动关联，前提是表单元素名与JavaBean属性名相同 -->
    <jsp:setProperty name="user" property="*" />
    <%
        String un=user.getUsername();  //调用JavaBean的getXxxx()方法获取属性值
        String pw=user.getPassword();
        String sql="select * from user where username='"+un+"' and password='"+pw+"'";
        if(db.haslogin(sql)){
            session.setAttribute("un",un);  //用户跟踪
            response.sendRedirect("success.jsp");    }
        else
            response.sendRedirect("errorpage.jsp");
    %>
  </body>
</html>
```

图 6.2.13　表单处理页面的源代码

（8）编写登录成功时转向的页面 success.jsp,其源代码如图 6.2.14 所示。

```
<%@ page language="java" import="java.util.*" pageEncoding="utf-8"%>
<html>
  <head>
    <title>My JSP 'succeed.jsp' starting page</title>
  </head>
  <body>
    <%
        String username=(String)session.getAttribute("un"); //获取
    %>
    登录成功，欢迎你-<%=username %>
  </body>
</html>
```

图 6.2.14　登录成功转向的页面的源代码

（9）编写登录错误输入时转向的页面 errorpage.jsp,其源代码如图 6.2.15 所示。

```
<%@ page language="java" import="java.util.*" pageEncoding="utf-8"%>
<html>
  <head>
     <title>显示错误信息页面</title>
  </head>
  <body bgcolor="silver">
     用户名或密码错误！还有可能是数据库服务器问题<br/>
     <a href="login.jsp">返回重新登录</a>
  </body>
</html>
```

图 6.2.15　登录失败时转向的页面的源代码

（10）页面浏览效果,分别如图 6.2.16、图 6.2.17 和图 6.2.18 所示。

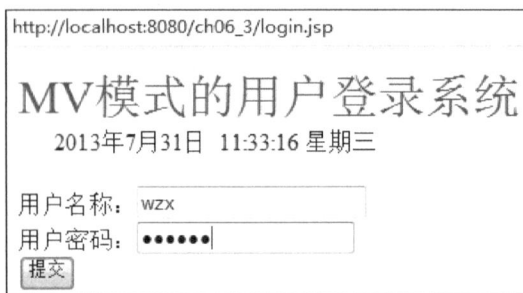

图 6.2.16　表单登录页面

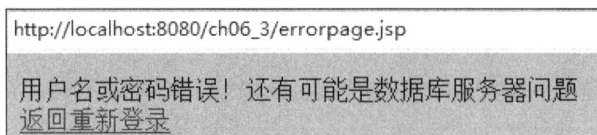

图 6.2.17　输入错误时转向的页面

图 6.2.18　输入正确时转向的页面

注意：(1) JavaBean User 的属性与数据库 test 里的 user 表的字段相对应。

(2) 本例并未用到 JavaBean 中定义的全部方法，只用到了构造方法、选择查询方法和判定是否存在用户方法，其他方法供扩展功能（如添加、删除新用户等）使用。

(3) 使用 MVC 模式开发的用户管理系统使用 Servlet 处理表单，参见第 7.5.3 小节。

*6.3　EJB 简介

6.3.1　EJB 应用模式概述

EJB，Java 企业 Bean (Enterprise JavaBean)，是 J2EE 的一部分，它定义了一个用于开发基于组件的企业多重应用程序的标准。EJB 比较适合用于大型企业，因为大型企业一般都会存在多个信息系统，而这些信息系统又相互关联。为了避免业务功能重复开发，实现最大程度的重用，有必要把业务层独立出来，让多个信息系统共享一个业务中心，这样应用就需要具备分布式能力。

目前，项目都普遍采用 MVC 三层架构。如果没有使用 EJB 应用模式，则应用框架如图 6.3.1 所示。

使用了 EJB 应用模式的框架，如图 6.3.2 所示。

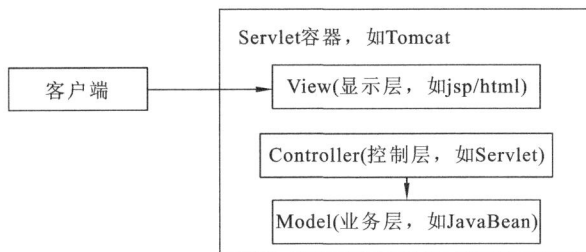

图 6.3.1 非 EJB 应用模式

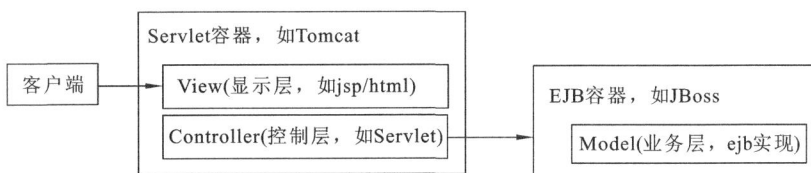

图 6.3.2 EJB 应用模式

EJB 共分为三类，分别是会话 Bean(Session Bean)，实体 Bean(Entity Bean)和消息驱动 Bean(Message-Driven Bean)。

会话 Bean 用于实现业务逻辑，它可以是有状态的，也可以是无状态的。每当客户端请求时，容器就会选择一个会话 Bean 来为客户端服务。会话 Bean 可以直接访问数据库，但更多时候，它会通过实体 Bean 实现数据访问。

实体 Bean 用于实现 O/R 映射，负责将数据库中的表记录映射为内存中的 Entity 对象，事实上，创建一个实体 Bean 对象相当于新建一条记录，删除一个实体 Bean 会同时从数据库中删除对应记录，修改一个实体 Bean 时，容器会自动将实体 Bean 的状态和数据库同步。

消息驱动 Bean 是 EJB 2.0 中引入的新的企业 Bean，它基于 JMS 消息，只能接收客户端发送的 JMS 消息然后处理。消息驱动 Bean 实际上是一个异步的无状态 Session Bean，客户端调用消息驱动 Bean 后无需等待，立刻返回，消息驱动 Bean 将异步处理客户请求。这适合于需要异步处理请求的场合，比如订单处理，这样就能避免客户端长时间的等待一个方法调用直到返回结果。

EJB 是 Sun 的服务器端组件模型，设计目标与核心应用是部署分布式应用程序。凭借 Java 跨平台的优势，用 EJB 技术部署的分布式系统可以不限于特定的平台。

注意：如果你的应用不需要分布式能力，确实没有必要使用 EJB，因为 Spring＋Hibernate 提供了大部分原来只有 EJB 才有的服务，而且 Spring 提供的有些服务比 EJB 做的更细致和周到。

6.3.2 EJB 项目与 JBoss 容器

标准的 EJB，应该提供 Home 接口、Remote 接口和一个 EJB 实例。Home 接口列出了所有定位、创建、删除 EJB 类实例的方法，Home 对象是 Home 接口的实现，EJB 类开发者必须定义 Home 接口,容器厂商应该提供从 Home 接口中产生 Home 对象实现的方法,客户端应用程序通过 Home 对象来定位、创建和删除 EJB 类的实例。

Remote 接口列出了 EJB 类中的商业方法,EJBObject 实现 Remote 接口,并且客户端通过它访问 EJB 实例的商业方法。EJB 类开发者定义 Remote 接口,容器开发商提供产生相应的 EJBObject 的方法,客户端不能得到 EJB 实例的引用,只能得到它的 EJBObject 实例的引用,当客户端调用一个方法,EJBObject 接受请求,并把它传给 EJB 实例,同时提供进程中必要的包装功能。客户端应用程序通过 EJBObject 来调用实例中的商业方法。

EJB 实例与 Remote 接口中的所有商业方法都有一个对应的实现。Remote 接口接受请求,并将请求交给 EJB 容器,EJB 容器根据请求调用 EJB 实例来完成工作。远程接口定义企业 bean 业务方法的客户视图,而本地接口定义企业级 bean 对象生存周期的客户视图,生存周期包括诸如企业级 bean 的创建和删除这类事件。

JBoss 是全世界开发者共同努力的成果,一个基于 J2EE 的开放源代码的应用服务器。因为 JBoss 代码遵循 LGPL 许可,可以在任何商业应用中免费使用它,而不用支付费用。

JBoss 是一个管理 EJB 的容器和服务器,支持 EJB 1.1、EJB 2.0 和 EJB 3.0 的规范,但 JBoss 核心服务不包括支持 Servlet/JSP 的 Web 容器,一般与 Tomcat 或 Jetty 绑定使用。

JBoss 与 Web 服务器在同一个 Java 虚拟机中运行,Servlet 调用 EJB 不经过网络,从而大大提高运行效率,提升安全性能。

以下创建一个简单的 EJB 项目。

【例 6.3.1】 EJB 项目开发与使用示例。

(1) 从官网 http://www.jboss.org/jbossas/downloads/或作者的教学网站里下载 Jboss 4.2.3.GA 版本至 D:\,然后解压到当前文件夹位置。

(2) 使用 MyElipse 的菜单"Windows→Preferences→MyEclipse→Servers→JBoss→Jboss 4.x",单击"Browse…"按钮,选择文件夹 d:\jboss-4.2.3.GA。操作如图 6.3.3 所示。

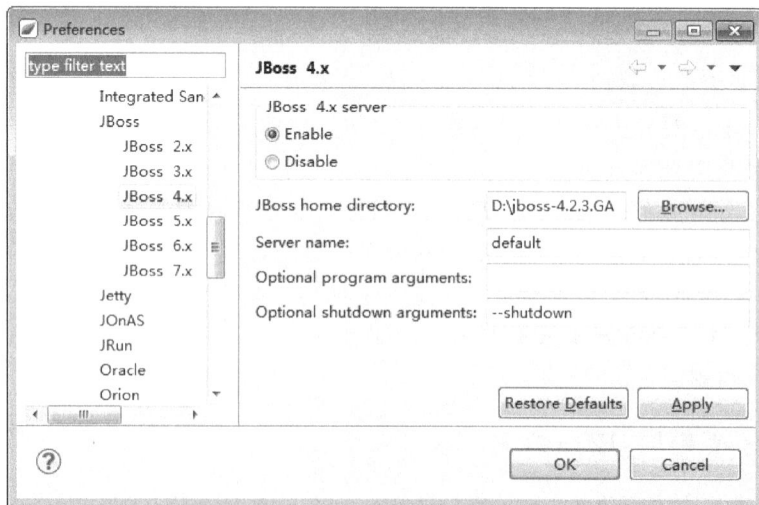

图 6.3.3 集成 Jboss 到 MyEclipse 环境中

（3）在 MyEclipse 中，使用菜单"File→New→EJB Project"，新建 EJB 项目，其项目名称为 ejb，出现如图 6.3.4 所示的对话框。

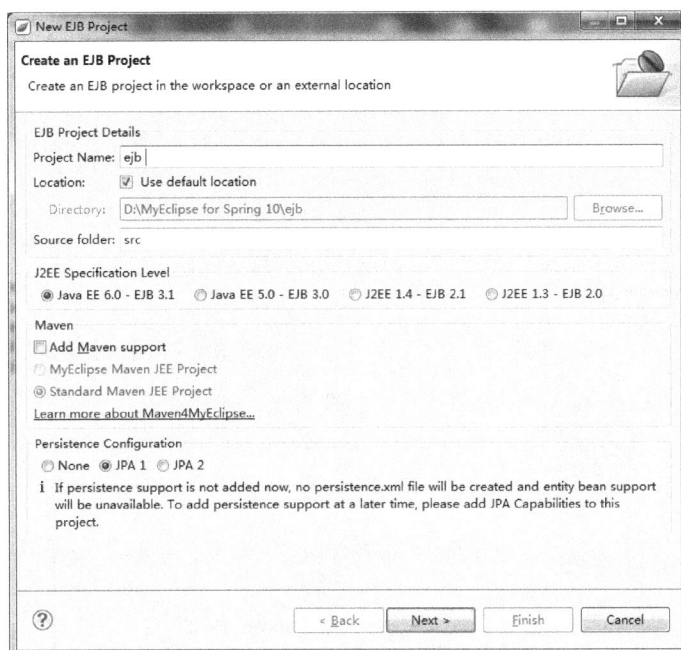

图 6.3.4　新建 EJB 项目向导之一

（4）单击"Next"按钮，出现如图 6.3.5 所示的对话框。

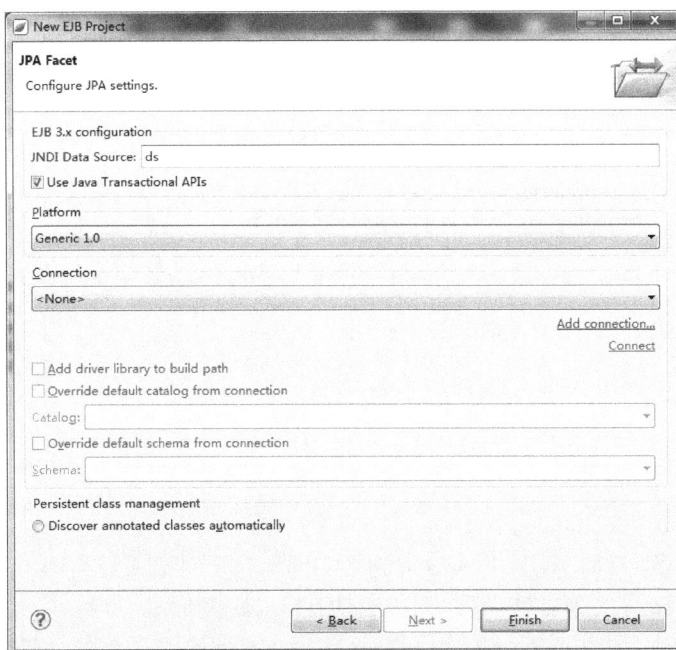

图 6.3.5　新建 EJB 项目向导之二

注意：本向导用于数据源，当含有数据库访问时需要。

（5）建立 EJB 的文件系统，如图 6.3.6 所示。

（6）SayHelloLocale.java 的源代码，如图 6.3.7 所示。

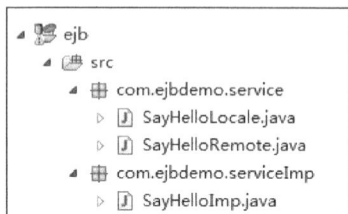

图 6.3.6　EJB 项目的文件系统

```
*SayHelloLocale.java
1  package com.ejbdemo.service;
2
3  import javax.ejb.Local;
4
5  @Local
6  public interface SayHelloLocale {
7      public String sayHello(String value);
8  }
```

图 6.3.7　源文件代码

（7）SayHelloRemote.java 的源代码，如图 6.3.8 所示。

```
*SayHelloRemote.java
1  package com.ejbdemo.service;
2
3  import javax.ejb.Remote;
4
5  @Remote
6  public interface SayHelloRemote {
7      public String sayHello(String value);
8  }
```

图 6.3.8　源文件代码

（8）实现类 SayHelloImp.java 的源文件，如图 6.3.9 所示。

```
*SayHelloImp.java
1  package com.ejbdemo.serviceImp;
2
3  import javax.ejb.Stateful;
4  import com.ejbdemo.service.SayHelloLocale;
5  import com.ejbdemo.service.SayHelloRemote;
6  @Stateful
7  public class SayHelloImp implements SayHelloLocale, SayHelloRemote {
8      @Override
9      public String sayHello(String value) {
10         // TODO Auto-generated method stub
11         return "Hello, "+value+"! ";
12     }
13 }
```

图 6.3.9　源文件代码

（9）部署 ejb 项目到 JBoss 服务器，方法与部署 JSP 网站项目类似。

（10）启动 Jboss 服务器（容器），方法启动 Tomcat 类似。

（11）启动浏览器，访问 http://locahost:8080，结果如图 6.3.10 所示。

（12）单击超链接 JMX Console 并向后查看，可以看到项目 ejb 已经成功发布的消

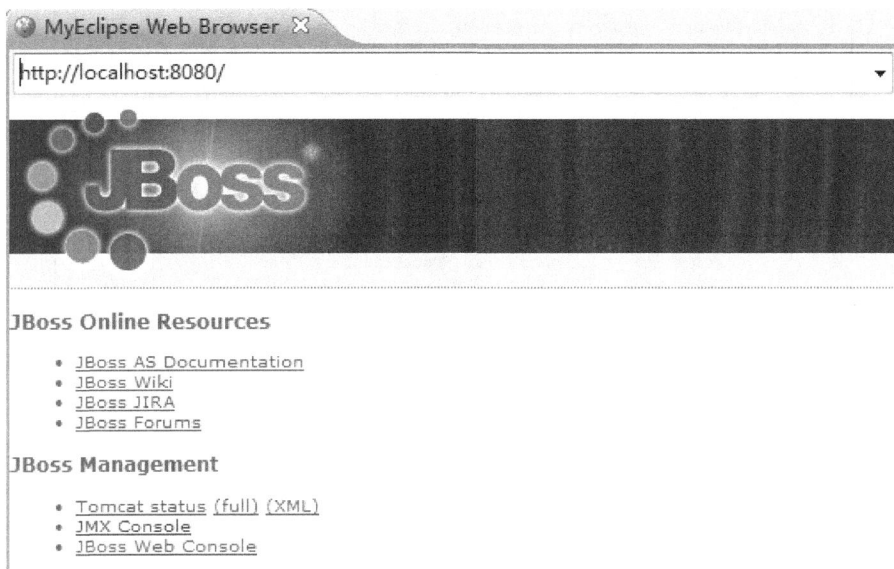

图 6.3.10 通过浏览器访问 JBoss 服务器

息,如图 6.3.11 所示。

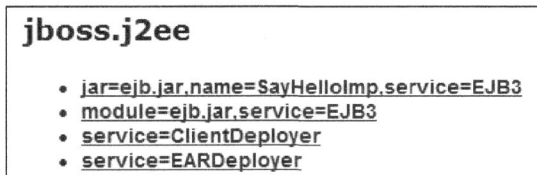

图 6.3.11 JBoss 控制台 JMX-Console 输出(部分)

(13)由于 Jboss 服务器已经占用 8080 端口,所以下面先要设置 Tomcat 服务器的端口,设置为 8088。修改服务器配置文件 Tomcat 6.0\conf\server.xml 中的通讯端口为"8088",如图 6.3.12 所示。

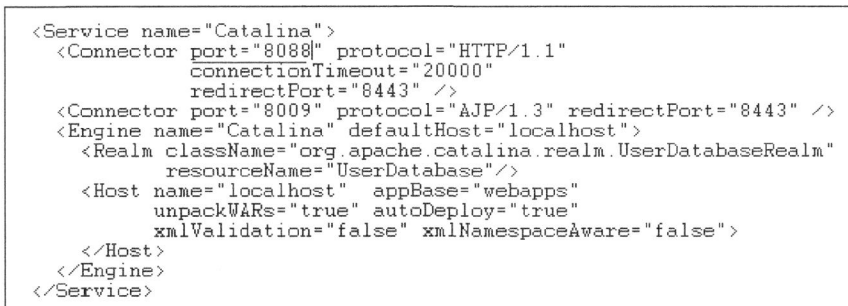

```
<Service name="Catalina">
  <Connector port="8088" protocol="HTTP/1.1"
             connectionTimeout="20000"
             redirectPort="8443" />
  <Connector port="8009" protocol="AJP/1.3" redirectPort="8443" />
  <Engine name="Catalina" defaultHost="localhost">
    <Realm className="org.apache.catalina.realm.UserDatabaseRealm"
           resourceName="UserDatabase"/>
    <Host name="localhost"  appBase="webapps"
          unpackWARs="true" autoDeploy="true"
          xmlValidation="false" xmlNamespaceAware="false">
    </Host>
  </Engine>
</Service>
```

图 6.3.12 修改 Tomcat 服务器的端口

(14)新建 Web 项目,名称 ejb_test,编辑测试页面 index.jsp,其内容如图 6.3.13 所示。

```
 1 <%@page import="javax.naming.NamingException"%>
 2 <%@page import="com.ejbdemo.service.SayHelloRemote"%>
 3 <%@ page import="javax.naming.InitialContext"%>
 4 <%@ page language="java" import="java.util.*" pageEncoding="UTF-8"%>
 5 <!DOCTYPE HTML PUBLIC "-//W3C//DTD HTML 4.01 Transitional//EN">
6⊖<html>
7⊖<head>
 8 <title>My JSP 'index.jsp' starting page</title>
 9 </head>
10⊖<body>
11⊖    <%
12         Properties properties = new Properties();
13         properties.setProperty("java.naming.factory.initial",
14                 "org.jnp.interfaces.NamingContextFactory");
15         properties
16                 .setProperty("java.naming.provider.url", "localhost:1099");
17         InitialContext context = null;
18         try {
19             context = new InitialContext(properties);
20             for (int i = 0; i < 3; i++) {
21                 SayHelloRemote hs = (SayHelloRemote) context
22                         .lookup("SayHelloImp/remote");
23                 out.println(hs.sayHello("EJB3"));
24             }
25         } catch (NamingException e) {
26             e.printStackTrace();
27         }
28     %>
29 </body>
30 </html>
```

图 6.3.13　测试文件 index.jsp 的源代码

（15）将 ejb 项目中的远程接口 SayHelloRemote.java 导出为 jar 包(操作方法是：右击项目里的 SayHelloRemote.java 文件→Export→Java→JAR file)，并将该 jar 包导入到测试的 Web 项目 ejb_test 中去。在使用 jboss4.2 服务器的时候，我们还要把位于 jboss 服务器中 client 文件夹中的 jbossall-client.jar 包一并导入到该 Web 项目中。完成后的文件系统，如图 6.3.14 所示。

（16）部署 Web 项目 ejb_test 后启动 Tomcat 服务器，并在浏览器里浏览，其效果如图 6.3.15 所示。

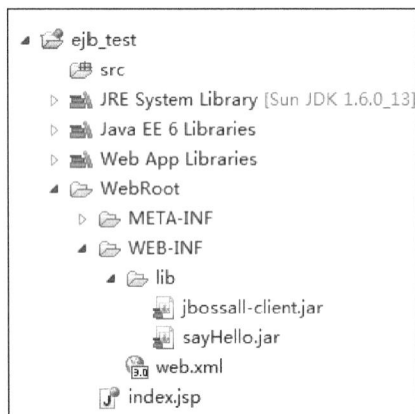

图 6.3.14　复制运行所需要的 jar 包

图 6.3.15　项目浏览效果

习　题　6

一、判断题

1. 改变传统的纯 JSP 开发模式,就是要求用户创建业务逻辑类。

2. 在 JSP 页面中使用<jsp:useBean>动作标签,本质上也是创建类的实例。

3. 在 JSP 页面中使用 JavaBean 前,需要在 web.xml 文件中进行配置。

4. 在 JSP 页面中,获取表单提交的信息,只能使用 request.getParameter()方法。

5. EJB 项目与 Web 项目,使用相同的容器。

二、选择题

1. 关于 JavaBean 的手工开发和集成开发(指 MyEclipse)的说法中,不正确的是＿＿＿＿＿。

    A. 手工开发需要开发者调用 Java 编译程序进行编译,而集成环境是自动编译的(保存即自动编译)

    B. 集成开发时,JavaBean 中的访问方法 Getter 和 Setter 可以自动生成

    C. Web 项目发布后的文件系统中,不包含 JavaBean 源代码

    D. 两种环境都需要手动创建 WEB-INF 和 classes 文件夹

2. 关于 JavaBean 和 Java 类的说法中,不正确的是＿＿＿＿＿＿。

    A. JavaBean 是一种特殊的 Java 类

    B. JavaBean 用于封装数据和业务逻辑

    C. JavaBean 能实现代码重用

    D. JavaBean 的有效范围不可设定

3. JavaBean 作用范围最小的是＿＿＿＿＿＿。

    A. page   B. request   C. session   D. application

4. 在 JSP 页面里,创建 JavaBean 实例的方法是使用＿＿＿＿＿＿。

    A. new   B. <jsp:setProperty>

    C. <jsp:getProperty>   D. <jsp:useBean>

5. 在 JSP 页面中使用<jsp:forward>或者<jsp:include>时,为了实现第二页面能接收第一个 JSP 中的 JavaBean 实例对象,则在第一个 JSP 页面中创建 JavaBean 实例对象时应指定 scope 属性为＿＿＿＿＿＿。

    A. page   B. request   C. session   D. application

三、填空题

1. 按功能划分,JavaBean 能实现业务封装和＿＿＿＿＿＿封装。

2. 项目使用 JavaBean 时,JavaBean 必须存放在 Tomcat\webapps 下的＿＿＿＿＿＿文件夹里。

3. 在 MyEclipse 中快速生成类属性的 set/get 方法，可使用右键菜单中的_____
菜单项。

4. 对数据库的增加、删除和修改操作，都是使用 Statement 的_____方法。

5. 在 JSP 页面中，使用＜jsp：useBean＞创建 JavaBean 实例时，通过_____属性设
置其作用域。

实验 6　JavaBean 与 MV 开发模式

一、实验目的

1. 掌握纯 JSP 开发与 MV 模式开发的区别；
2. 掌握使用 JavaBean 封装数据和封装业务逻辑的定义方法；
3. 掌握 JavaBean 与表单交互的使用方法；
4. 掌握在 JSP 页面中使用 JavaBean 的多种使用方法；
5. 掌握 JavaBean 的手工开发环境和集成开发环境的差别；
6. 了解 EJB 项目和 JBoss 容器的使用。

二、实验内容及步骤

【预备】访问 http://www.wustwzx.com/jsp_sy/index.html,下载本次实验内容的源代码(压缩文件)并解压,得到文件夹 ch06,供下面的实验使用。

1. 输入三角形的三个边,输出相应的三角形的面积(手工开发环境)。
   (1) 将文件夹 ch06 里的子文件夹 ch06_1 复制到 Tomcat\webapps 文件夹里。
   (2) 启动 Apache Tomcat 服务器。
   (3) 访问 http://localhost:8080/sy06/Triangle1.jsp,输入一组合法的数据(如 3,4,5),测试页面的功能。
   (4) 查看 Triangle1.jsp 中的表单代码和表单处理代码,即 Triangle1.jsp 本身既是表单页面又是表单处理页面。
   (5) 查看 Triangle1.jsp 页面中创建与使用 JavaBean 的方法。
   (6) 查看 Triangle2.jsp 页面的源代码可知,是将 JavaBean 作为普通的类来使用的,即在 Java 脚本中使用 new 创建类的实例,而没有使用 JSP 的动作标签<jsp:useBean>。
   (7) 与教材上例 5.3.1 比较,总结纯 JSP 开发与使用 MV 模式开发的不同。

2. 使用 JavaBean 实现的用户登录系统(用户名及密码含于页面里,集成开发环境)。
   (1) 运行 MyEclipse,从刚才解压文件夹里导入项目 ch06_2。
   (2) 查看项目文件系统,主要查看 src 文件夹和 WebRoot 文件夹。
   (3) 在 MyEclipse 中部署项目后,查看 Tomcat 6.0\webapps\ch06_2 项目文件系统,主要是 Tomcat 6.0\webapps\ch06_2\WEB-INF\classes\bean\User.class 文件和 Tomcat 6.0\webapps\ch06_2*.jsp 文件。

3. 用户登录系统(用户名及密码含于数据库表里,集成开发环境)。
   (1) 在 MyEclipse 中,从刚才解压文件夹里导入项目 ch06_3。
   (2) 查看项目的文件系统。
   (3) 查看用于封装数据的 JavaBean 源文件 User.java 的代码。
   (4) 查看用于封装业务逻辑的 JavaBean 的源文件 sqlBean.java 的代码。
   (5) 部署项目,启动 Web 服务器。

  （6）打开浏览器，浏览项目中的 login. jsp 页面。分别错误的信息（如 qq 和 123）和正确的信息（如 wzx 和 888888）进行验证。

  （7）使用 Windows 的管理工具或在命令行方式下停止 MySQL 服务，再次浏览项目中的 login. jsp 页面，从 MyEclipse 的控制台查看运行时的错误信息。

  （8）启动 MySQL 服务。

4. EJB 项目开发。

  开发 EJB 项目的具体步骤，详见例 6.3.1。下面只实践项目部署后的运行方法。

  （1）下载 JBoss-4.2.3. GA，解压至 D:\。

  （2）复制部署后的 Web 项目 ejb_test 至 Tomcat 6\webapps 里。

  （3）运行 D:\JBoss-4.2.3. GA\bin\run. bat，启动 JBoss 容器。

  （4）修改 Tomcat 6\conf\server. xml 中访问端口 8080 为 8088。

  （5）启动 Tomcat 服务器。

  （6）打开浏览器，访问 http://localhost:8088/ejb_test。

  （7）还原 Tomcat 6\conf\server. xml 中访问端口为 8080。

三、实验小结及思考

（由学生填写，重点写上机中遇到的问题）

第 7 章   Servlet 及其在 MVC 开发模式中的应用

Servlet 是 Java Web 中的重要组件，与 JSP 一样，都能完成 Web 应用开发。实际上，Servlet 是按 Servlet 规范编写的一个特殊的 Java 类，运行于 Web 服务器端，没有 main()方法，不是由用户或程序员调用，而是由它的容器(如 Tomcat)调用。在流行的 MVC 开发模式中，Servlet 充当控制器。此外，还有两种特殊类型的 Servlet——监听器和过滤器。本章学习要点如下：

- 掌握 Servlet 的基本特征；
- 掌握 Servlet 程序的几种开发方法；
- 理解线程和进程等重要概念；
- 掌握 Servlet 的生命周期及工作原理；
- 掌握 Servlet 处理表单的方法；
- 掌握 Servlet 监听器和 Servlet 过滤器的应用；
- 掌握客户端跳转与服务器端跳转的差别；
- 掌握 Servlet 在 MVC 开发模式中的应用。

7.1 Servlet 概述

7.1.1 Servlet 作为特殊的 Java 类

Servlet 是使用 Java 语言编写的服务器端小程序，没有 main()方法，不是由用户或程序员调用，而是由另一个称为容器(如 Tomcat)的应用程序调用，可以像 JSP 一样生成动态的 Web 页。

一个 Servlet 就是一个 Java 类，Servlet 处理的基本流程如下：

(1) 客户端(Web 浏览器)通过 HTTP 发出请求。

(2) Web 服务器接收该请求并发给 Servlet。如果这个 Servlet 尚未加载，Web 服务器将它加载到 Java 虚拟机并执行。

(3) Servlet 程序将接收该 HTTP 请求并执行某种处理。

(4) Servlet 将处理后的结果向 Web 服务器返回应答。

(5) Web 服务器将从 Servlet 收到的应答发回给客户端。

注意：(1) 一个 Servlet 在使用前，需要编译并在 web. xml 中通过<url-pattern>标签配置其访问名称。

(2) 使用功能来说，Servlet 可有两种特殊形式，即 Servlet 监听器和 Servlet 过滤器(详见第 7.4 节)。

7.1.2 Servlet 与 JSP 之间的关系

Servlet 和 JSP 都能完成 Java Web 应用的开发，但 JSP 更擅长于页面的表示，而

Servlet 更擅长编写大量的程序流程控制和业务逻辑。最好的方式是结合两者共同完成。

JSP 完成的功能一般能用 Servlet 完成,但是,Servlet 具备有很多 JSP 不具备的功能,Servlet 主要功能是处理 http 请求与响应。

从前面的学习,我们知道,JSP 文件可以包含 Java 代码,即 JSP 是含有 Java 代码的确 HTML 文件。另一方面,在转译 JSP 页面时,其 HTML 代码被作为输出对象的方法的参数,即 Servlet 源文件是含有 HTML 代码的 Java 代码。

7.1.3 Servlet 容器及其工作原理

从第 4.3.5 小节,我们知道,Tomcat 是作为 Servlet 容器。任何一个 Servlet,都有一定的生命周期。Servlet 程序是一个特殊的类,标准的 Servlet 程序实现了 javax.servlet.Servlet 接口中的 5 个方法(参见第 7.2.3 小节)。一个简单的 Servlet 示例程序的源代码,如图 7.1.1 所示。

```
package servlet;  //

import java.io.IOException;
import java.io.PrintWriter;   //

import javax.servlet.Servlet;    //
import javax.servlet.ServletConfig;
import javax.servlet.ServletException;
import javax.servlet.ServletRequest;
import javax.servlet.ServletResponse;

public class Servlet1 implements Servlet{  //实现Servlet接口

        public void init(ServletConfig parm1)
                    throws ServletException{
                //TODO:Add your code here
                System.out.println("init it");  //向控制台（后台）输出
        }

    //获取Servlet配置信息
    public ServletConfig getServletConfig(){
                //TODO:Add your code here
                return null;
        }

        //service()方法用于处理业务逻辑，每当用户访问该Servlet时都会被调用
        public void service(ServletRequest req,ServletResponse res)
                    throws ServletException,IOException{
                //TODO:Add your code here
                System.out.println("service it");  //向控制台（后台）输出
                PrintWriter pw=res.getWriter();  //向浏览器（前台）输出
                pw.println("Hello,Servlet");
        }

        public String getServletInfo(){  //获取Servlet信息
                //TODO:Add your code here
                return null;
        }

        //销毁Servlet实例（释放内存），当重新装入加载Servlet或关闭Tomcat时发生
        public void destroy(){
                //TODO:Add your code here
                System.out.println("destroy!");//向控制台（后台）输出
        }
}
```

图 7.1.1 一个 Servlet 示例程序

在 MyEclipse 中,先部署该 Servlet 所在的 Web 项目,然后启动 Tomcat 6.0 服务器,通过浏览器请求该 Servlet 时,有如下动作产生:

(1) 执行 init()方法一次,完成该 Servlet 在内存中的初始化工作,在控制台中显示信息"init it"。

（2）执行 service()方法，在控制台中显示信息"service it"。

（3）当有新的用户请求当前的 Servlet 时，将直接调用执行服务器内存中该 Servlet 的 service()，而不重新从外存加载。此外，在控制显示条信息"service it"。

（4）Tomcat 当管理员停止该 Servlet 所在的 Web 项目或者关闭 Web 服务器时，将从 Web 服务器内存中销毁该 Servlet，此时，控制台输出信息"destroy!"。

一个反映 Servlet 生命周期的控制台输出和浏览器输出效果，如图 7.1.2 所示。

```
http://localhost:8080/ch07m/servlet/Servlet1


Hello,Servlet


信息: Server startup in 19150 ms
init it
service it
service it
service it
2013-8-1 14:30:21 org.apache.coyote.http11.Http11Protocol pause
信息: Pausing Coyote HTTP/1.1 on http-8080
2013-8-1 14:30:22 org.apache.catalina.core.StandardService stop
信息: Stopping service Catalina
destroy!
2013-8-1 14:30:29 org.apache.catalina.core.ApplicationContext log
信息: Closing Spring root WebApplicationContext
2013-8-1 14:30:30 org.apache.coyote.http11.Http11Protocol destroy
信息: Stopping Coyote HTTP/1.1 on http-8080
```

图 7.1.2　反映 Servlet 生命周期的控制台输出

图 7.1.2 表明，在第一次运行 Servlet 程序后，该程序后来又被请求了两次（如刷新页面两次），最后停止 Tomcat 服务器。实际上，后来无论请求多少次，都不会再执行初始化方法 init()。

注意：虽然 Servlet 和 JavaBean 都是特殊的类，但使用上的一个差别是：当 Tomcat 管理员使用 Reload 重载项目时，不会清除已经加载的 Servlet，这与 JavaBean 类不同。

7.2　使用 Servlet 组件中的常用类与接口

在 MyEclipse for Spring 10 集成环境中，新建 Java Web 项目的 Servlet 时，需要使用的 jar 包文件 javax. servlet. jar，它提供了两个重要的软件包 javax. servlet 和 javax. servlet. http，用于 Servlet 开发的类与接口分别含于这两个软件包里，软件层次如图 7.2.1 所示。

手工开发 Servlet 时，需要引用外部的存放在 Tomcat6. 0\lib 里 jar 包文件 servlet-api. jar，该 jar 包也含有上面的两个常用的软件包。

注意：Servlet 源程序需要编译并存放至特定的文件夹后才能使用。手工编译 Servlet 时，需要在环境变量 classpath 中指定 servlet-api. jar 的路径，而在集成环境 MyEclipse 中不需要（参见第 7.3 节）。

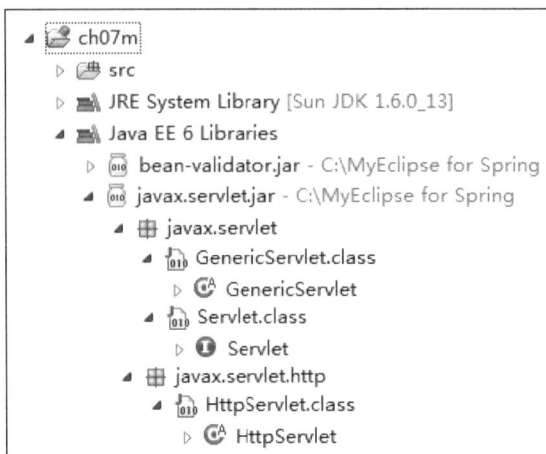

图 7.2.1　MyEclipse 10 中 Servlet.jar 包及软件包中的相关接口和类

7.2.1　开发 Servlet 的基础接口和类

用于 Servlet 开发的常用类与接口,可以功能进行如下的分类。

- Servlet 实现相关:定义了用于实现 Servlet 相关的类与接口。
- 请求和响应相关:用于对客户端的请求做出响应。
- 会话跟踪:用于跟踪与客户端的会话。
- Servlet 上下文接口:实现全局数据共享。
- Servlet 协作:通过 RequestDispatcher 接口,实现转发。
- Servlet 配置相关:主指 ServletConfig 接口。
- Servlet 异常相关:主指 Servlet API 中定义的 ServletException 异常。
- 过滤:过滤请求响应的 API 接口。
- 其他类:Cookie 和 HttpUtils 类。

1. HttpServletRequest 接口

软件包 javax.servlet.http 中的接口 HttpServletRequest,其最常用的方法是获取请求中的参数。实际上,Servlet 内置对象 request 就是实现该接口的一个实例,具有与 JSP 内置对象 request 相同的方法。

注意:(1) 在 JSP 页面设计时通例用若干内置对象,但是在 Servlet 中,不能直接使用 JSP 中的那些内置对象,需要使用 Servlet 提供的若干接口,通过使用接口方法得到类似于 JSP 内置对象的对象。

(2) http 请求对象,在 Servlet 中也是由容器自动产生的(与 JSP 内置对象 request 相同),参见图 7.1.1 中 service()方法中的接口参数 res。

2. HttpServletResponse 接口

软件包 javax.servlet.http 中的接口 HttpServletResponse 代表了对客户端的 http 响应,在 Servlet 中,该接口的实例对象与 JSP 内置对象 response 作用相同。

注意：http 响应对象，在 JSP 和 Servlet 中也是由容器自动产生的。

3. HttpSession 接口与会话跟踪

软件包 javax. servlet. http 中的接口 HttpSession 代表会话跟踪，与 JSP 内置对象 session 相对应。

在 Servlet 中，需要按照如下方法创建接口的实例化对象后才能使用。

```
HttpSession session=request.getSession();　//创建 session 对象
```

与会话相关的一个类是 HttpSessionEvent，表示会话事件。

接口 HttpSession 和类 HttpSessionEvent 所在的软件层次，如图 7.2.2 所示。

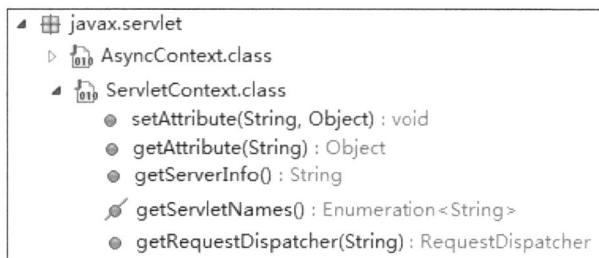

注意：JSP 网站在线人数的统计，参见例 7.4.2，分别使用了接口 HttpSession 和类 HttpSessionEvent。

4. 表示上下文内容接口 ServletContext

软件包 javax. servlet. http 中的接口 ServletContext，代表上下文内容。在 Servlet 开发中，使用 ServletContext，可实现多个用户的 Web 应用维持一个状态，在多个应用程序之间共享数据。ServletContext 接口与 JSP 内置对象 application 相对应。

在 Servlet 程序中，通过 this. getServletContext()方法，可以获得由容器自动封装的具有 ServletContext 接口类型的并代表上下文的实例对象。

接口 ServletContext 所在的软件层次及其主要方法，如图 7.2.3 所示。

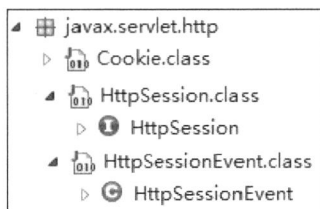

图 7.2.2　HttpSession 和 HttpSessionEvent 所在的软件层次　　图 7.2.3　Servlet 中表示上下文的接口及其主要方法

注意：（1）Servlet 作用域从小到大是这样排列的：page，request，session，pageContext。

（2）在 JSP 页面转译为 Servlet 的源文件中（参见第 4.3.4 小节），可以看到与上下文相关的信息，如图 7.2.4 所示。

```
pageContext = _jspxFactory.getPageContext(this, request, response,
        null, true, 8192, true);
_jspx_page_context = pageContext;
application = pageContext.getServletContext();
config = pageContext.getServletConfig();
session = pageContext.getSession();
out = pageContext.getOut();
_jspx_out = out;
```

图 7.2.4　JSP 转变为 Servlet 时与上下文相关的信息

软件包 javax. servlet. http. jsp 中的抽象类 PageContext,代表上下文内容,其软件层次和主要方法如图 7.2.5 所示。

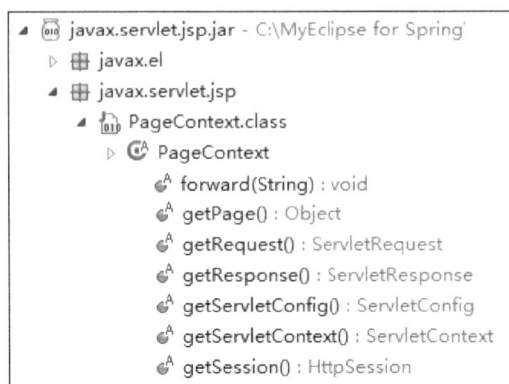

图 7.2.5　抽象类 PageContext 所在的软件层次及其主要方法

5. 请求转发接口 RequestDispatcher 及其相关接口与类

RequestDispatcher 接口可以通过使用方法 forward( )把一个请求转发到另一个 Servlet 或 JSP(其至是 HTML 页面),所以,也称它为 Servlet 协作,在 JSP 网站发中经常使用。

ServletConfig 接口表示 Servlet 配置,包括 Servlet 名称、Servlet 初始化参数和 Servlet 上下文,还提供了 getServletContext( )方法以获得上下文接口 ServletContext 类型的实例对象,与 JSP 内置对象 config 相对应。

RequestDispatcher 接口和 ServletConfig 接口所在的软件层次,如图 7.2.6 所示。

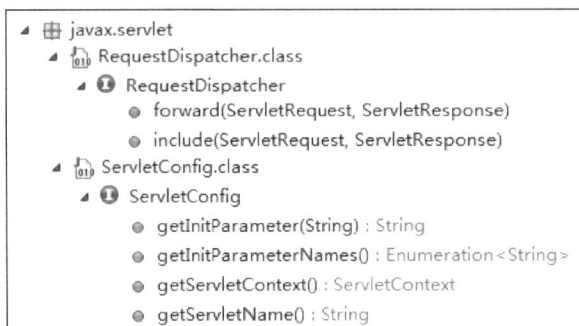

图 7.2.6　ServletConfig 接口及其方法

RequestDispatcher 接口类型的对象,可以由 Servlet 请求对象或 ServletContext 接口类型的对象的 getRequestDispacher( )获得,并以转发的页面作为参数。

总之,当 Servlet 以 request 和 response 作为方法参数时,通过转发器(即 RequestDispatcher 接口类型的对象)实现转发,有如下两种用法:

```
RequestDispatcher r=getServletContext().getRequestDispacher ("目标页面");
r.forward(request,response);
```

或

```
ServletContext sc= this.getServletConfig().getServletContext();
RequestDispatcher r=sc.getRequestDispacher ("目标页面");
r.forward(request,response);
```

7.2.2　在集成环境中开发 Servlet 前的准备

在集成环境中新建 Web 项目时，首次使用继承类 HttpServlet（或 GenericServlet）在 MyEclipse 开发 Servlet 时，会出现警告性错误，如图 7.2.7 所示。

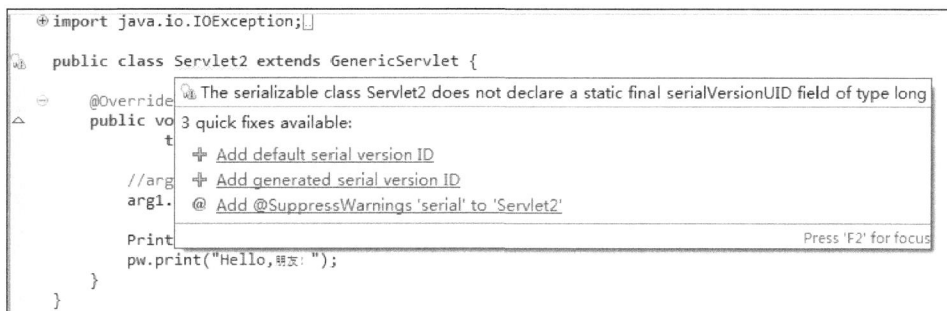

图 7.2.7　未系列化类的警告提示

为了避免出现与对象序列化有关的警告，一般应使用 MyEclipse 菜单"Windows → Preferences"，依次选择 Java → Compiler → Error/Warnings → Potential Programming problems，将 Serializable class without serialVersionUID 的 warning 设置成 ignore，操作如图 7.2.8 所示。

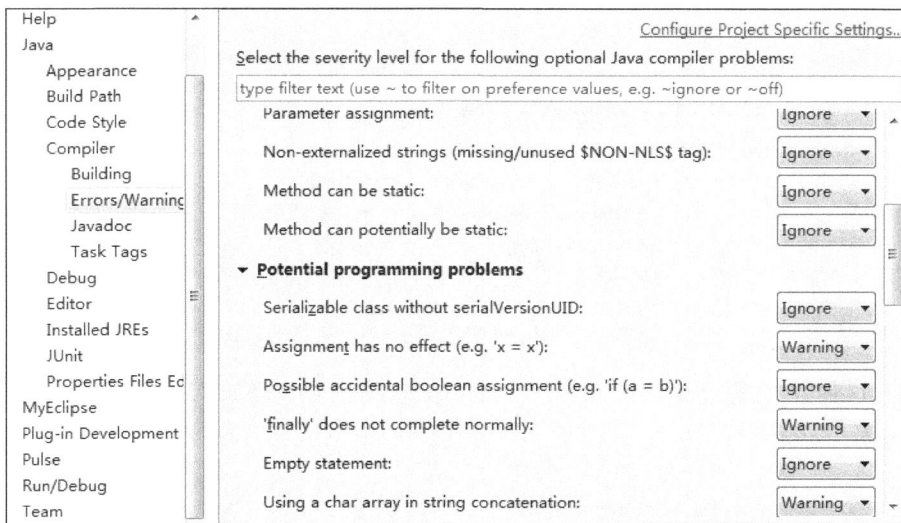

图 7.2.8　取消未系列化类的警告提示

7.2.3　实现 Servlet 接口

任何 Servlet，都必须直接或间接实现位于 javax.servlet 软件包中的 Servlet 接口，该接口定义的方法,如图 7.2.9 所示。

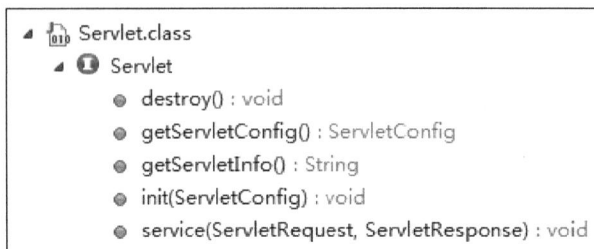

图 7.2.9　Servlet 接口需要实现的方法

在 MyEclipse 中以实现 Servlet 接口方式新建一个 Servlet 时,其对话框中所要勾选的选项,如图 7.2.10 所示。

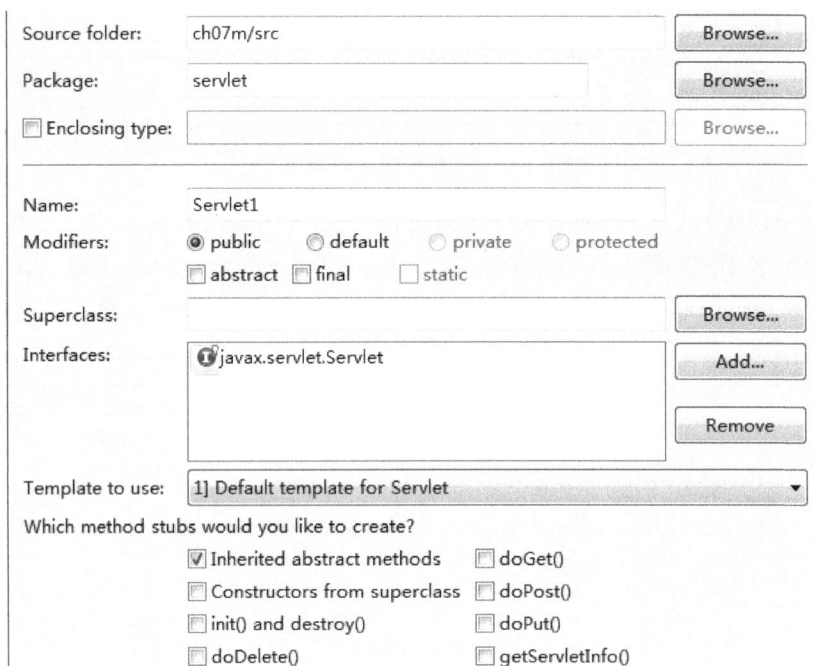

图 7.2.10　MyEclipse 中实现 Servlet 接口的对话框

通过这种方式,自动生成的源文件 Servlet1.java 框架代码如下。

```
package servlet;    //打包

import java.io.IOException;

import javax.servlet.Servlet;    //引入包类
import javax.servlet.ServletConfig;
import javax.servlet.ServletException;
import javax.servlet.ServletRequest;
```

```
import javax.servlet.ServletResponse;
public class Servlet1 implements Servlet {    //实现

    @Override
    public void destroy() {       //销毁
        // TODO Auto-generated method stub
    }

    @Override
public ServletConfig getServletConfig() {
        // TODO Auto-generated method stub
        return null;
    }

    @Override
    public String getServletInfo() {
        // TODO Auto-generated method stub
        return null;
    }

    @Override     //初始化
    public void init(ServletConfig arg0) throws ServletException {
        // TODO Auto-generated method stub
    }

    @Override     //主要的服务方法
    public void service(ServletRequest arg0, ServletResponse arg1)
            throws ServletException, IOException {
        // TODO Auto-generated method stub
    }
}
```

从上面编程的框架中，可知 Servlet1.java 程序要实现 Servlet 接口中定义的 5 个方法，其中，用户主要写 service()方法。在 Servlet 示例程序图 7.1.1 中，service()方法的定义如下。

```
public void service(ServletRequest arg0, ServletResponse arg1)
throws ServletException, IOException {
    // TODO Auto-generated method stub
    System.out.println("service it");   //向控制台(后台)输出
    PrintWriter pw=arg1.getWriter();    //向浏览器(前台)输出
    pw.println("Hello,World");
}
```

注意：(1) service()方法包含的两个接口类型的参数 arg0 和 arg1,分别代码请求/响应对象,它们分别与 JSP 的内置对象 request 和 response 相对应(具有相同的方法),这两个对象由容器自动产生。其中,arg0 对应图 7.1.1 中的 req,arg1 对应图 7.1.1 中的 res。

(2) PrintWriter 类用于向浏览器窗口输出信息,因为它含有 java.io 软件包内。所以,在程序的开头,需要使用 import 命令引入包(类)。

(3) 在 Servlet 中,向控制台输出,使用命令 System.out.println()。

(4) 向客户输出的信息中,若包含中文,则需要设置响应编码,参见第 7.3.1 小节。

(5) Servlet 程序需要在 web.xml 中配置后才能使用,配置方法参见第 7.3 节。

(6) 在实现 Servlet 接口的对话框中,不能勾选"init() and destroy()"选项。否则,在确定后,不能正确完成 Servlet 源代码架构的生成,并出现如图 7.2.11 所示的错误信息。

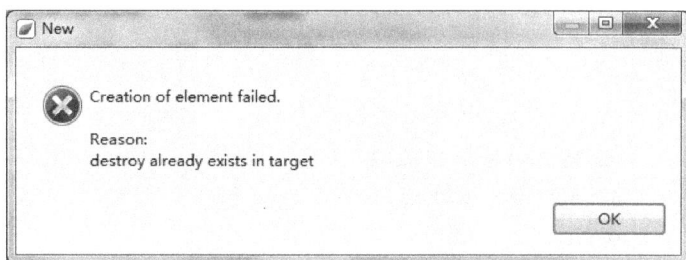

图 7.2.11　在 MyEclipse 中生成实现 Servlet 接口程序框架时的错误

7.2.4　继承 GenericServlet 抽象类

位于软件包 javax.servlet 里的抽象类 GenericServlet,实现了对 Servlet 接口的基本实现,因此,只需要在 GenericServlet 派生类中直接或间接实现 GenericServlet 类的 service()方法。抽象类 GenericServlet 定义的方法,如图 7.2.12 所示。

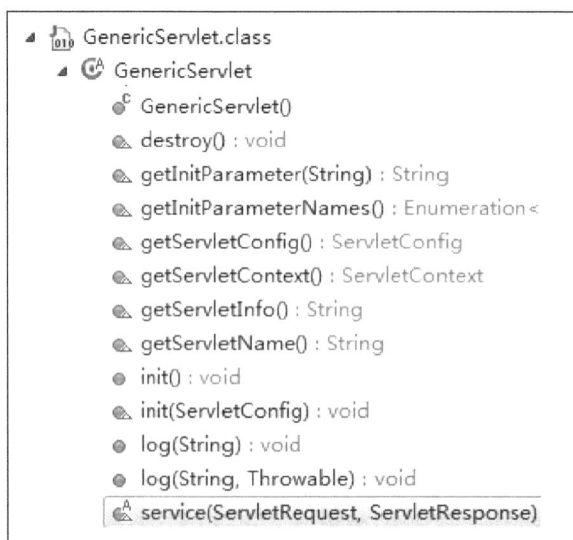

图 7.2.12　抽象类 javax.servlet.GenericServlet 的方法

在集成环境新建继承类 GenericServlet 的 Servlet 时，其对话框设置，如图 7.2.13 所示。

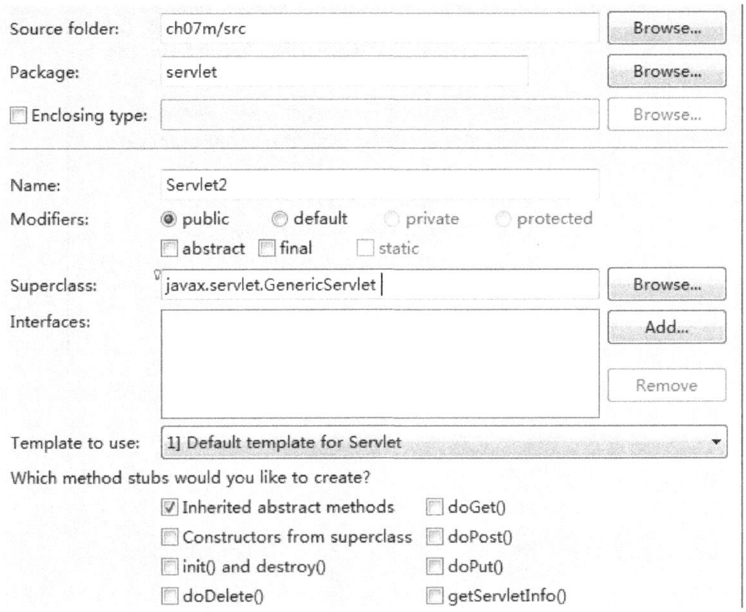

图 7.2.13　通过继承 GenericServlet 开发 Servlet 的对话框

生成后 Servlet 程序 Servlet2.java 的源代码，如图 7.2.14 所示。

```
package servlet;

import java.io.IOException;
import java.io.PrintWriter;

import javax.servlet.GenericServlet; //
import javax.servlet.ServletException;
import javax.servlet.ServletRequest;
import javax.servlet.ServletResponse;

public class Servlet2 extends GenericServlet {

        @Override
        public void service(ServletRequest arg0, ServletResponse arg1)
                        throws ServletException, IOException {
                // TODO Auto-generated method stub
        }
}
```

图 7.2.14　通过继承 GenericServlet 类生成的设计框架

注意：使用本方法开发 Servlet，也是只需要重写 service() 方法。

7.2.5　继承 HttpServlet 抽象类

开发一个处理 HTTP 请求的 Servlet 程序，还可以通过继承抽象类 HttpServlet 的方式实现。抽象类 HttpServlet 定义的方法，如图 7.2.15 所示。

在集成环境中新建继承类 HttpServlet 的 Servlet 时，其对话框设置，如图 7.2.16 所示。

图 7.2.15　抽象类 javax.servlet.HttpServlet 的方法

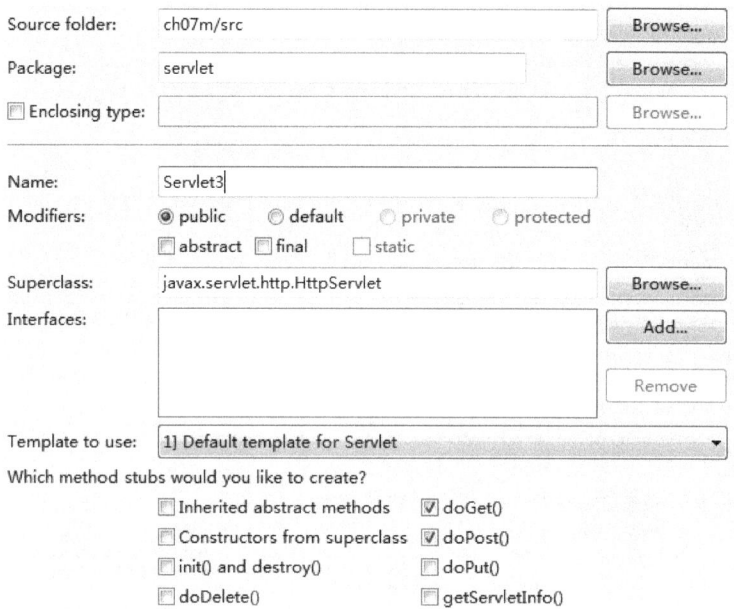

图 7.2.16　通过继承 javax.servlet.http.Servlet 类开发 Servlet

生成的源程序文件 Servlet3.java 代码如下。

```
package servlet;

import java.io.IOException;
import java.io.PrintWriter;

import javax.servlet.ServletException;
import javax.servlet.http.HttpServlet;
import javax.servlet.http.HttpServletRequest;
```

```
import javax.servlet.http.HttpServletResponse;

public class Servlet3 extends HttpServlet {

    /**
     *  The doGet method of the servlet. <br>
     *
     *  This method is called when a form has its tag value method equals
to get.
     *
     *  @param request the request send by the client to the server
     *  @param response the response send by the server to the client
     *  @throws ServletException if an error occurred
     *  @throws IOException if an error occurred
     */
    public void doGet (HttpServletRequest request, HttpServletResponse
response)
            throws ServletException, IOException {

        response.setContentType("text/html");
        PrintWriter out=response.getWriter();
         out. println ( " <! DOCTYPE HTML PUBLIC \"-//W3C//DTD HTML 4. 01
Transitional//EN\"> ");
        out.println("<HTML> ");
        out.println("<HEAD><TITLE>A Servlet</TITLE></HEAD> ");
        out.println("  <BODY> ");
        out.print("    This is ");
        out.print(this.getClass());
        out.println(", using the GET method");
        out.println("  </BODY> ");
        out.println("</HTML> ");
        out.flush();
        out.close();
    }

    /**
     *  The doPost method of the servlet. <br>
     *
     *  This method is called when a form has its tag value method equals to
post.
     *
     *  @param request the request send by the client to the server
     *  @param response the response send by the server to the client
```

```
 *  @throws ServletException if an error occurred
 *  @throws IOException if an error occurred
 */
public void doPost (HttpServletRequest request, HttpServletResponse
response)
        throws ServletException, IOException {

    response.setContentType("text/html");
    PrintWriter out=response.getWriter();
    out. println ( " <! DOCTYPE  HTML  PUBLIC  \"-//W3C//DTD HTML  4. 01
Transitional//EN\"> ");
    out.println("<HTML> ");
    out.println("  <HEAD><TITLE>A Servlet</TITLE></HEAD> ");
    out.println("  <BODY> ");
    out.print("    This is ");
    out.print(this.getClass());
    out.println(", using the POST method");
    out.println("  </BODY> ");
    out.println("</HTML> ");
    out.flush();
    out.close();
    }
}
```

这种方式创建的 Servlet,需要重写以 doGet()方法和 doPost()方法。其中,doGet()
方法用于处理表单 form 的 GET 请求(客户端浏览器地址栏发出的请求也属于 GET 请
求),doPost()方法用于处理表单 form 的 POST 请求(通过表单提交发出的请求通常使用
POST 请求)。

特别地,当 Servlet 中响应两种请求的内容相同时,可以只写一个方法,然后在另一个
方法调用,这样就减少了代码冗余。一个使用继承类 GenericServlet 开发的 Servlet 示例
代码,如图 7.2.17 所示。

```
package servlet;  //

import java.io.IOException;
import java.io.PrintWriter;  //

import javax.servlet.ServletException;
import javax.servlet.http.HttpServlet;  //
import javax.servlet.http.HttpServletRequest;
import javax.servlet.http.HttpServletResponse;
public class Servlet3 extends HttpServlet {
    public void doGet(HttpServletRequest request, HttpServletResponse response)
            throws ServletException, IOException {
        response.setContentType("text/html");
        PrintWriter out = response.getWriter();
        out.println("<!DOCTYPE HTML PUBLIC \"-//W3C//DTD HTML 4.01 Transitional//EN\">");
        out.println("<HTML>");
        out.println("  <HEAD><TITLE>A Servlet</TITLE></HEAD>");
        out.println("  <BODY>");
        out.print(this.getClass());  //输出当前运行的类的信息（类名和所在的包名）
        out.println("  </BODY>");
        out.println("</HTML>");
        out.flush();
        out.close();
    }

    public void doPost(HttpServletRequest request, HttpServletResponse response)
            throws ServletException, IOException {
        doGet(request,response);
    }
}
```

图 7.2.17　继承类 HttpServlet 的 Servlet 示例程序 Servlet3.java

注意：源程序 Servlet3.java 中输出 HTML 标记的代码可以省略

7.3　Servlet 的开发与部署

Servlet 的开发与部署分为手工方式和集成环境两种，前者需要手工编译和修改 web.xml 文件，能较好地体现技术细节；后者自动编译源文件和自动修改 web.xml 文件。

部署 Servlet 工作，包括：①编译源文件；②修改 web.xml 文件，以确定用户请求与特定的 Servlet 的对应关系。

7.3.1　Servlet 中的中文乱码解决方案

在开发 Servlet 时，当处理的信息含有中文时，需要设置统一的编码方案，否则会出现乱码。

在集成环境中，如果使用默认的 ISO-8859-1 编码，则保存源文件时不能含有中文信息。

在集成环境的项目中，引入一个使用 ANSI 格式保存并且含有中文信息的源文件后，打开编辑时将出现中文乱码。

手工编译使用 UTF-8 格式保存并且含有中文信息的源文件时，也出现中文乱码的警告错误。

解决上述 Servlet 中文乱码的有效方法是：手工开发时，要求编辑源文件时以 ANSI 格式保存；在集成环境中，使用 UTF-8 格式保存。

Servlet 在处理请求/响应时，如果包含中文信息，还应该在程序中设置统一编码。

当 Servlet 程序中含有向客户端的输出中文信息时，则在输出前应使用如下格式：

```
response.setContentType("text/html;charset=code"); //code 与 Servlet 源文
件的保存编码相同
```

当 Servlet 程序中含有接收客户端的中文信息输入时，则在接收前应使用如下格式：

```
request.setCharacterEncoding("code");//code 与 Servlet 源文件的保存格式一致
```

7.3.2　手工方式开发与部署 Servlet

手工开发与部署 servlet 的步骤如下：

（1）在 Tomcat 6.0\项目名\webapps 文件夹里建立 WEB-INF 文件夹。

（2）在 WEB-INF 文件夹里再建立 classes 文件夹。

（3）使用 EditPlus 编辑 Servlet 源文件。

（4）编译 Servlet。编译前，需要指定 Tomcat 6.0\servlet-api.jar 路径，添加这个路径到环境变量中后重启计算机即可。考虑到在机房上机时，由于多数机房安装了硬盘保护卡，重新计算机后对环境变量的设置无效，我们可以将个人使用的外部 jar 包文件复制到 d:\mylib 里，然后将环境变量 classpath 和外部 jar 包的路径添加到编译参数里。设置 javac.exe 的 Argument 参数，如图 7.3.1 所示。

注意：手工编译前，需要将 Servlet 源文件保存为 ANSI 格式，否则，编译时非法字符的警告性错误（尽管这种警告性并不影响 Servlet 程序的运行）。

（5）编辑项目配置文件 web.xml，并存放至 WEB-INF 文件夹里。在配置文件中，通

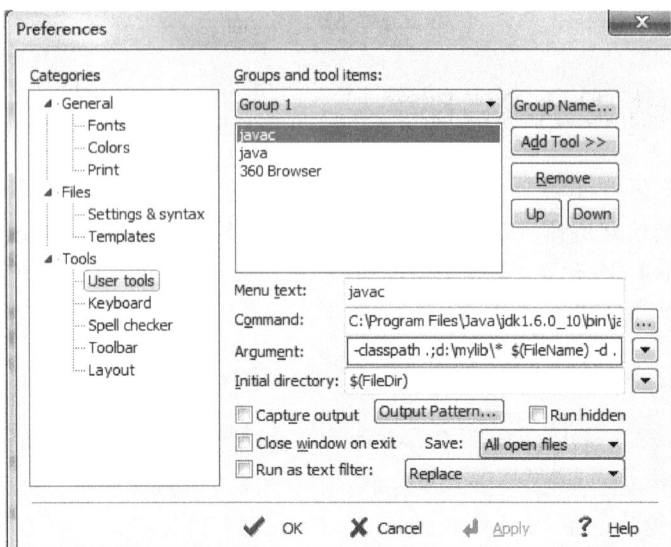

图 7.3.1　在 EditPlus 环境中编译 Servlet 源程序

过标签＜servlet-name＞指定 Servlet 名称，通过标签＜servlet-class＞指定 Servlet 带包名的名称，通过标签＜url-pattern＞指定 Servlet 的路径和访问名称。例如，相应于第 7.1.3 小节图 7.1.1 中的 Servlet 的配置文件代码，如图 7.3.2 所示：

```
<?xml version="1.0" encoding="gbk"?>
<web-app xmlns="http://java.sun.com/xml/ns/javaee"
         xmlns:xsi="http://www.w3.org/2001/XMLSchema-instance"
         xsi:schemaLocation="http://java.sun.com/xml/ns/javaee
                 http://java.sun.com/xml/ns/javaee/web-app_2_5.xsd"
         version="2.5">

    <welcome-file-list>
        <welcom-file>index.jsp</welcom-file>
    </welcome-file-list>

    <servlet>
        <servlet-name>Servlet1</servlet-name>
        <servlet-class>servlet.Servlet1</servlet-class>
    </servlet>

    <servlet-mapping>
        <servlet-name>Servlet1</servlet-name>
        <url-pattern>/Servlet1</url-pattern>
    </servlet-mapping>
</web-app>
```

图 7.3.2　一个 Servlet 配置示例

　　注意:(1) Servlet 的访问名称可以与 Servlet 名称一致，但不是必须的。

　　(2) 访问名称里，第一个"/"表示项目根目录，访问路径可随意设置。

7.3.3　在集成环境中开发与部署 Servlet

　　在集成环境中开发与部署 servlet 的步骤如下:

　　(1) 在项目的 src 文件夹里建立包。

　　(2) 在包使用快捷菜单"New→Servlet"，出现建立方式选择对话框。相关设置完成后，出现 Servlet 编程框架。

　　(3) 编辑 Servlet 源文件，编辑完成后保存即自动编译。

（4）打开项目里 WEB-INF\web.xml，根据需要适当修改配置文件（可以不修改）。

注意：集成环境中，默认配置如下：

（1）访问名称与 Servlet 名称一致。

（2）访问路径为"/包名/"。

7.4　Servlet 的基本应用

7.4.1　使用 Servlet 处理表单

使用某个 Servlet 响应表单，就是将一个已经编译过并且在项目配置文件中配置了的 Servlet 作为表单处理程序（即将 Servlet 作为＜form＞标记的 action 属性值）。在这种情形下，Servlet 的主要内容是获取表单数据并做相应的转向（分发或转发）处理，它并不做具体的业务处理。

【例 7.4.1】　使用 Servlet 处理表单。

【实验步骤】

（1）在 MyEclipse 中，新建 Web 项目，命名为 ch07_login。

（2）在项目中新建用于用户登录的表单页面，命名为 login.jsp。

（3）在 src 文件夹新建包，命名为 login。

（4）在 login 包内建立名为 LoginServlet 的 Servlet，该类继承 HttpServlet 类，其主要源代码如图 7.4.1 所示。

```
package login; //

import java.io.IOException;
import javax.servlet.ServletException;
import javax.servlet.http.HttpServlet; //
import javax.servlet.http.HttpServletRequest;
import javax.servlet.http.HttpServletResponse;

public class LoginServlet extends HttpServlet {
        public LoginServlet() {
                super();
        }

        public void destroy() {
                super.destroy(); }

        public void doGet(HttpServletRequest request, HttpServletResponse response)
                        throws ServletException, IOException {

                request.setCharacterEncoding("UTF-8"); //统一请求编码

                String un=request.getParameter("username");    //获取表单数据
                String pw=request.getParameter("password");

                if(un.equals("武汉科技大学")&&pw.equals("42008"))
                {
        request.setAttribute("name",un);    //设置属性，以转发(不是跳转)到目标页面
 getServletContext().getRequestDispatcher("/success.jsp").forward(request, response);
                //response.sendRedirect("success.jsp"); //目标页面接收参数时不可以跳转
                }
                else
                        response.sendRedirect("failure.jsp");    //客户端跳转
        public void doPost(HttpServletRequest request, HttpServletResponse response)
                        throws ServletException, IOException {
                doGet(request, response);    //适应两种提交方式
        }

        public void init() throws ServletException {
                // Put your code here
        }
}
```

图 7.4.1　名为 LoginServlet 的 Servlet 的 doGet()方法的源代码

（5）修改项目里 web.xml 中关于 LoginServlet 的默认配置，其代码如图 7.4.2 所示。

注意：＜url-pattern＞/LoginServlet＜/url-pattern＞决定了访问该 Servlet 的路径

```
<servlet>
  <servlet-name>LoginServlet</servlet-name>
  <servlet-class>login.LoginServlet</servlet-class>
</servlet>
<servlet-mapping>
  <servlet-name>LoginServlet</servlet-name>
  <url-pattern>LoginServlet</url-pattern>
</servlet-mapping>
```

图 7.4.2　配置 LoginServlet 程序

（项目根目录）与名称（可以与类名不一致）。

（6）分别编写登录成功与失败后转向的页面 success.jsp 和 failure.jsp，代码分别如图 7.4.3 和图 7.4.4 所示。

```
<%@ page language="java" import="java.util.*" pageEncoding="utf-8"%>
<html>
  <head>
    <title>My JSP 'succeed.jsp' starting page</title>
  </head>
  <body>
    登录成功，欢迎你-
    <%
    String name=(String)request.getAttribute("name");
    out.println(name);
    %>
  </body>
</html>
```

图 7.4.3　页面 success.jsp 代码

```
<%@ page language="java" import="java.util.*" pageEncoding="utf-8"%>
<html>
  <head>
    <title>My JSP 'failure.jsp' starting page</title>
  </head>
  <body>       用户名或密码错误，登录失败！      </body>
</html>
```

图 7.4.4　页面 failure.jsp 代码

（6）单击 MyEclipse 工具栏上的部署按钮，部署本项目。

（7）单击 MyEclipse 工具栏上的启动 Apache Tomcat 服务器按钮，观察控制台里的启动信息。

（8）单击 MyEclipse 工具栏上的启动浏览器按钮，访问项目的 login.html 页面，输入正确的用户名和密码后，将转向 success.jsp 页面。浏览效果分别如图 7.4.5 和图 7.4.6 所示。

```
http://localhost:8080/ch07_login/login.jsp

用户名：武汉科学大学
密  码：•••••
提交  重置
```

```
http://localhost:8080/ch07_login/LoginServlet
登录成功，欢迎你一 武汉科技大学
```

图 7.4.5　登录页面 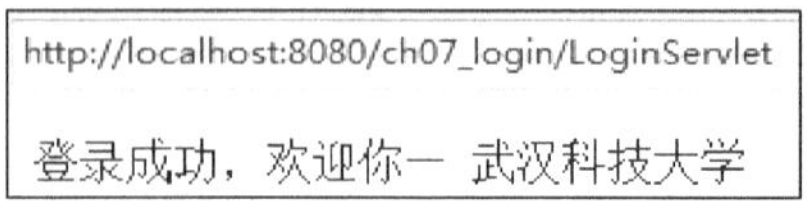　　　　图 7.4.6　表单登录成功后转向的页面效果

注意：（1）与表单提交的 get 和 post 两种方法相对应，在 Servlet 中也提供了两种接收请求数据的方法。保证提交方法和接收方法的对应的简单办法是：将处理代码都写在 doGet()方法中，在 doPost()方法再调用 doGet()方法。

（2）用 RequestDispatcher 的实现的转发，属于服务器端跳转，request 保存的属性会传递至目标页面,而 response. sendRedirect()属于客户端跳转,不会传递 request 保存的属性。使用 Servlet 转发后,浏览器进地址栏并未发生变化(即显示 success. jsp)。

(3)为了将表单提交的某些关键信息(如用户名)供其他页面使用,在 Servlet 中通常创建接口 javax. servlet. http. HttpSession 的实例对象实现会话跟踪。

7.4.2　利用 Servlet 监听器统计网站在线人数

Servlet 提供的用于 http 会话监听的接口 HttpSessionListener,位于软件包 javax. servlet. http 里,并且定义了分别表示创建和销毁的两个方法,如图 7.4.7 所示。

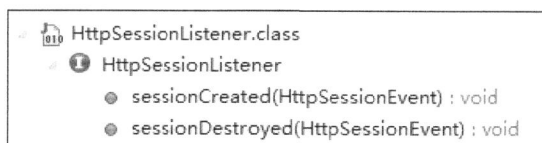

图 7.4.7　Servlet 提供的用于 http 会话监听的接口

【例 7.4.2】　网站在线人数统计。

【设计要点】

(1)建立一个包含静态成员变量的普通 Java 类,该类含有在线人数加 1、减 1 和获取在线人数的方法。

(2)建立实现 HttpSessionListener 接口的 Servlet 程序(特殊的 Java 类),其功能是在线人数的数量执行加 1 和减 1 操作,其方法参数为 HttpSessionEvent 类型。

【实现步骤】

(1)新建项目 ch07_zxrs,并在 src 文件夹里新建名为 listenerdemo 的包。

(2)在包内建立类文件 OnlineCounter. java,文件代码如图 7.4.8 所示。

```
package listenerdemo;    //打包

public class OnlineCounter {    //普通类
        private static long online=0;    //静态成员变量

        public static long getOnline() {    //获取
                return online;
        }

        public static void raise() {
                online++;        //增加
        }

        public static void reduce() {
                online--;    //减少
        }
}
```

图 7.4.8　定义 OnLineCounter 类的静态成员变量和静态方法

(3)在包内再建立实现 HttpSessionListener 接口的类文件 OnlineCounterListener. java,右击包名,选择"New→Servlet",其设计方法如图 7.4.9 所示。

Servlet 监听器源程序的代码,如图 7.4.10 所示。

(4)查看在 web. xml 中关于 Servlet 监听器的配置信息,可以不修改。其实,只需要如下的代码。

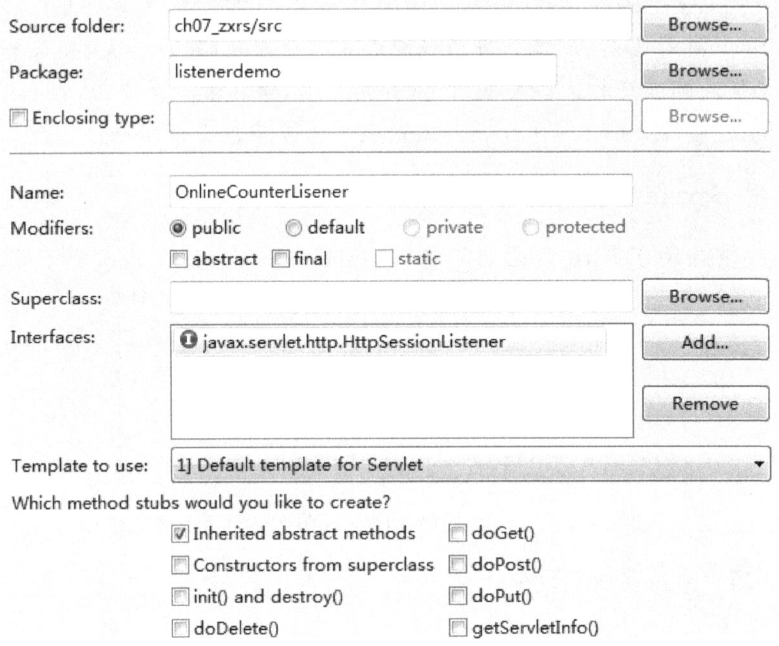

图 7.4.9　新建 Servlet 监听器对话框

```
package listenerdemo;
import javax.servlet.http.HttpSessionListener;//接口
import javax.servlet.http.HttpSessionEvent;

public class OnlineCounterListener implements HttpSessionListener {
        public void sessionCreated(HttpSessionEvent se){
                OnlineCounter.raise();
        }
        public void sessionDestroyed(HttpSessionEvent se){
                OnlineCounter.reduce();
        }
}
```

图 7.4.10　Servlet 监听器实现类 OnLineCounterListener 源代码

```
<listener>
<listener-class>listenerdemo.OnlineCounterListener</listener-class>
</listener>
```

注意：在配置上，Servlet 监听器与一般的 Servlet 的不同点是可以不映射。

（5）编写显示在线人数的页面 zxrs.jsp，存放在 WebRoot 文件夹，文件代码如图 7.4.11 所示。

（6）在 MyEclipse 中部署项目。

（7）启动 Apache Tomcat 服务器。

（8）多次打开启动 360 浏览器窗口，访问 zxrs.jsp 页面，浏览效果如图 7.4.12 所示。

注意：（1）实验结果表明，上述方法在 Windows 7 和 IE 浏览器环境中失效，而 360 浏览器有效。

（2）含有 Servlet 监听的项目发布后，启动 Tomcat 时，会加载用户开发的 Servlet 监

```
<%@page import="listenerdemo.OnlineCounter"%>
<%@ page language="java" import="java.util.*" pageEncoding="UTF-8"%>

<html>
  <head>
    <title>在线人数统计页面</title>
  </head>

  <body bgcolor="Yellow">
    <h2 style="color:Red">当前在线人数：<%=OnlineCounter.getOnline()%></h2>
  </body>
</html>
```

图 7.4.11　显示在线人数页面

图 7.4.12　显示网站在线人数页面的浏览效果

听器程序,这与一般的 Servlet 程序不同。

（3）含有 Servlet 监听的项目发布后,启动 Tomcat 时,控制台会显示面向包的 AJP13 监听协议和监听端口 8009 等信息（参见 Tomcat 服务器配置文件 server.xml）,如图 7.4.13所示。

```
信息: JK: ajp13 listening on /0.0.0.0:8009
2013-8-3 7:09:22 org.apache.jk.server.JkMain start
信息: Jk running ID=0 time=0/58  config=null
2013-8-3 7:09:22 org.apache.catalina.startup.Catalina start
信息: Server startup in 24921 ms
```

图 7.4.13　含有 Servlet 监听的项目发布后控制台显示的相关信息

7.4.3　Servlet 过滤器的使用

过滤器技术是实现代码复用、减少代码冗余的技术,在 Java Web 项目开发中应用非常普遍。

Servlet 过滤器的工作原理:在 web.xml 文件中使用标签<url-pattern>指定要过滤文件的页面范围（路径）,处理代码包含在 Servlet 过滤器（另一种特殊的 Java 类）中。

注意:过滤器相当于 Struts 中的拦截器,参见第 9.2 节。

1. 使用 Servlet 过滤器进行身份验证

问题的提出:用户登录后,许多功能页面使用前都要进行身份验证（检查是否已经登录,如果已经成功,则用户名信息会保存在 Session 对象中）,这将出现重复的验证代码。使用 Servlet 过滤器技术,可以有效地解决这个代码冗余的问题。

Servlet 过滤器的基础接口 Filter 含于软件包 javax.servlet 中,包含有 init()、doFilter()和 destroy()三个方法,如图 7.4.14 所示。

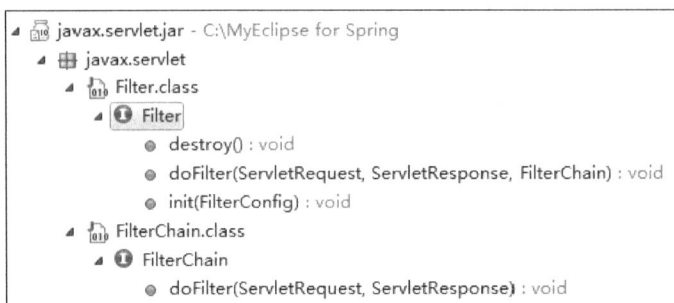

图 7.4.14　开发 Servlet 过滤器的基础接口

注意:(1) Servlet 过滤器也是一个特殊的 Java 类,这与 Servlet 监听器一样。

(2) 过滤器如同前面的监听器,也会在容器启动时自动加载(参见 Apache Tomcat 启动信息)。

(3) 当使用多道过滤时,还会涉及接口 FilterChain(过滤链)。

(4) 过滤器的配置与前面的 Servlet 配置类似,也是分为名称和映射两个部分。其中,<url-pattern>/test/ * </url-pattern>表示对项目的 test 文件夹下的所有文件进行过滤。

在 MyEclipse 中创建 Servlet 过滤器时,应先使用菜单"New→Class",然后选择 javax. servlet. Filter 接口,如图 7.4.15 所示。

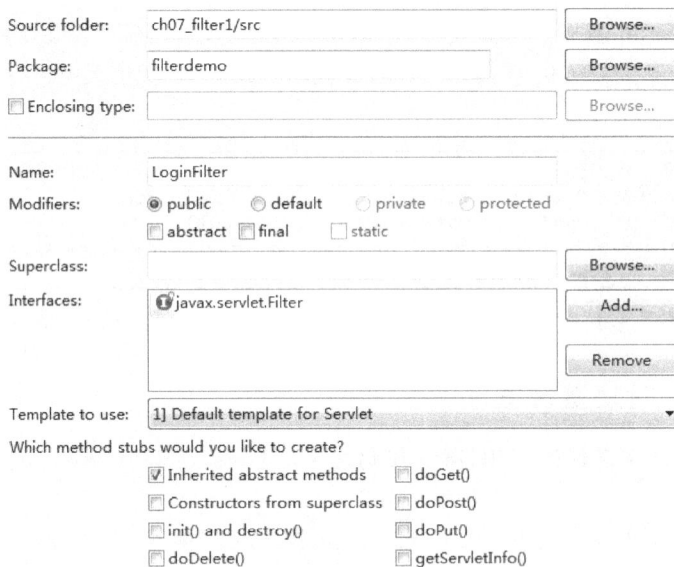

图 7.4.15　创建 Servlet 过滤器(类)文件

【例 7.4.3】　修改例 7.4.1,在用户登录成功后建立用户名的 Session 信息,当未正确登录而访问 test 文件夹里的页面时,自动转发(或转向)至登录页面 login. jsp。

【设计要点】将过滤文件时的处理代码放在 Servlet 过滤器程序中,将要过滤的文件的路径放在 web. xml 的<url-pattern>标签里。

【实现步骤】

(1) 在 MyEclipse 中新建 Web 项目,命名为 ch07_filter1。

（2）将项目 ch07_login 中的三个 jsp 页面、src 文件夹里的 login 包和 web. xml 文件分别粘贴到当前项目中。

（3）修改当前项目中 login 包里的 LoginServlet 文件，增加登录成功后建立 Session 信息（保存用户名），代码如图 7.4.16 所示。

```
if(un.equals("武汉科技大学")&&pw.equals("42008"))
{
    HttpServletRequest req=(HttpServletRequest)request; //向下转型
    HttpSession session=req.getSession();  //获取
    session.setAttribute("un",un);  //设置
    getServletContext().getRequestDispatcher("/success.jsp").forward(request, response);//转发
    //response.sendRedirect("success.jsp");  //客户端跳转
}
else
{
    response.sendRedirect("failure.jsp");  //客户端跳转
}
```

图 7.4.16　修改 LoginServlet. java 的部分代码

注意：向下转型的含义是将 ServletRequest 接口类型变为 HttpServletRequest 接口类型，以便使用 getSession()方法获取 session 对象。

（4）相应地，修改 success. jsp 页面的代码，如图 7.4.17 所示。

```
<body>
    登录成功，欢迎你-
    <%
    String name=(String)session.getAttribute("un");
    out.println(name);
    %>
    <a href="test/testFilter.jsp">进入功能页面测试</a>
</body>
```

图 7.4.17　页面 success. jsp 的主体部分代码

（5）新建名为 filterdemo 的包，通过右击"filterdemo"选择"New→servlet"的方式，在包内通过建立一个名为 LoginFilter 的 Servlet 过滤器文件，并实现接口 javax. servlet. Filter 的三个方法。代码如图 7.4.18 所示。

```
package filterdemo; //打包

import java.io.IOException;
import javax.servlet.Filter; //关键接口
import javax.servlet.FilterChain;
import javax.servlet.FilterConfig;
import javax.servlet.ServletException;
import javax.servlet.ServletRequest;
import javax.servlet.ServletResponse;
import javax.servlet.http.HttpServletRequest;
import javax.servlet.http.HttpServletResponse;
import javax.servlet.http.HttpSession;

public class LoginFilter implements Filter {
    public void init(FilterConfig filterConfig) throws ServletException {
        String initParam = filterConfig.getInitParameter("pn1");// 获取配置参数pn1
        System.out.println("***Filter initializing,parameter=" + initParam);
    }

    // 过滤方法
    public void doFilter(ServletRequest request, ServletResponse response,
            FilterChain chain) throws IOException, ServletException {
        HttpServletRequest req = (HttpServletRequest) request;// 向下转型
        HttpSession ses = req.getSession(); // 获取
        if (ses.getAttribute("un") != null) // 判定是否登录
            request.getRequestDispatcher("/test/testFilter.jsp").forward(request,
                                response); //转发
        else{
            HttpServletResponse res = (HttpServletResponse)response;
            res.sendRedirect("../login.jsp");  //重定向
        }
        chain.doFilter(request, response);
    }

    public void destroy() {
        System.out.println("**Filter destroied!");
    }
}
```

图 7.4.18　Servlet 过滤器源代码

（6）修改 Servlet 过滤器 LoginFilter 在 web. xml 中的默认配置,如图 7.4.19 所示。

```
<filter>
    <filter-name>LoginFilter</filter-name>
    <filter-class>filterdemo.LoginFilter</filter-class>
    <init-param>
        <param-name>pn1</param-name>
        <param-value>Hello,Filter</param-value>
    </init-param>
</filter>

<filter-mapping>
    <filter-name>LoginFilter</filter-name>
    <url-pattern>/test/*</url-pattern>
</filter-mapping>
```

图 7.4.19　Servlet 过滤器在 web. xml 中的配置

（7）在 WebRoot 文件夹里新建名为 test 的文件夹,再在 test 文件夹里新建一个名为 testFilter 的 JSP 页面,该页面的主体就是输出"功能页面"四个字。

至此,项目文件系统已经完成,结构如图 7.4.20 所示。

（8）过滤器功能测试。部署项目后,启动 Web 服务器,在浏览器里访问 http://localhost:8080/ch07_filter1/test/testFilter. jsp,没有显示该页面的内容,而是转发(不是转向!)到了登录页面,这表明 Servlet 过滤器起了作用,效果如图 7.4.21 所示。

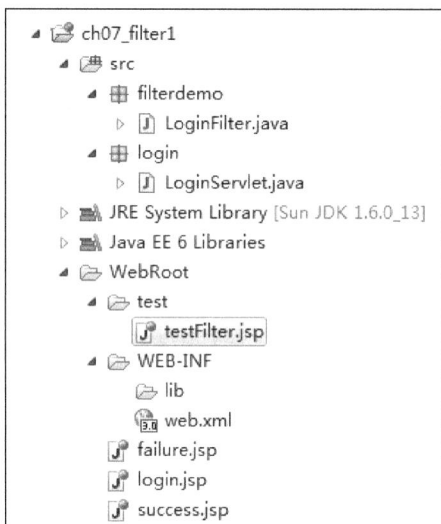

图 7.4.20　项目文件系统　　　　图 7.4.21　Servlet 过滤器效果显著演示

注意:（1）存放在 test 文件夹里的页面,都是要求用户登录后才能使用。判定用户是否登录的代码不是在每个功能页面里,而是在 Servlet 过滤器程序中。

（2）在 web. xml 中,使用＜filter-name＞标签存放 Servlet 过滤器名,使用＜url-pattern＞标签指示需要过滤的文件的路径。

（3）登录成功后,单击转发(或转向)的 success. jsp 页面中的超链接,可以访问 test 文件夹里的 testFilter. jsp 页面。

2. 使用 Servlet 过滤器进行字符过滤——中文乱码解决方案

问题的提出:在 Web 开发时,有很多页面(或 Servlet)需要统一请求/响应编码的编码,以解决中文乱码问题。

与文件过滤一样,使用字符过滤器,可以减少代码的冗余(或重复)。

【设计要点】

(1) 在 web. xml 中,将要设置使用的编码作为参数放在＜param-value＞标签里,并使用＜para-name＞标签设置使用的名称。

(2) 在 web. xml 中,通过＜filter-pattern＞标签设定要过滤的路径。

(3) 在 Servlet 过滤器程序中,通过 FilterConfig 接口提供的 getInitParameter()方法获取编码参数并应用于统一请求/响应编码。

【主要步骤】在 MyEclipse 中新建名为 ch07_filter 的 Web 项目,在项目里建立名为 filterdemo 的包,在包里新建名为 SetCharacterEncodingFilter 的 Servlet 过滤器,在过滤器程序中主要重写 init()方法和 doFilter()方法,它们的代码如图 7.4.22 所示。

```java
package filterdemo;  //

import java.io.IOException;

import javax.servlet.Filter;  //
import javax.servlet.FilterChain;
import javax.servlet.FilterConfig;
import javax.servlet.ServletException;
import javax.servlet.ServletRequest;
import javax.servlet.ServletResponse;

public class SetCharacterEncodingFilter implements Filter {
    private String newCharSet;  //过滤时应用的新字符集(编码)  //

    public void init(FilterConfig filterConfig) throws ServletException {
        if(filterConfig.getInitParameter("newcharset")!=null){
            newCharSet=filterConfig.getInitParameter("newcharset");
        }
        else{
            newCharSet="utf-8";
        }
        System.out.println("***Filter initializing,parameter="+newCharSet)
    }

    public void doFilter(ServletRequest request, ServletResponse response,
            FilterChain chain) throws IOException, ServletException {
        request.setCharacterEncoding(newCharSet);  //统一请求编码

        response.setContentType("text/html;charset="+newCharSet); //统一响应编码
        chain.doFilter(request, response);  //有过滤链时
    }

    public void destroy() {
        // TODO Auto-generated method stub
    }
}
```

图 7.4.22　Servlet 过滤器程序源码

Servlet 过滤器相应的配置信息,如图 7.4.23 所示。

```xml
<filter>
    <filter-name>SetCharacterEncodingFilter</filter-name>
    <filter-class>filterdemo.SetCharacterEncodingFilter</filter-class>
    <init-param>
        <param-name>newcharset</param-name>
        <param-value>utf-8</param-value>
    </init-param>
</filter>

<filter-mapping>
    <filter-name>SetCharacterEncodingFilter</filter-name>
    <url-pattern>/*</url-pattern>
</filter-mapping>
```

图 7.4.23　Servlet 过滤器在 web. xml 中的配置

为了测试过滤器的作用,在项目的 WebRoot 建立一个表单页面 login. jsp 和表单处

理页面 login_cl.jsp。

最后，在 MyEclipse 中部署项目、启动 Web 服务器，在浏览器里访问表单页面输入中文进行测试。

7.5　Servlet 在 MVC 开发模式中的应用

7.5.1　关于 MVC 开发模式

MVC 模式包括三个部分：模型（Model）、视图（View）和控制器（Controller），分别对应于内部数据、数据表示和输入输出控制部分。实际上，MVC 是一种组织代码的规范，也是一种将业务逻辑与数据显示相分离的方法。

当今，越来越多的 Web 应用基于 MVC 设计模式，这种设计模式提高了应用系统的可维护性、可扩展性和组件的可复用性。

MVC 模式有如下优点：

（1）将数据建模、数据显示和用户交互三者分开，使得程序设计的过程更清晰，提高了可复用程度。

（2）当接口设计完成以后，可以开展并行开发，从而提高开发效率。

（3）可以很方便地用多个视图来显示多套数据，从而使系统能方便地支持其他新的客户端类型。

7.5.2　Servlet 在 MVC 开发模式中的应用

MVC 是一种流行的软件设计模式，Model 层对应的组件是 JavaBean，View 层对应的组件是 JSP 文件或 HTML 文件，Controller 层对应的组件是 Servlet，各层之间的调用与协作关系，如图 7.5.1 所示。

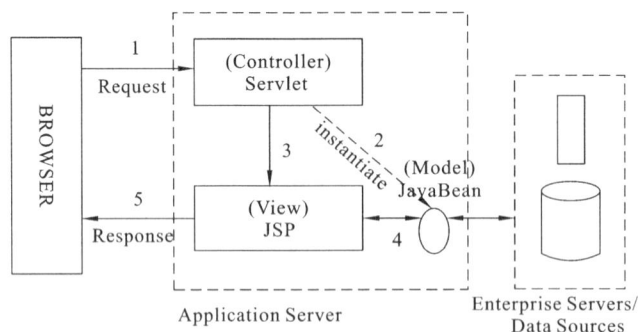

图 7.5.1　Servlet 在 MVC 模式中的地位

MVC 的工作流程如下：

（1）来自客户端的请求信息，首先提交给 Servlet。

（2）控制器选择相应的 Model 对象（即调用 M 层中的某个 JavaBean）处理获取的数据。

（3）控制器选择相应的 View 组件（即调用 V 层），通常表现为做转发处理。

（4）JSP 获取 JavaBean 处理的数据；

（5）JSP 把组织好的数据以响应的方式返回给客户端浏览器。

【例 7.5.1】　输入三角形的三个边，然后输出其面积（使用 MVC 模式手工开发）。

【实现步骤】

（1）在 Apache Tomcat 的安装目录的 webapps 文件夹里新建文件夹 ch07_mvc1（Web 项目名），再在 ch07_mvc1 里新建名为 WEB-INF 的系统文件夹，最后在 WEB-INF 建立名为 classes 的文件夹。

（2）建立项目配置文件 web.xml，并存放至 WEB-INF 文件夹里，内容代码如图 7.5.2 所示。

```xml
<?xml version="1.0" encoding="gb2312"?>
<web-app>
    <servlet>
            <servlet-name>TriangleMVC</servlet-name>
        <servlet-class>servlet.TriangleMVC</servlet-class>
    </servlet>

    <servlet-mapping>
            <servlet-name>TriangleMVC</servlet-name>
        <url-pattern>/TriangleMVC</url-pattern>
    </servlet-mapping>
</web-app>
```

图 7.5.2　项目配置文件

（3）将例 6.2.1 建立的 ch06_1 项目里的两个业务逻辑类 Stringtonum.java 和 Triangle.java 复制到项目的 classes 文件夹里，并编译成字节码文件。

（4）使用 EditPlus 建立一个 Servlet，源文件名为 TriangleMVC.java，代码如下。

```java
package servlet;

import java.io.*;
import javax.servlet.*;
import javax.servlet.http.* ;   //

importservlet.* ;   //C层调用M层

public class TriangleMVC extends HttpServlet {
     public void doGet (HttpServletRequest request, HttpServletResponse response) throws ServletException,IOException
    {
    String str= request.getParameter("boy");   //C层与V层数据通讯
    Stringtonum angle=new Stringtonum();   //C层调用M层

    boolean flag=false;
```

```
        RequestDispatcher dispatcher=null;   //类 RequestDispatcher 含于软件包
javax.servlet 里
        Triangle tri=null;

        if(!angle.strtonum(str))
            request.setAttribute("result","输入数据错误!");
        else{
            tri=new Triangle(angle.getNum1(),angle.getNum2(),angle.getNum3
            ());
            if(!tri.isTriangle())
                request.setAttribute("result","输入的三个边不能构成三角形!");
            else{
                request.setAttribute("result",tri);   //输入数据有效
                flag=true;
                }
            }
        if(flag==false)
            dispatcher = getServletContext ( ) . getRequestDispatcher ( "/
            trierror.jsp");
        else
            dispatcher = getServletContext ( ) . getRequestDispatcher ( "/
            trisucess.jsp");
        dispatcher.forward(request,response);  //转发
        }
        public void doPost (HttpServletRequest request, HttpServletResponse
response) throws ServletException,IOException
    {
    doGet(request,response);
    }
}
```

(5) 按 Ctrl+1,带包编译该 Servlet,此时会在 classes 文件里创建一个 servlet 文件夹,该文件夹存放了编译后的 Servlet——TriangleMVC. class。

(6) 建立表单文件 trimvc. html,代码如图 7.5.3 所示。

```
<html>
  <head>
    <title>MVC开发模式示例</title>
  </head>
  <body>
  请输入三角形的三条边（用逗号分隔）：
    <form action="TriangleMVC" method="post" name="form">
        <!--调用Servlet：TriangleMVC-->
        <input type="text" name="boy">
        <input type="submit" value="提交">
    </form>
</body>
</html>
```

图 7.5.3　项目的表单页面

（7）建立被调用页面 error.jsp，代码如图 7.5.4 所示。

```
<%@page language="java"  pageEncoding="gb2312"%>
<html>
    <head>
            <title>返回输入错误信息</title>
        </head>
        <body>
                <%=(String)request.getAttribute("result")%><p>
                <a href="trimvc.html">单击</a>返回到登录页面
        </body>
</html>
```

图 7.5.4　错误信息页面 error.jsp

（8）建立被调用页面 success.jsp，用于显示 M 层的处理结果，其代码如图 7.5.5 所示。

```
<%@page language="java" import="java.util.*" pageEncoding="gb2312"%>
<%@page import="bean.*"%>
<html>
    <head>
        <title>数据输入合法的结果页面</title>
    </head>
    <body>
            <%
                Triangle tri=new Triangle();//创建实例
                tri=(Triangle)request.getAttribute("result");    //对象赋值
            %>
        你输入的三条边分别是: <%=tri.getEdge1()%>,
            <%=tri.getEdge2()%>,<%=tri.getEdge3()%><p>
            构成的三角形的面积是: <%=tri.calArea()%>
    </body>
</html>
```

图 7.5.5　显示处理结果页面 success.jsp

（9）运行 Windows 的 cmd 命令，进入 DOS 命令行方式。

（10）输入 tomcat6，启动 Web 服务器后最小化（不能关闭！）窗口。

（11）打开浏览器，浏览项目里的主页 trimvc.html。

注意：手工开发的项目 ch07_mvc1 里的文件以默认 ANSI 格式保存，相应地，网页文件中的字符编码是 GB2312 或 GBK。

【**例 7.5.2**】　输入三角形的三个边，然后输出其面积（使用 MVC 模式，在集成环境中开发）。

【**实现步骤**】由于我们已经设置在集成环境 MyEclipse 中所有文件以 UTF-8 格式保存，因此，在项目移植前，先要将项目 ch07_mvc1 的几个相关文件 Stringtonum.java、Triangle.java、web.xml、trimvc.html、error.jsp 和 success.jap 以 UTF-8 格式另存到某个临时文件夹里，以供下面在集成环境中粘贴使用，否则，直接粘贴到项目会引起中文乱码问题。具体步骤如下。

（1）启动 MyEclipse for Spring 10，新建 Web 项目 ch07_mvc2。

（2）新建包 bean。

（3）在包 bean 里新建类 Stringtonum，粘贴相关文件中的代码。

（4）在包 bean 里新建类文件 Triangle.java，粘贴相关文件中的代码。

（5）新建包 servlet，在包 servlet 内新建名称为 TriangleMVC 的 Servlet，并选择继承 HttpServlet 抽象类，粘贴相关文件中的代码。

（6）配置上面的 Servlet，即通过粘贴代码修改 web.xml 文件。

（7）分别新建 trimvc. html、error. jsp 和 success. jsp 文件，并粘贴相应的代码。

（8）部署 Web 项目 ch07_mvc2。

（9）启动 Web 服务器。

（10）启动浏览器，并浏览项目主页 trimvc. html。

7.5.3　使用 MVC 开发的用户管理系统(完整版)

在第 6.2.4 小节中，我们介绍了使用 MV 模式开发的用户管理系统的登录页面。实际上，完整的用户管理系统还应该包括添加用户、用户密码修改和用户信息查询等功能。当然，用户信息保存在数据库里。下面介绍使用 MVC 模式开发的用户管理系统。

【例 7.5.3】　在集成环境中使用 MVC 模式开发的用户管理系统。

【设计要点】

● 在原来 MV 模式开发的用户登录系统(见例 6.2.3 和项目 ch06_3)的基础上改写符合 MVC 模式的用户管理系统。

● 建立用于处理表单请求的 Servlet—LoginServlet。

● 将 MV 模式中处理表单请求的 JSP 页面中的代码拆分，一部分代码进入 Servlet 源程序 LoginServlet. java(主要是接收表单数据和转发)，另一部分进入 JavaBean(主要功能是执行数据库的添加/删除/修改/查询)。

● 系统的每一个功能，通常对应一个相应的 Servlet。访问数据库时，一张表需要一个对应的 JavaBean 文件(定义 setXxxx( )方法和 getXxx( )方法)，其他的 JavaBean 文件负责实现业务逻辑并通过对象返回结果。最后，由相应的 Servlet 转发到 JSP 页面，以显示处理结果。

● 使用 Servlet 过滤器，过滤文件(确保用户登录后才能使用系统功能)和字符编码(统一字符编码，避免出现中文乱码)。

● 与文件过滤相对应，将登录成功后才能访问的功能页面放置在项目的 user 文件夹里，而登录表单页面 login. jsp 放置在项目的根目录里。

使用 MVC 模式开发的用户管理系统的项目文件系统，如图 7.5.6 所示。

【实现步骤】

（1）使用 MySQL 的前台工具 Navicat for MySQL，查看 test 数据库中的 user 表，信息如图 7.5.7 所示。

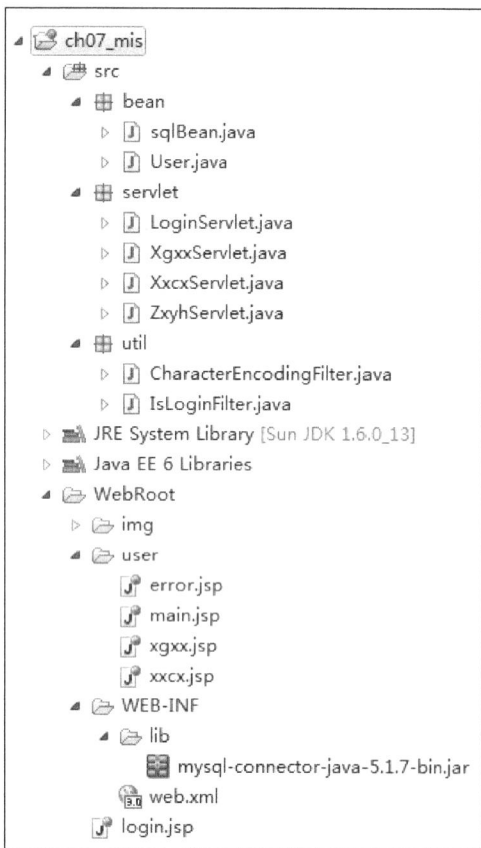

图 7.5.6　完整版的用户管理项目的文件系统

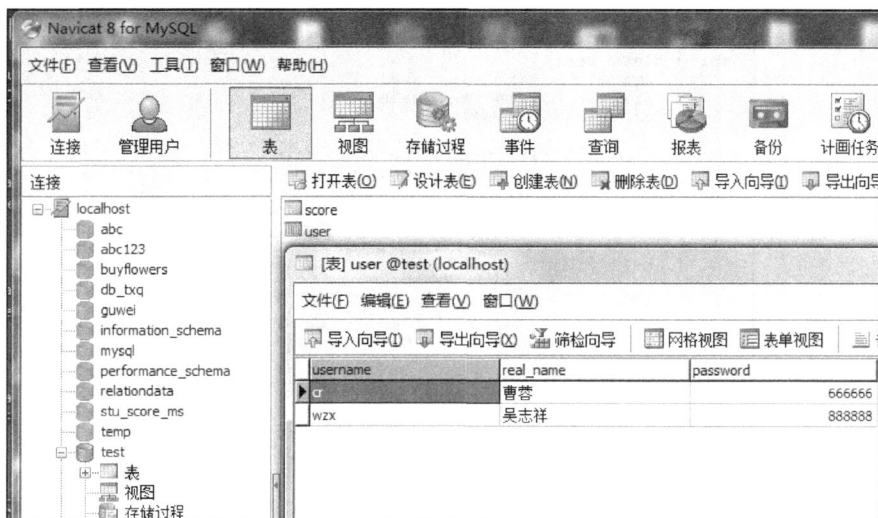

图 7.5.7　使用 Navicat for MySQL 打开库 test 中的表 user

（2）启动 MyEclipse for Spring 10，新建 Web 项目 ch07_mis。

（3）在项目中引入访问 MySQL 的 JDBC 驱动包。

（4）在 WebRoot 文件夹里创建用于登录的表单页面 login.jsp，并设置表单的属性：

Action＝"LoginServlet"

（5）在 src 文件夹里新建名为 servlet 的包。

（6）在 servlet 的包内新建 Servlet 源程序 LoginServlet.java，通过继承 javax. servlet.HttpServlet 类，实现 doPost()方法。

（7）部署 LoginServlet，在 web.xml 中的代码图 7.5.8 所示。

```
<servlet>
  <servlet-name>LoginServlet</servlet-name>
  <servlet-class>servlet.LoginServlet</servlet-class>
</servlet>
<servlet-mapping>
  <servlet-name>LoginServlet</servlet-name>
  <url-pattern>/LoginServlet</url-pattern>
</servlet-mapping>
```

图 7.5.8　LoginServlet 在 web.xml 中的配置

（8）在 src 文件夹里新建名为 bean 的包，在包内建立实现数据库连接、增加、修改和查询的类文件。

（9）在 bean 包新建类文件 User.java，文件代码如图 7.5.9 所示。

（10）在 WebRoot 文件夹里新建名为 user 的子文件夹，用于存放功能页面。

（11）在 src 文件夹里新建名为 util 的子文件夹。

（12）在 util 文件夹里新建名为用于统一字符编码的 Servlet 过滤器文件 CharacterEncodingFilter.java，其文件代码如图 7.5.10 所示。

在 web.xml 中，修改相应的 Servlet 过滤器配置，代码如图 7.5.11 所示。

```
package bean;

public class User {
        private String username;
        private String real_name;
        private int password;

        public String getUsername() {
                return username;
        }
        public void setUsername(String username) {
                this.username = username;
        }
        public String getReal_name() {
                return real_name;
        }
        public void setReal_name(String real_name) {
                this.real_name = real_name;
        }
        public int getPassword() {
                return password;
        }
        public void setPassword(int password) {
                this.password = password;
        }
}
```

图 7.5.9　与数据表 user 相对应的 JavaBean 文件 User.java

```
package util;

import java.io.IOException;

import javax.servlet.Filter;
import javax.servlet.FilterChain;
import javax.servlet.FilterConfig;
import javax.servlet.ServletException;
import javax.servlet.ServletRequest;
import javax.servlet.ServletResponse;

public class CharacterEncodingFilter implements Filter {
        private String encoding;

        @Override
        public void init(FilterConfig filterConfig) throws ServletException {
                encoding = filterConfig.getInitParameter("encoding");
                if (encoding == null || "".equals(encoding.trim())) {
                        encoding = "utf-8";
                }
        }

        @Override
        public void doFilter(ServletRequest request, ServletResponse response,
                        FilterChain chain) throws IOException, ServletException {
                request.setCharacterEncoding(encoding);
                chain.doFilter(request, response);
        }

        @Override
        public void destroy() {
                // TODO Auto-generated method stub
        }
}
```

图 7.5.10　字符过滤器源码

```
<filter>
  <filter-name>CharacterEncodingFilter</filter-name>
  <filter-class>util.CharacterEncodingFilter</filter-class>
  <init-param>
    <param-name>encoding</param-name>
    <param-value>utf-8</param-value>
  </init-param>
</filter>
<filter-mapping>
  <filter-name>CharacterEncodingFilter</filter-name>
  <url-pattern>/*</url-pattern>
</filter-mapping>
```

图 7.5.11　字符过滤器配置代码

（13）在例 6.2.3 的 sqlBean.java 类文件中，增加如下两个方法：

```
public boolean islogin(String username, int password,HttpServletRequest
request)
{         // 是否存在记录
        User user=new User(); //
        try {
            rs=st.executeQuery("select*from user where username='"
                    +username+"' and password="+password);
            if (rs.next()) { //
                user.setUsername(username); // 建立 session 信息
                user.setReal_name(rs.getString("real_name"));
                user.setPassword(password);
                request.getSession().setAttribute("user", user);
                return true;
            } else {
                return false;
            }
        } catch (SQLException e) {
            e.printStackTrace();
        }
        return false;
}
public User executeQuery(String username){   //查询结果对象
        User user=new User();   //创建对象
        try{
            rs= st. executeQuery ("select * from user where username = '" +
            username+"'");
            while(rs.next()){
                user.setUsername(username);    //设置对象属性
                user.setReal_name(rs.getString("real_name"));
                user.setPassword(Integer.parseInt(rs.getString("password")));
            }
        }
        catch(SQLException e){
            System.out.print("执行查询错误:"+e.getMessage());
        }
        return user;
}
```

（14）在 util 文件夹里新建名为用于判定是否登录的 Servlet 过滤器文件 IsLoginFilter.java，其文件代码如图 7.5.12 所示。

在 web.xml 中，修改相应的 Servlet 过滤器配置，代码如图 7.5.13 所示。

```
package util;   //

import java.io.IOException;

import javax.servlet.Filter;   //
import javax.servlet.FilterChain;
import javax.servlet.FilterConfig;
import javax.servlet.ServletException;
import javax.servlet.ServletRequest;
import javax.servlet.ServletResponse;
import javax.servlet.http.HttpServletRequest;

public class IsLoginFilter implements Filter {

        @Override
        public void init(FilterConfig filterConfig) throws ServletException {
                // TODO Auto-generated method stub

        }

        @Override
        public void doFilter(ServletRequest request, ServletResponse response,
                        FilterChain chain) throws IOException, ServletException {
            HttpServletRequest req = (HttpServletRequest)request;
            String username = (String)req.getSession().getAttribute("loginUser");
            if(username == null){
                request.setAttribute("errorMsg","请先登录");
                req.getRequestDispatcher("/user/error.jsp").forward(request, response);
            }
            chain.doFilter(request, response);
        }

        @Override
        public void destroy() {
                // TODO Auto-generated method stub
        }
}
```

图 7.5.12　文件过滤器源码

```
<filter>
  <filter-name>IsLoginFilter</filter-name>
  <filter-class>util.IsLoginFilter</filter-class>
</filter>
<filter-mapping>
  <filter-name>IsLoginFilter</filter-name>
  <url-pattern>/user/*</url-pattern>
</filter-mapping>
```

图 7.5.13　文件过滤器配置代码

（15）在 WebRoot 文件夹里新建名为 user 的子文件夹，在 user 文件夹里新建文件 error.jsp，用于处理登录不成功的情形，源代码如图 7.5.14 所示。

```
<%@ page language="java" import="java.util.*" pageEncoding="UTF-8"%>
<html>
  <head><title>My JSP 'error.jsp' starting page</title></head>
  <body>
     <h4 style="color:red;">${requestScope.errorMsg }</h4>  
     请先<a href="<%=request.getContextPath() %>/login.jsp">登录</a>
  </body>
</html>
```

图 7.5.14　文件 error.jsp 的源代码

（16）在 user 文件夹里新建页面 main.jsp，用于显示系统功能页面。页面设计视图如图 7.5.15 所示。

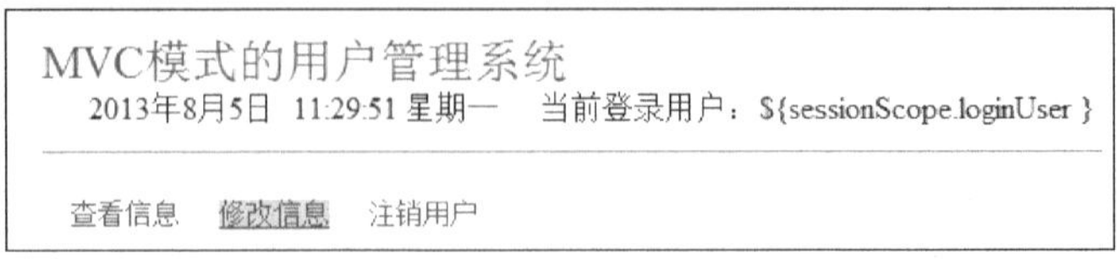

图 7.5.15　主页 main.jsp 的设计视图

（17）在 servlet 文件夹里新建名为 XxcxServlet 的 Servlet（实现类 GenericServlet），用于处理查"查看信息"的业务逻辑，并转发到显示相关信息的 JSP 页面——xxcx. jsp。本 Servlet 的源代码，如图 7.5.16 所示。

```
package servlet;  //

import java.io.IOException;

import javax.servlet.GenericServlet;  //
import javax.servlet.ServletException;
import javax.servlet.ServletRequest;
import javax.servlet.ServletResponse;
import javax.servlet.http.HttpServletRequest;

import bean.User;  //
import bean.sqlBean;  //

public class XxcxServlet extends GenericServlet {

        @Override
        public void service(ServletRequest req, ServletResponse res)
                throws ServletException, IOException {
            // TODO Auto-generated method stub

            HttpServletRequest request=(HttpServletRequest)req;  //向下转型
            String un=(String)request.getSession().getAttribute("loginUser");
            //System.out.println(un);//测试

            sqlBean bean = new sqlBean(); //准备调用M层
            User user=bean.executeQuery(un);  //创建对象
            request.setAttribute("realName",user.getReal_name()); //获取后设置
            request.setAttribute("passWord",user.getPassword());  //
            request.getRequestDispatcher("/user/xxcx.jsp").forward(req,res); //
        }
}
```

图 7.5.16　文件 XxcxServlet. java 的源码

本 Servlet 的配置，与 LoginServlet 类似。

（18）在 user 文件夹里新建"信息查询"页面 xxcx. jsp，页面源代码如图 7.5.17 所示。

```
<%@ page language="java" import="java.util.*" pageEncoding="UTF-8"%>
<html>
    <head>
        <title>信息查询</title>
    </head>

    <body>
当前登录用户的相关信息如下： <hr>
用户名称： ${sessionScope.loginUser }<br>
用户密码： <%=request.getAttribute("passWord") %><br>
真实名称： <%=request.getAttribute("realName") %>
    </body>
</html>
```

图 7.5.17　页面 xxcx. jsp 的源码

（19）部署项目后，启动 Web 服务器，在浏览器窗口里输入 http://localhost:8080/ch07_mis/user/main. jsp 时，由于文件过滤器的作用，并不会浏览 main. jsp 页面，而是出现警告信息，单击"登录"链接后转向至登录页面，即相当于请求 http://localhost:8080/ch07_mis/login. jsp。浏览效果，如图 7.5.18 所示。

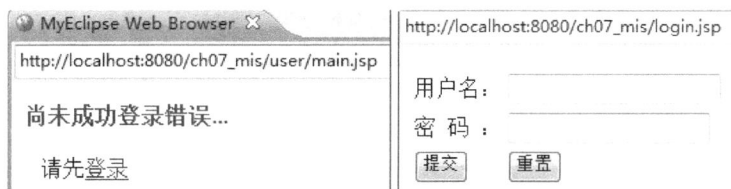

图 7.5.18　未登录请求功能页面的浏览效果

（20）分别输入 wzx 和 888888 提交后，呈现主菜单，单击"信息查询"，将显示登录用户的全部信息。浏览效果，如图 7.5.19 所示。

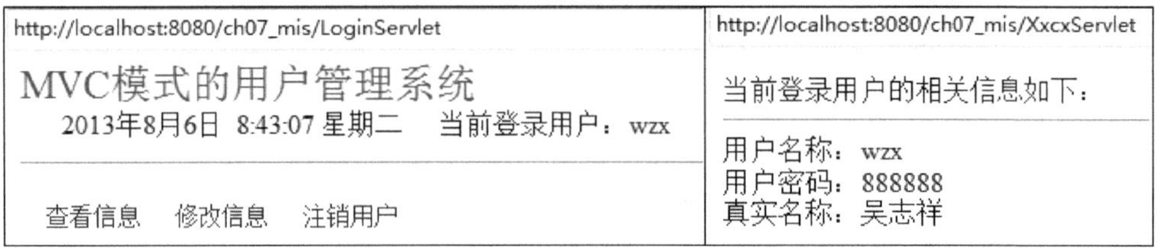

图 7.5.19　信息查询模块功能测试

（21）在 main.jsp 的"注销用户"超链接中，增加客户端事件：

```
OnClick="return zxyh()"
```

（22）在 main.jsp 的头部里，定义客户端脚本方法 zxyh()，其代码如下：

```
<script>
    function zxyh() {
        var msg="您确定要注销吗?";
        if(confirm(msg)==true)
            return true;
        else
            return false;
    }
</script>
```

（23）处理用户注销的 Servlet 源程序 ZxyhServlet.java 的源代码如下：

```
package servlet;
import java.io.IOException;
import javax.servlet.ServletException;
import javax.servlet.http.HttpServlet;
import javax.servlet.http.HttpServletRequest;
import javax.servlet.http.HttpServletResponse;
import javax.servlet.http.HttpSession;
public class ZxyhServlet extends HttpServlet {
    protected void doGet(HttpServletRequest req, HttpServletResponse resp)
            throws ServletException, IOException {
        HttpSession session=req.getSession();   //转型
        session.invalidate();   //注销
        resp.sendRedirect(req.getContextPath()+"/user/main.jsp");
    }
    protected void doPost(HttpServletRequest req, HttpServletResponse resp)
            throws ServletException, IOException {
        this.doGet(req, resp);
    }
}
```

（24）单击 main.jsp 页面中的"注销用户"超链接时的浏览效果,如图 7.5.20 所示。

图 7.5.20　注销用户时的确认对话框

（25）类似地,可开发"修改查询"功能模块。

习　题　7

一、判断题

1. 任何 Servlet 源程序都不含有 main() 方法。

2. Servlet 与 JavaBean 一样，都是特殊（符合一定规范）的 Java 类。

3. 一个 Servlet 源程序经过编译后，生成的类文件的扩展名是 .java。

4. 在 MyEclipse 中部署一个 Web 项目前，必须先启动 Web 服务器。

5. 任何 Servlet 都必须在 web.xml 的 <servlet> 和 <servlet-mapping> 两个节中进行配置。

6. 所有 Servlet，都必须直接或间接实现接口 javax.servlet.Servlet。

7. 在 MyEclipse 中新建 Web 项目时，会自动产生配置文件 web.xml。

8. 在集成环境 MyEclipse 中新建一个 Servlet 时，会自动在 web.xml 中部署。

9. 在 Web 项目部署 Servlet 时，http 请求 Servlet 的名称必须与 Servlet 名称一致。

10. 在项目配置文件中，可以给一个 Servlet 做多个映射（包括访问名称）。

11. 不能在浏览器的地址栏里访问 Servlet。

12. 在 Servlet 中不能直接使用 JSP 内置的 session 和 application 等对象。

13. 在 MVC 模式中，Servlet 转向请求至某个 JSP 页面后，浏览器地址栏会相应地显示该页面名称。

14. 在 MVC 模式中，只能由 C 层调用 M 层。

15. Web 服务器启动时，会解析所有项目的配置文件，加载所有 Servlet 监听器和过滤器。

二、选择题

1. 下列关于 Servlet 与 Java 类的说法中，不正确的是_____。

    A. 任何 Servlet 都是没有 main() 方法的 Java 类

    B. 任何 Servlet 需要通过 Web 服务器端的容器加载运行

    C. Servlet 只适合做业务逻辑，不能生成动态的 Web 页

    D. 任何 Servlet 需要在网站配置文件 web.xml 中注册

2. 在 MyEclipse 的项目文件夹中，Servlet API 包含于_____中。

    A. src   B. JRE System Library

    C. Java EE 5 Libraries   D. Web App Libraries

3. 下列关于在 MyEclipse 项目中新建 Servlet 的说法中，正确的是_____。

    A. 默认继承抽象类 javax.servlet.http.HttpServlet

    B. 默认实现接口 javax.servlet.Servlet

    C. 默认继承抽象类 javax.servlet.GenericServlet

    D. 需要手工在 web.xml 文件配置该 Servlet

4. 下列用于统一字符编码的用法中，不正确的是_____。

  A.　response. setContentType("text/html;charset＝utf-8");

  B.　response. setCharacterEncoding("UTF-8");

  C.　request. setCharacterEncoding("UTF-8");

  D.　request. setContentType("text/html;charset＝utf-8");

5. 下列关于 Servlet、Servlet 监听器和 Servlet 过滤器的说法中,不正确的是_____。

  A. 它们都是没有 main()方法的 Java 类

  B. 它们都需要在容器中(如 Apatch Tomcat)加载运行

  C. 它们都需要在网站配置文件 web. xml 中进行配置

  D. Servlet 类名与映射后的访问名称必须一致

6. 在安装 Apache Tomcat 服务器的目录里,_____文件夹存放浏览 JSP 页面后转译成的 servlet。

  A. ROOT   B. work   C. webapps   D. conf

7. 下列说法中,不正确的是_____。

  A. session 对象中属性在当前 session 中是共享的

  B. ServletContext 对象中的属性对所有页面都是共享的

  C. page 对象是接口 javax. servlet. ServletContext 的实例

  D. pageContext 对象的属性默认在当前页面是共享的

8. 在 MyEclipse 中,建立 Servlet 过滤器和监听器源文件时,应使用 src 或包名的快捷菜单项 new 里的_____选项。

  A. Servlet   B. Class   C. Portlet   D. Applet

9. 在 MVC 设计模式中,JavaBean 的作用是_____。

  A. Controller B. Model   C. View   D. 封装业务数据

10. 下列关于 Servlet 在 MVC 模式中的作用的说法中,不正确的是_____。

  A. 作为表单处理程序   B. 充当控制器

  C. 实现转发   D. 处理业务逻辑

11. 使用 Servlet 处理表单提交的中文信息时,应使用 request. setCharacterEncoding("code")方法,其中 code 的值为_____。

  A. ISO-8859-1   B. GBK

  C. UTF-8   D. 表单文件存储时使用的字符编码

三、填空题

1. 在开发 Servlet 时,处理请求/响应方法使用的两个参数类型分别是_____。

2. 与 javax. servlet. ServletContext 相对应的 JSP 内置对象是_____。

3. 手工开发 Servlet 时,需要使用 Apache Tomcat 提供的位于 lib 文件夹的_____ jar 包进行编译。

4. 创建 ServletContext 接口类型的对象,应使用 this 对象的_____方法。

5. 创建 RequestDispatcher 对象,除了调用 ServletContext 的 getRequestDispatcher()方法外,还可调用_____的 getRequestDispatcher()方法。

实验 7(A)　手工开发和部署 Servlet

一、实验目的

1. 掌握 Servlet 的规范；
2. 掌握手工编译 Servlet 类的方法；
3. 掌握手工部署 Servlet 的方法；
4. 掌握 Servlet 的使用方法；
5. 掌握在 Servlet 应用中解决中文乱码的方法。

二、实验内容及步骤

【预备】访问 http://www.wustwzx.com/jsp_sy/index.html，下载本次实验内容的源代码(压缩文件)并解压，得到文件夹 ch07a，供下面的实验使用。

1. 项目开发前的准备。
   (1) 新建文件夹 d:\mylib，将 Tomcat 6.0\lib\servlet-api.jar 复制到该文件夹。
   (2) 在 Tomcat 6.0\webapps 文件夹里新建项目 ch07。
   (3) 在 ch07 里创建子文件夹 WEB-INF。
   (4) 在文件夹 WEB-INF 里创建子文件夹 classes。
   (5) 将 Servlet 源文件 ch07a\ServletDemo.java 文件复制到文件夹 classes 里。
2. 查看 Servlet 源程序结构。
   (1) 使用 EditPlus 打开文件夹 classes 里的源文件 ServletDemo.java。
   (2) 首行通常是打包命令，部署时需要记住包名。
   (3) 查看 import 命令中导入的主要包(接口)——javax.servlet.Servlet。
   (4) 查看处理/响应的主要方法及其参数类型 service(ServletRequest req, ServletResponse res)。
   (5) 查看初始化方法及其参数类型 init(ServletConfig param1)。
   (6) 查看销毁方法 destroy()。
3. Servlet 源程序的编译。
   (1) 配置 EditPlus 中 Java 编译命令的 Argument 参数为"-classpath .;d:\mylib\ * $(FileName) - d ."。
   (2) 编译前，保证源文件保存时使用的编码格式(不是文件类型!)为 ANSI 而不是 UTF-8。
   (3) 按 Javac 命令对应的快捷键编译源文件，得到 .class 文件。
4. 配置和运行 Servlet 程序，体会 Servlet 的生命周期。
   (1) 在 WEB-INF 文件夹里创建项目配置文件 web.xml。
   (2) 分别在＜servlet＞标签和＜servlet-mapping＞内配置 Servlet，并将访问 Servlet 的路径配置在项目的根路径。
   (3) 进入 DOS 命令行方式，输入 tomcat6 启动 Web 服务器。

（4）打开浏览器，输入 http://localhost:8080/ch07/ServletDemo 访问该 Servlet，
　　浏览器显示响应信息。

（5）从控制台查看初始化信息和服务信息。

（6）刷新页面两次，查看控制台信息的变化。

（5）输入 http://localhost:8080 并以管理员身份登录，停止项目 ch07，查看控制
　　台信息的变化（出现 destroy）。

三、实验小结及思考

（由学生填写，重点写上机中遇到的问题）

实验 7(B)　在集成环境中开发 Servlet

一、实验目的

1. 掌握在 MyEclipse 中开发 Servlet 的三种方法；
2. 掌握使用 Servlet 处理表单的方法；
3. 掌握统一请求/响应编码的方法；
4. 掌握 Servlet 监听器的工作原理与使用；
5. 掌握 Servlet 过滤器的工作原理与使用。

二、实验内容及步骤

【预备】访问 http://www.wustwzx.com/jsp_sy/index.html，下载本次实验内容的源代码(压缩文件)并解压，得到文件夹 ch07b，供下面的实验使用。

1. 使用 Servlet 开发的三种方式。
   （1）打开 MyEclipse for Spring 10。
   （2）使用 File 菜单，导入文件夹 ch07b 里的 Web 项目 ch07_bas。
   （3）查看 Servlet1.java 源文件中实现的接口名称。
   （4）查看 Servlet2.java 源文件中继承的类的名称。
   （5）查看 Servlet3.java 源文件中继承的类的名称。
   （6）根据配置文件中对各 Servlet 的配置，分别访问。
2. 使用 Servlet 处理表单。
   （1）使用 File 菜单，导入文件夹 ch07b 里的 Web 项目 ch07_login。
   （2）查看表单页面中 action 的属性值为一个 Servlet 名。
   （3）查看 Servlet 源文件中的统一请求编码的代码。
   （4）查看 Servlet 源文件中的用于正确登录的用户名及密码。
3. 使用 Servlet 监听器统计网站在线人数。
   （1）使用 File 菜单，导入文件夹 ch07b 里的 Web 项目 ch07_zxrs。
   （2）查看类文件 OnlineCounter.java 的代码。
   （3）查看 Servlet 监听器源文件中所实现的接口及接口方法。
   （4）查看 Servlet 监听器的配置文件。
   （5）查看测试页面 zxrs.jsp 的代码并进行浏览测试。
4. Servlet 过滤器的开发与使用。
   （1）使用 File 菜单，导入文件夹 ch07b 里的 Web 项目 ch07_filter。
   （2）测试文件过滤(身份验证)的功能。
   （3）新建并完成测试字符过滤的项目 ch07_filter2(参见第 7.4.3 小节)。

三、实验小结及思考

（由学生填写，重点写上机中遇到的问题）

实验 7(C) 使用 MVC 模式开发 Web 项目

一、实验目的

1. 掌握 MVC 开发模式的基本原理；
2. 掌握在集成环境中使用 MVC 模式开发 Web 项目的步骤；
3. 掌握使用 MVC 模式开发含有数据库访问的 Web 项目。

二、实验内容及步骤

【预备】访问 http://www.wustwzx.com/jsp_sy/index.html，下载本次实验内容的源代码(压缩文件)并解压，得到文件夹 ch07c，供下面的实验使用。

1. 分析一个在集成环境中使用 MVC 模式开发的 Web 项目(不含数据库访问)。
    (1) 打开 MyEclipse for Spring 10。
    (2) 使用 File 菜单，导入文件夹 ch07c 里的 Web 项目 ch07_mvc1。
    (3) 部署项目、启动 Apache Tomcat 并浏览主页 trimvc.html。
    (4) 查看主页文件中调用 Servlet 的代码。
    (5) 查看 Servlet 源文件中引入 JavaBean 所在包的代码。
    (6) 查看 Servlet 源文件中转发的代码。
    (7) 查看项目文件系统，主要包括 java 源文件所在的文件夹、网页文件所在的文件夹和配置文件所在的文件夹，从整体上把握在集成环境中使用 MVC 模式开发 Web 项目的步骤。
2. 在集成环境中，使用 MVC 模式开发一个用户管理系统(含数据库访问)。
    (1) 使用 Navicat for MySQL 软件，查看 test 数据库 user 表的结构与记录信息。
    (2) 使用 File 菜单，导入文件夹 ch07c 里的 Web 项目 ch07_mis。
    (3) 打开源文件 sqlBean.java，查看方法 executeQuery()，实现返回对象类型的代码。
    (4) 查看源文件 LoginServlet.java 中建立 Session 信息的方法。
    (5) 查看页面 main.jsp 中使用 Session 信息 Xxcx.jsp 中获取请求对象属性的方法。
    (6) 查看源文件 XxcxServlet.java，使用 Session 信息和在 C 层中调用 M 层的方法。
    (7) 查看源文件 XxcxServlet.java 中对象向下转型的用法。
    (8) 查看 XxcxServlet.java 中设置请求对象属性的方法。
    (9) 部署项目。
    (10) 启动 Web 服务器。
    (11) 打开浏览器后进行测试。
    (12) 完成"修改信息"模块的代码设计。
    (13) 查看实现"注销用户"的 Servlet 程序 zxyhServlet.java 的源代码及 JavaScript 代码。

三、实验小结及思考

(由学生填写，重点写上机中遇到的问题)

第8章　文件下载与文件上传

开发音乐等资源型网站,通常提供了文件下载功能;而开发网络论坛等类型的网站,需要有文件上传功能。总之,文件的下载与上传功能在网站开发时是经常使用的。Servlet 和 JSP 技术并没有直接提供文件上传的功能,解决这个问题的方案有两种,一种是自己开发实现文件上传功能的组件,另一种是使用别人已经开发好的文件上传功能组件。本章学习要点如下:

- 掌握使用 File 实现文件(或目录)操作的编程方法;
- 掌握字节流类 InputStream 和 OutputStream 在实现文件下载和上传程序中的作用;
- 掌握使用 Servlet 编程实现文件下载的方法;
- 掌握使用 FileUpLoad 组件实现文件上传的方法。

8.1　预备知识

8.1.1　文件上传与下载的基本概念

文件上传的过程是从客户端到服务器再到服务器硬盘的过程,实质上是 IO 流与文件操作的过程。文件下载则是它的反向操作。

注意:通过<A>标记实现的普通文件链接下载不能有效地保护资源(或者说,暴露了站内资源),通过 Servlet 实现的文件下载则可以,例如通过身份验证后才能下载。

8.1.2　文件类 java.io.File

软件包 java.io 中提供了用于文件(或目录)操作的 File 类,其构造函数参数可以是全局文件名或全局路径名。

File 类提供的常用方法,如表 8.1.1 所示。

表 8.1.1　File 类的常用方法

方法名	功　　能
getName()	返回文件(或目录)的名称
isFile()	判断是否为文件
isDirectory()	判断是否为目录
Mkdir()	根据 File 对象里的参数创建目录
exists()	判断文件(或目录)是否存在
getParent()	返回文件的上一级路径
lenth()	返回文件长度

续表

方法名	功　　能
String[]list()	返回目录下的文件及其子目录列表
getPath()	返回文件(或目录)所在的路径
getAbslutePath()	返回文件(或目录)所在的绝对路径

【例 8.1.1】 使用 File,实现文件与目录操作。

【实现步骤】

(1) 在 MyEclipse 中新建名为 ch08 的 Web 项目。

(2) 在项目新建名为 filedemo.jsp 的 JSP 页面,文件代码如图 8.1.1 所示。

```
<%@ page language="java" import="java.util.*" pageEncoding="UTF-8"%>
<%@ page import="java.io.File" %>
<html>
  <head>
    <title>File类用法之一：文件操作</title>
  </head>

  <body>
<%
      String path =request.getRealPath(".");//当前请求的绝对路径
      path=path.substring(0,path.length()-1);
      //out.print(path+"<br/>");//测试
      File file=new File(path+"dirdemo.jsp");  //创建实例，全局文件名
      out.print("文件dirdemo.jsp的上一级路径是："+file.getParent()+"<br/>");
      //out.print(file.getAbsolutePath()+"<br/>");
      if(file.exists())
          out.print("站点根目录存在文件dirdemo.jsp，文件长度为"+file.length());
      else
          out.print("站点根目录不存在文件dirdemo.jsp！");
%>
  </body>
</html>
```

图 8.1.1　测试使用 File 类进行文件操作的页面 filedemo.jsp 的源代码

(3) 发布项目、启动 Web 服务器,浏览页面 filedemo.jsp。

(4) 新建名为 dirdemo.jsp 页面,其源代码如图 8.1.2 所示。

```
<%@ page language="java" import="java.util.*" pageEncoding="UTF-8"%>
<%@ page import="java.io.File" %>
<html>
  <head>
    <title>File类用法之二：目录操作</title>
  </head>
  <body>
<%
      String path = request.getRealPath(".");  //获取请求的当前路径
      path=path.substring(0,path.length()-2);
      //out.print(path+"<br/>");//测试
      File dir=new File(path,"test");  //创建实例
      if(dir.exists())
        out.print("服务器里的项目根目录里已经存在子目录test<br/>");
      else{
        dir.mkdir();
        out.print("已经在服务器里的项目的根目录里创建了test子目录，请查验<br/>");
        }
%>
  </body>
</html>
```

图 8.1.2　测试使用 File 类进行目录操作的页面 dirdemo.jsp 的源代码

(5) 关闭浏览器后,再次打开浏览器,浏览 dirdemo.jsp 页面,会创建 test 文件夹。

(6) 关闭浏览器后,再次打开浏览器,浏览 dirdemo.jsp 页面,显示 test 文件夹已经创建。

8.1.3　与 IO 流相关的字节流对象

文件的下载与上传，最终是以字节形式的 IO 流的读写来实现的。Java 的软件包 java.io 中提供了字节形式的 IO 流类，即 InputStream 和 OutputStream，它们的软件层次及主要方法，如图 8.1.3 所示。

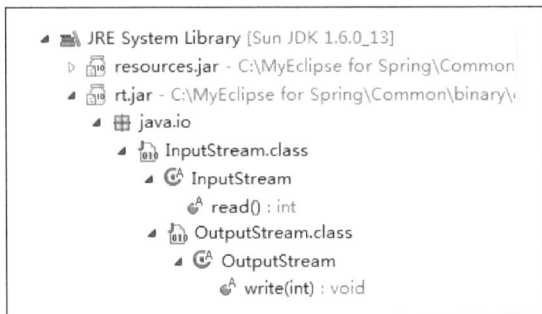

图 8.1.3　读写字节流的两个主要类及其主要方法

8.2　使用 java.io 软件包和 Servlet 实现文件下载

使用 Servlet 实现文件下载的主要思想是：使用 Servlet 响应超链接中的单击事件，将普通链接下载中的 href 属性值作为向 Servlet 传递参数的参数值，最后通过字节形式的 IO 流类完成文件的读写。

注意：由于文件下载本质上还是请求/响应类型，因此可以使用 Servlet 完成，即文件下载还是属于 Servlet 的应用。

由于下载的文件名中可能包含有中文字符，所以，下面分 MyEclipse 集成环境（使用 UTF-8 编码）和手工环境（使用 ANSI 或 GBK 编码）分别介绍文件下载的实现。

【例 8.2.1】　在 MyEclipse 集成环境中，使用 Servlet 实现文件下载。

【实现步骤】项目源文件和 JSP 页面均以 UTF-8 编码格式保存，实现步骤如下：

（1）在 MyEclipse 中新建名为 ch08_df 的 Web 项目。

（2）在 src 文件夹里新建名为 download 的包。

（3）在包 download 内新建一个名为 FileDownLoadServlet 并继承类 HttpServlet 的 Servlet，其源文件 FileDownLoadServlet.java 的代码如下。

```
package download;    //打包
import java.io.BufferedInputStream;
import java.io.BufferedOutputStream;
import java.io.File;    //关键类
import java.io.FileInputStream;
import java.io.IOException;
import java.io.InputStream;    //
import java.io.OutputStream;    //
```

```
import java.net.URLEncoder;   //
import javax.servlet.ServletException;
import javax.servlet.http.HttpServlet;   //关键类
import javax.servlet.http.HttpServletRequest;
import javax.servlet.http.HttpServletResponse;
public class FileDownLoadServlet extends HttpServlet {
    protected void service(HttpServletRequest request,
        HttpServletResponse response) throws ServletException, IOException {
        String path=request.getParameter("filename");   //获取请求下载的文
                                                              件名
        //超链接属于 get 请求,服务器默认使用 ISO-8859-1 编码传递链接参数
        // 参见 server.xml 中的 URIEncoding 设置
        path=new String(path.getBytes("ISO-8859-1"), "utf-8");   //转码
        download(path, request, response);   //调用下载方法
    }
    public HttpServletResponse download(String path,
            HttpServletRequest request, HttpServletResponse response) {
        try {
            File file=new File(this.getServletContext.getRealPath("/")
            +"/"+path);
            System.out.print(file);   //控制台输出带全路径的文件名
            String filename=file.getName();   //不带路径的文件名
            String filename=file.getName();   //获取文件名
            // 以流的形式下载文件
            InputStream fis=new BufferedInputStream(new FileInputStream
                (file));
            byte[] buffer=new byte[fis.available()];
            fis.read(buffer);   //读字节流
            fis.close();
            response.reset();   // 清空 response
            // 设置 response 的 Header,以附件的形式下载资源,指定默认文件名
            //设置文件长度(计算进度条时用)
                response. addHeader ( " Content-Disposition", " attachment;
                filename="+URLEncoder.encode(filename,"utf-8"));
                    //转码,防止中文乱码
            response.addHeader("Content-Length", "" +file.length());
                OutputStream toClient = new BufferedOutputStream (response.
                getOutputStream());
            response.setContentType("application/octet-stream");
            //设置响应类型
            toClient.write(buffer);   //写字节流
```

```
                toClient.flush();
                toClient.close();
            } catch (IOException ex) {
                ex.printStackTrace();
            }
            return response;
        }
    }
```

该 Servlet 在 web.xml 文件中的配置代码如下。

```
<servlet>
    <servlet-name>fileDownLoadServlet</servlet-name>
    <servlet-class>download.FileDownLoadServlet</servlet-class>
</servlet>
<servlet-mapping>
    <servlet-name>fileDownLoadServlet</servlet-name>
    <url-pattern>/fileDownLoadServlet</url-pattern>
</servlet-mapping>
```

（4）复制粘贴一个音乐文件"得意的笑.mp3"到 WebRoot 文件夹。

（5）建立一个名为 downloadfile.jsp 的 JSP 页面，其代码如图 8.2.1 所示。

```
<%@ page language="java" contentType="text/html; charset=UTF-8" pageEncoding="UTF-8"%>
<html>
    <head>
        <title>使用Servlet实现下载</title>
    </head>
    <body>
        <a href="fileDownLoadServlet?filename=得意的笑.mp3">下载这首歌---- 得意的笑</a>
    </body>
</html>
```

图 8.2.1　页面 downloadfile.jsp 源代码

至此，项目文件系统已完成，如图 8.2.2 所示。

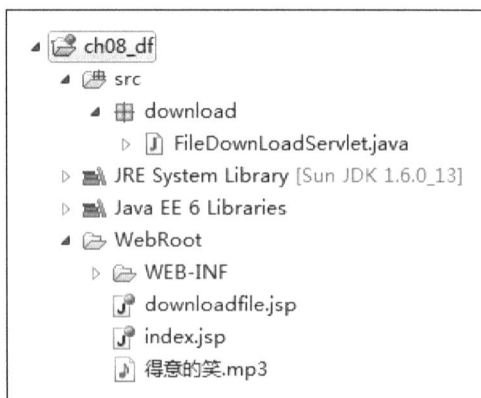

图 8.2.2　项目文件系统

（6）部署项目后启动 Web 服务器和 IE 浏览器。

（7）在浏览器地址栏输入 http://localhost:8080/ch08_df/downloadfile.jsp 访问 JSP 页面 downloadfile.jsp，单击超链接后出现下载对话框，浏览效果如图 8.2.3 所示。

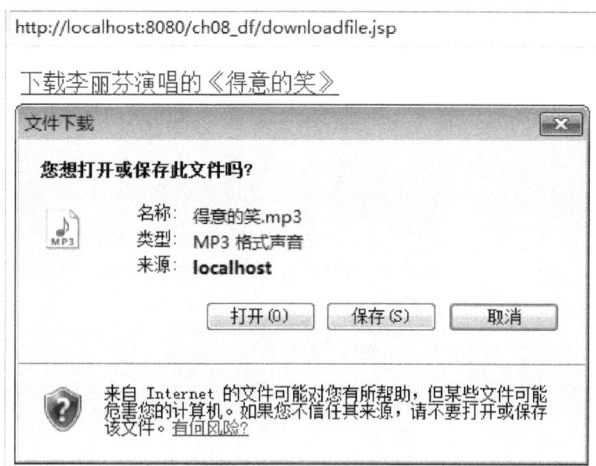

图 8.2.3　文件下载对话框

注意：本项目在 IE 浏览器中测试正常，但当使用 360 浏览器时出现异常（下载后的文件大小为 0 字节）。

【例 8.2.2】　在手工环境中，使用 Servlet 实现文件下载。

【设计要点】项目源文件和 JSP 页面均以 ANSI 编码格式保存，实现步骤如下：

（1）在 Tomcat 6.0\webapps 里建立项目文件夹 ch08_df_m。

（2）该项目内含有一个 WEB-INF 文件夹、一个 index.jsp 和一个音乐文件。

（3）WEB-INF 文件夹里含有 classes 文件夹和 web.xml 文件。

（4）classes 文件夹内含有一个 Servlet 源文件和一个 Java 源文件，使用 EditPlus 手工编译它们后，自动生成包为 download，其内存放两个相应的 .class 文件。

注意：因为类间的调用关系，必须先编译 Util.java 类，然后再编译 DownLoadServlet.java 类。

项目文件系统，如图 8.2.4 所示。

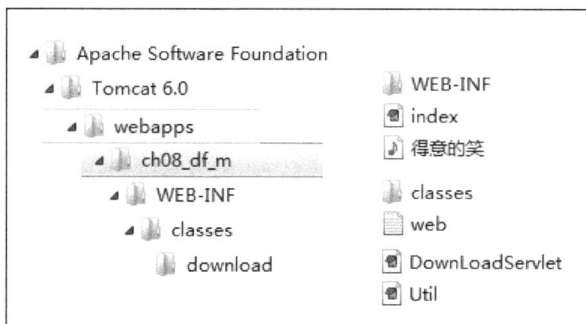

图 8.2.4　手工环境开发的文件系统

下载页面 index.jsp 的代码如下。

```jsp
<%@page contentType="text/html; charset=gb2312"%>
<html>
    <head>
        <title>手工开发的下载案例</title>
    </head>
    <body>
        <a href="Down? url=得意的笑.mp3">下载这首歌---- 得意的笑.mp3</a>
    </body>
</html>
```

Servlet 在 web.xml 文件中的配置代码如下。

```xml
<?xml version="1.0" encoding="UTF-8"?>
<web-app version="2.4" xmlns="http://java.sun.com/xml/ns/j2ee"
    xmlns:xsi="http://www.w3.org/2001/XMLSchema-instance"
    xsi:schemaLocation="http://java.sun.com/xml/ns/j2ee
    http://java.sun.com/xml/ns/j2ee/web-app_2_4.xsd">
    <servlet>
        <servlet-name>DownLoadServlet</servlet-name>
        <servlet-class>download.DownLoadServlet</servlet-class>
    </servlet>
    <servlet-mapping>
        <servlet-name>DownLoadServlet</servlet-name>
        <url-pattern>/Down</url-pattern>
    </servlet-mapping>
    <welcome-file-list>
        <welcome-file>index.jsp</welcome-file>
    </welcome-file-list>
</web-app>
```

Servlet 源文件 DownLoadServlet.java 的代码如下。

```java
package download;   //打包
import java.io.BufferedInputStream;
import java.io.File;
import java.io.FileInputStream;
import java.io.IOException;
import java.io.OutputStream;

import javax.servlet.ServletException;
import javax.servlet.http.HttpServlet;
import javax.servlet.http.HttpServletRequest;
import javax.servlet.http.HttpServletResponse;

public class DownLoadServlet extends HttpServlet {
```

```
    private static final String CONTENT_TYPE="text/html; charset=gb2312";

    public void init() throws ServletException {
    }

    // Process the HTTP Get request
     public void doGet (HttpServletRequest  request, HttpServletResponse
response)
            throws ServletException, IOException {
        response.setContentType(CONTENT_TYPE);    //设置响应编码类型
        String downLoadFile=request.getParameter("url"); //链接中的参数

        String target="";    //下载目的地
        if (!"".equals(downLoadFile)) {
            String fullFileName=Util.chineseStr(downLoadFile);//类调用
            String attch_name=Util.getAttachName(fullFileName);
            String file_name=Util.getRealName(request, fullFileName);

            if (fullFileName==null) {
                System.out.println("文件不存在,或者禁止下载");
                return;
            }
            String currentNamepath = this. getServletContext ( ). getRealPath
            ("/");
            File file=new File(file_name);
            if (file.exists()) {
                try {
                    FileInputStream fileContext=new FileInputStream(
                        currentNamepath+fullFileName);
                    BufferedInputStream inStream=new BufferedInputStream(
                        fileContext);
                    response.reset();
                    response.setContentType("application/x-msdownload");
                    target=java.net.URLEncoder.encode(attch_name, "UTF-8");
                    response.addHeader("Content-Disposition",
                        "attachment; filename=\""+target+"\"");

                    OutputStream sOut=response.getOutputStream();
                    byte[] b=new byte[8192];
                    int len=0;
                    while ((len=inStream.read(b)) !=-1) {
```

```
                sOut.write(b, 0, len);
            }
            sOut.close();
            System.out.println("下载完毕,请查看");
        }

        catch (IOException ex) {
            System.out.println(ex.getMessage());
        }
    } else {
        System.out.println("下载文件不存在");
    }

    } else {

        System.out.println("参数错误");

    }

    }

    // Process the HTTP Post request
     public void doPost (HttpServletRequest request, HttpServletResponse
response)
            throws ServletException, IOException {
        doGet(request, response);   //两种请求的响应代码相同
    }

    // Clean up resources
    public void destroy() {
    }
}
```

辅助类源文件 Util.java 的代码如下。

```
package download;   //打包
import java.io.File;
import javax.servlet.http.HttpServletRequest;

public class Util {
    public static String chineseStr(String str) {
        try {
            if (str==null)
                return "";
```

```
        String tempStr=str;
        byte[] tempArray=tempStr.getBytes("ISO8859-1");
        String temp=new String(tempArray);
        return temp;
    } catch (Exception ex) {
        System.out.println("ex.getMessage()");
    }
    return "";
}
```

//取得下载文件的真实全路径名称

```
public static String getRealName(HttpServletRequest request, String file
_name) {
    if (request==null||file_name==null)
        return null;
    file_name=file_name.trim();
    if (file_name.equals(""))
        return null;
    String file_path=request.getRealPath(file_name);
    if (file_path==null)
        return null;
    File file=new File(file_path);
    if (!file.exists())
        return null;
    return file_path;
}
```

//取得不带路径的文件名称

```
public static String getAttachName(String file_name) {
    if (file_name==null)
        return"";
    file_name=file_name.trim();
    int iPos=0;
    iPos=file_name.lastIndexOf("\\");
    if(iPos>-1) {
        file_name=file_name.substring(iPos+1);
    }
    iPos=file_name.lastIndexOf("/");
    if(iPos>-1) {
        file_name=file_name.substring(iPos+1);
    }
    iPos=file_name.lastIndexOf(File.separator);
    if(iPos>-1) {
        file_name=file_name.substring(iPos+1);
```

```
        }
        return file_name;
    }
}
```

页面的浏览效果,如图 8.2.5 所示。

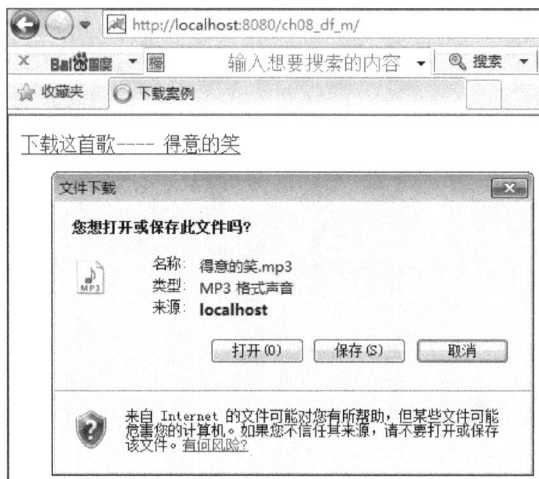

图 8.2.5　页面浏览效果

注意:浏览时,不会出现中文乱码,也没有浏览种类的限制。

8.3　使用 FileUpload 组件实现文件上传

8.3.1　预备知识:集合框架与泛型

使用 FileUpload 组件实现文件上传,需要先了解 Java 的集合框架和泛型。

Java 集合框架包含了两个通用的接口——java.util.Collection 和 java.util.Map。

List 接口继承了 Collection 接口,List 类型的对象按照一定次序排列,对象之间有次序关系,允许出现重复的对象。Set 类型的对象是无序的对象集,且唯一不能重复。

List 接口、Set 接口和 Collection 接口所在的软件层次,如图 8.3.1 所示。

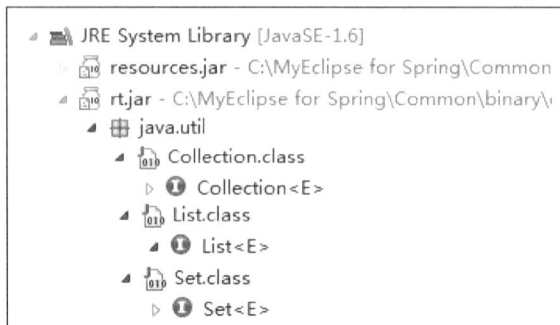

图 8.3.1　Java 的集合框架(部分)

泛型是 JDK 1.5 引入影响最大的新特性，泛型的目的是使用户为类或者方法申明一种一般模式，使得类中的某些数据成员或者成员方法的参数、返回值可以取得任意类型，从而实现用一个方法或者类去处理不同的数据类型。

8.3.2　关于 FileUpload 组件

与文件下载不同的是，开发文件上传时需要使用表单和文件域，而且还有如下要求：

（1）表单提交方式必须是 POST 方式。

（2）指定表单的编码类型 enctype＝"multipart/form-data"，而不是使用默认的编码类型 application/x-www-form-urlencoded。

由于指定了表单的类型 enctype＝"multipart/form-data"，即以二进制数据流提交数据，因此，不能使用通常的方法 request.getParameter("name")来获取提交到后台的普通表单域的值。

使用开源组织提供的 FileUpload 组件，可以方便地实现文件的上传功能。

注意：（1）使用 FileUpLoad 组件，实现文件上传，在项目中必须同时引入由第三方提供的两个 jar 包：commons-fileupload-1.2.2.jar 和 commons-io-2.3.jar。

（2）编写实现文件上传的 Servlet 时，不会直接涉及 commons-io-2.3.jar 包中的软件包中的类（或接口）。

FileUpload 组件中与文件上传相关的类与接口，如图 8.3.2 所示。

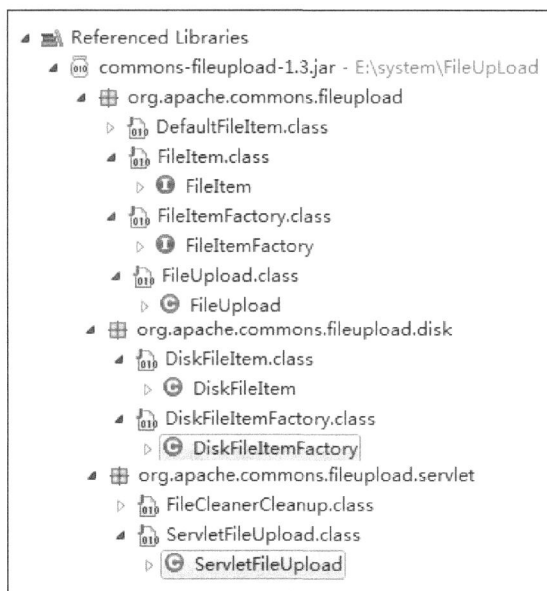

图 8.3.2　FileUpLoad 组件的主要接口与类

其中，FileItem 为文件条目接口，FileItemfactory 为文件条目工厂接口。

8.3.3　使用 FileUpload 组件实现文件上传

使用 FileUpload 组件进行实现文件上传的步骤：

(1) 设置表单。

　　　　method= "post "，enctype= "multipart/form-data "

(2) 创建 FileItemFactory 实例。

```
DiskFileItemFactory factory=new DiskFileItemFactory();
```

(3) 创建 ServletFileUplad 实例。

```
ServletFileUpload upload=new ServletFileUpload(factory);
```

(4) 定义文件条目的泛型列表，使用 ServletFileUpload 实例解析请求，获取 FileItem 的 List。

```
List<FileItem>list=(List<FileItem> )upload.parseRequest(request);
```

(5) 遍历列表，判断是否为表单域或为文件域，以使用相应的方法。

```
for(FileItem item:list) {…}
```

表单域相关方法。

　　　　item.getFieldName()，item.getString()

文件域相关方法。

　　　　item.getName()，getContentType()，getSize()

【例 8.3.1】　使用开源的 FileUpLoad 组件，实现文件上传。

创建文件上传实现后的项目文件系统，如图 8.3.3 所示。

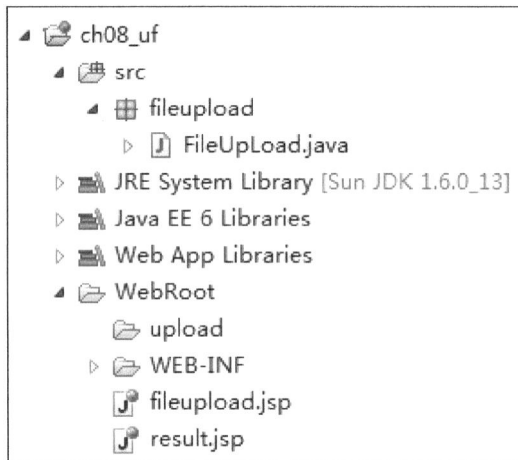

图 8.3.3　文件上传项目的文件系统

【实现步骤】

(1) 启动 MyEclipse，建立项目文件夹 ch08_uf。

(2) 在项目的 WebRoot 里建立名为 upload 的子文件夹，用以存放上传后的文件。

(3) 在项目的 WebRoot 文件夹，新建名为 fileupload.jsp 的 JSP 表单页面，页面代码如图 8.3.4 所示。

注意：表单可以定义多个文件域，因此，一次可以同时上传多个文件。

(4) 在项目的 src 文件夹内新建名为 fileupload 的包。

(5) 在包内新建名为 FileUpLoad 的 Servlet 包，在包内建立实现类 HttpServlet、名

```
<%@ page language="java" import="java.util.*" pageEncoding="UTF-8"%>
<html>
  <head>
    <title>文件上传的表单页面</title>
  </head>
  <body>
      <!-- enctype 默认是 application/x-www-form-urlencoded -->
      <!-- 文件上传时必须enctype="multipart/form-data" -->

      <form action="FileUpLoad" enctype="multipart/form-data" method="post" >
          上传者：<input type="text" name="provider"> <br/>
          上传文件：<input type="file" name="file1" size="60"><br/>
          文件附件（图片文件）：<input type="file" name="file2" size="60"><br/>
          <input type="submit" value="提交"/>
      </form>
  </body>
</html>
```

图 8.3.4　文件上传之表单页面的 fileupload.jsp 源代码

为 FileUpLoad 的 Servlet，FileUpLoad.java 的源代码如下。

```
package fileupload;  //

import java.io.File;   //

import java.io.FileOutputStream;

import java.io.IOException;

import java.io.InputStream;    //

import java.io.OutputStream;   //

import java.util.List;    //


import javax.servlet.ServletException;

import javax.servlet.http.HttpServlet;   //

import javax.servlet.http.HttpServletRequest;

import javax.servlet.http.HttpServletResponse;


import org.apache.commons.fileupload.FileItem;   //

import org.apache.commons.fileupload.FileUploadException;

import org.apache.commons.fileupload.disk.DiskFileItemFactory;   //

import org.apache.commons.fileupload.servlet.ServletFileUpload;   //


public class FileUpLoad extends HttpServlet {
    public void doPost (HttpServletRequest request, HttpServletResponse response)
            throws ServletException, IOException {
        // 设置文件上传后存放的绝对路径
        //String path=request.getRealPath("/upload");   //不推荐的用法
        String path=this.getServletContext().getRealPath("/upload");
        //推荐
        //文件上传时，文件域与表单域的字符编码要分开处理
        request.setCharacterEncoding("utf-8"); //文件域
        //文件条目工厂
        DiskFileItemFactory factory=new DiskFileItemFactory(); //主要类
```

```
        ServletFileUpload upload=new ServletFileUpload(factory);//主要类
        try {
            // 一次可以上传多个文件,泛型
        List<FileItem>list=(List<FileItem>)upload.parseRequest(request); //

            for(FileItem item:list) {
                String name=item.getFieldName();//获取表单的属性名

                if (item.isFormField()) {    // 普通的表单域
                    String value=item.getString("utf-8");//设置编码
                    request.setAttribute(name, value);   //设置属性
                }
                else {        //上传文件
                    String value=item.getName(); //获取路径名
                    int start=value.lastIndexOf("\\"); //索引反斜杠
                    String filename=value.substring(start+1); //取文件名
                    request.setAttribute(name, filename);        //设置属性

                    //以下完成字节流的读写
        OutputStream out=new FileOutputStream(new File(path,filename)); //
                    InputStream in=item.getInputStream();   //
                    int length=0;
                    byte[] buf=new byte[1024];  //创建缓冲数组
                    while ((length=in.read(buf))!=-1) {  //读
                        out.write(buf, 0, length);   //写
                    }
                    in.close();
                    out.close();
                }
            }
        }
        catch (FileUploadException e) {
            e.printStackTrace();   //向控制台输出异常
        }

        //转发至结果页面 result.jsp
          request.getRequestDispatcher ("result.jsp"). forward (request,
    response);
        }
    }
```

注意:(1) 由于表单编码的 entype 的属性不是通常值,所以在 Servlet 中获取请求参数不能使用 request. getParameter()方法,而是使用 FileItem 类的相关方法。

(2) 处理表单域时,如果去掉方法 item. getString("utf-8")中的参数,则在 result. jsp

页面中会出现中文乱码(上传者名字,如果名字是中文的话)。

(6) 在 web. xml 中配置 Servlet,其配置代码代码如图 8.3.5 所示。

```xml
<?xml version="1.0" encoding="UTF-8"?>
<web-app version="2.4" xmlns="http://java.sun.com/xml/ns/j2ee"
        xmlns:xsi="http://www.w3.org/2001/XMLSchema-instance"
        xsi:schemaLocation="http://java.sun.com/xml/ns/j2ee
        http://java.sun.com/xml/ns/j2ee/web-app_2_4.xsd">

        <servlet>
                <servlet-name>FileUpLoad</servlet-name>
                <servlet-class>fileupload.FileUpLoad</servlet-class>
        </servlet>
        <servlet-mapping>
                <servlet-name>FileUpLoad</servlet-name>
                <url-pattern>FileUpLoad</url-pattern>
        </servlet-mapping>

        <welcome-file-list>
                <welcome-file>index.jsp</welcome-file>
        </welcome-file-list>
</web-app>
```

图 8.3.5　配置名为 FileUpLoad 的 Servlet

(7) 在项目的 WebRoot 文件夹内,新建名为 result. jsp 的 JSP 页面,用于显示文件上传的结果,页面代码如图 8.3.6 所示。

```jsp
<%@ page language="java" import="java.util.*" pageEncoding="UTF-8"%>
<html>
  <head>
      <title>显示上传结果页面</title>
  </head>
  <body>
  <%
    request.setCharacterEncoding("utf-8");
  %>
    提供人: ${requestScope.provider }<br/>
    文件: ${requestScope.file1 }<br/>
    图片说明:   ${requestScope.file2 }<br/>
    <!-- 把上传的图片显示出来 -->
    <img src="upload/<%=(String)request.getAttribute("file2")%> " />
  </body>
</html>
```

图 8.3.6　文件上传成功后的结果页面 result. jsp

(8) 部署 Web 项目,启动 Web 服务器。

(9) 打开浏览器,浏览项目里的 fileupload. jsp 页面,效果分别如图 8.3.7 和图 8.3.8 所示。

图 8.3.7　文件上传之表单页面效果

图 8.3.8　文件上传后的
结果页面效果

注意:Struts 2 也提供了文件下载与上传的功能,参见实验 9(A)内容 3。

习　题　8

一、判断题

1. 文件上传时，也是通过 request.getParameter()方法获取请求参数。

2. Servlet 和 JSP 技术没有直接提供文件上传的功能。

3. 使用 java.io.File 类创建的对象，只能是文件。

4. 文件下载与文件上传本质上还是请求/响应类型，因此可以使用 Servlet 实现。

5. 使用 FileUpLoad 组件，一次可以同时上传多个文件。

二、选择题

1. 下列方法中，不由 java.io.File 类提供的是_____。
   A. getName()　　　B. isFile()　　　C. exist()　　　D. getRealPath()

2. 使用实现 HttpServlet 类编写的 Servlet 实现文件下载时，不必引入的软件包是_____。
   A. java.io
   B. javax.servlet.http
   C. javax.servlet
   D. java.io.OutputStream

3. 使用实现 FileUpLoad 组件编写 Servlet 实现文件下载时，不必引入的软件包是_____。
   A. java.io
   B. javax.servlet.http
   C. javax.servlet
   D. java.io.OutputStream

4. 在实现文件下载的 Servlet 程序中，应设置 response.setContentType("_____")。
   A. application/octet-stream
   B. text/html
   C. aplication/x-msworld
   D. aplication/x-msexcel

5. 使用 FileUpLoad 组件编写实现文件上传的 Servlet 时，不必引入的软件包是_____。
   A. java.util
   B. org.apache.commons.fileupload.disk
   C. java.text
   D. org.apache.commons.fileupload.servlet

三、填空题

1. 创建 java.io.File 类的实例时，其构造函数的参数中只能_____路径。

2. 通常，表单提交时将按照文档本身的编码进行编码。但在文件上传时，需要指定表单的_____属性值为 multpart/form-data。

3. 使用 FileUpLoad 组件实现文件上传时，表单域与文件域条目的泛型是通过软件包 org.apache.commons.fileupload.servlet 中的_____类的相关方法解析的。

4. 使用 Servlet 实现文件上传与下载，本质上是_____流的读写。

5. 抽象类 InputStream 和 OutputStream 所在的软件包是_____。

实验 8　JSP 网站中的文件下载与上传

一、实验目的

1. 掌握 java. io. File 类的基本用法；
2. 掌握字节流类在实现文件下载和上传的 Servlet 程序中的作用；
3. 掌握使用 Servlet 编程实现文件下载的方法；
4. 掌握使用 FileUpLoad 组件编程实现文件上传的方法；
5. 掌握处理中文乱码的方法。

二、实验内容及步骤

【预备】访问 http://www.wustwzx.com/jsp_sy/index.html，单击"实验 8"超链接，下载本次实验内容的源代码并解压（得到文件夹 ch08）。

1. 使用 File 类实现文件与目录的基本操作。
   （1）打开 MyEclipse for Spring 10。
   （2）导入解压文件夹里的 Web 项目 ch08。
   （3）打开项目的源文件 filedemo. jsp，查看文件操作的相关代码。
   （4）打开项目的源文件 dirdemo. jsp，查看目录操作的相关代码。
   （5）部署项目。
   （6）启动 Web 服务器，启动浏览器，分别两个 JSP 页面。
2. 使用 Servlet 编程，实现文件下载。
   （1）导入解压文件夹里的 Web 项目 ch08_df。
   （2）查看项目里 JSP 页面中使用 Servlet 响应超链接的代码。
   （3）查看项目时机 Servlet 源文件的代码。
   （4）部署项目后浏览 JSP 页面。
   （5）去掉 Servlet 源程序中每一个 sesponse. setHeader()方法里的参数 utf-8，重新总署后再浏览测试，观察下载对话框里文件名乱码。
3. 使用 FileUpLoad 组件进行 Servlet 编程，实现文件上传。
   （1）导入解压文件夹里的 Web 项目 ch08_uf。
   （2）查看项目里表单页面 fileupload. jsp 中响应表单所使用 Servlet 的代码。
   （3）查看项目里 Servlet 源文件中使用 FileUpLoad 组件的代码。
   （4）查看项目里结果页面 result. jsp 中引用 servlet 转发过来的属性的代码。
   （5）部署项目后浏览表单页面。
   （6）查看文件夹 Tomcat 6.0\webapps\ch08_uf\upload 里上传的文件。

三、实验小结及思考

（由学生填写，重点写上机中遇到的问题）

第 9 章　Web 编程框架 SSH 及其应用

为了更好地实现代码复用和团队的协同开发,Web 编程框架的选择是非常重要的一个环节。Struts 是一个基于 MVC 的框架软件,Spring 是一个轻量级的控制反转(IoC,Inversion of Control)和面向切面编程(AOP,Aspect Orineted Programming)的容器框架,Hibernate 是一个面向 Java 环境的对象/关系映射(ORM,Object-Relational Mapping)工具。本章在分别介绍 Struts,Spring 和 Hibernate 的基础上,对 SSH 整合开发技术进行了介绍。本章学习要点如下:

- 掌握 Struts 的工作原理;
- 掌握对象关系映射技术的使用;
- 掌握 Spring 的工作原理;
- 掌握数据库与 Web 的混合编程;
- 掌握面向对象方法在高级 Web 编程中的应用。

9.1　SSH 架构分析及其在 MyEclipse 中的实现

9.1.1　SSH 框架分析

如同建筑工程中使用框架结构一样,软件开发项目也使用框架。通过框架,定义模块之间的接口和关系,由于不同模块之间耦合度小,因此,开发人员在短期内可以搭建结构清晰、可复用性好、维护方便的 Web 应用程序,这有利于团队成员合作、提高软件开发的速度和效率。

随着 Web 开发技术的日趋成熟,在 Web 开发领域出现了一些优秀的框架。SSH(Struts2-Spring-Hibernate)框架,是目前流行的一种 Web 应用程序开发的开源框架,从职责上分为四层:表示层、控制层、业务层和持久层,如图 9.1.1 所示。

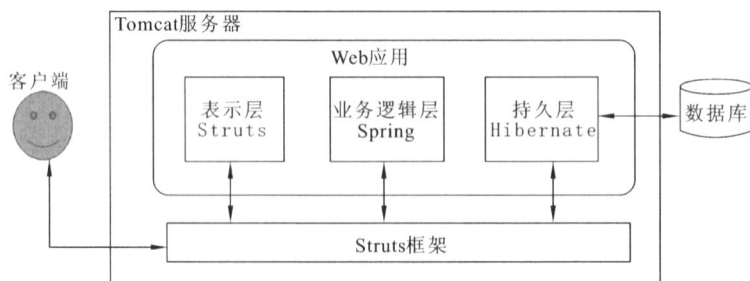

图 9.1.1　SSH 架构

其中,使用 Struts 作为系统的整体基础架构,负责 MVC 的分离,在 Struts 框架的模型部分,以控制器为核心,实现输入校验,拦截和控制业务转发等功能;利用 Hibernate 框架对持久层提供支持;Spring 框架技术以控制反转和 AOP 为核心,统一管理各对象的配置、查找及应用,有效地实现业务逻辑和基础服务的分离。

系统的基本业务流程是:在表示层中,首先通过 JSP 页面实现交互界面,负责传送请求(Request)和接收响应(Response),然后 Struts 根据配置文件(struts. xml)将 Struts PrepareAndExecuteFilter 接收到的 Request 委派给相应的 Action 处理。在业务层中,管理服务组件的 Spring IoC 容器负责向 Action 提供业务模型(Model)组件和该组件的协作对象数据处理(DAO)组件完成业务逻辑,并提供事务处理、缓冲池等容器组件以提升系统性能和保证数据的完整性。在持久层中,则依赖于 Hibernate 的对象化映射和数据库交互,处理 DAO 组件请求的数据,并返回处理结果。

(1) 表示层:与用户进行数据交互,实现用户数据的输入和输出功能,表示层的设计要尽量友好。

(2) 控制层:负责控制业务层与表示层的交互,调用业务层,并将业务数据返回给表示层作组织表现。

(3) 业务层:用于处理程序中的各种业务逻辑,当用户提交表示层的数据后,数据被业务层的控制器接收,然后调用本层的方法进行处理,如果需要和数据库进行交互,交给持久层来处理。

(4) 持久层:数据库封装。对数据库中的数据进行持久化操作,负责应用程序与数据库之间的操作。

采用上述开发模型,不仅实现了视图、控制器与模型的彻底分离,而且还实现了业务逻辑层与持久层的分离。这样无论前端如何变化,模型层只需很少的改动,并且数据库的变化也不会对前端有所影响,大大提高了系统的可复用性。而且,由于不同层之间耦合度小,有利于团队成员并行工作,大大提高了开发效率。

MyEclipse 开发环境,提供了对 Web 项目应用 SSH 能力的支持。右击项目名称→MyEclipse,即可出现对 Web 项目应用 SSH 能力的菜单项,如图 9.1.2 所示。

图 9.1.2　对 Web 项目应用 SSH 能力菜单项(部分)

注意:(1) 未选择任何 Web 项目时,关于项目能力菜单是不可用的(灰色)。

（2）因为 Hibrenate 只是提供数据库访问的功能，也可以对 Java 项目应用 Hibernate 能力。

（3）单击项目后，使用菜单“MyEclipse→Project Capabilities”，也可出现 SSH 能力菜单项。

（4）使用 MyEclipse 的 SSH 能力支持，对初学者有利（可视化操作）。实际项目开发时，通常不是使用这种方式，而是将 SSH 的相关 jar 包复制到项目的 lib 文件夹里，然后手工编写配置代码。

9.1.2 给 Web 项目增加 Struts 能力支持

对 Web 项目应用 Struts 框架时，出现用于选择版本和过滤范围的对话框，如图 9.1.3 所示。

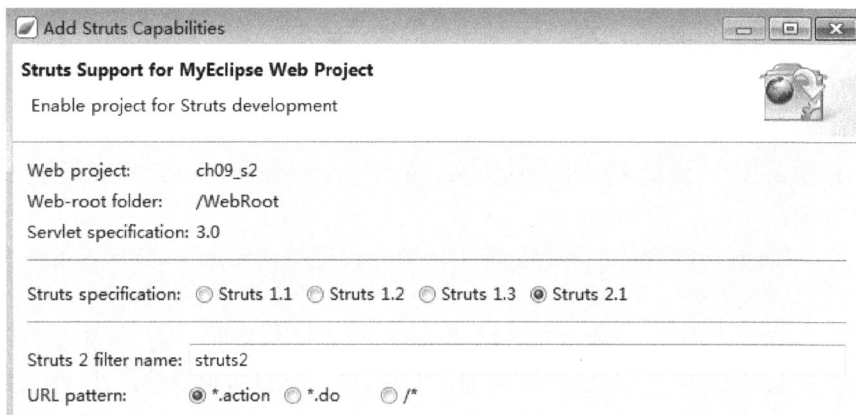

图 9.1.3 选择 Struts 版本、过滤器范围

单击对话框中的“Finish”按钮后，向导帮助我们完成了如下的工作。

● 在项目中，新建了一个文件夹 Struts 2 Core Libraries，其内包含有 20 多个 jar 包文件。其中，struts2-core-2.2.1.jar 是核心 jar 包。

● 在 src 文件夹里新建了 Struts 配置文件 struts.xml，用于 Web 开发人员编写 Struts 配置，该文件的代码如下。

```
<?xml version="1.0" encoding="UTF-8" ?>
<! DOCTYPE struts PUBLIC "-//Apache Software Foundation//DTD Struts
Configuration 2.1//EN" "http://struts.apache.org/dtds/struts-2.1.dtd">
<struts>

</struts>
```

● 自动修改项目配置文件 web.xml，增加了 Struts 2 的核心控制器（实质上是一个过滤器）StrutsPrepareAndExecuteFilter，其配置代码如下。

```
<filter>
  <filter-name>struts2</filter-name>
  <filter-class>
```

```
            org.apache.struts2.dispatcher.ng.filter.StrutsPrepareAndExecuteFilter
    </filter-class>
</filter>
<filter-mapping>
    <filter-name>struts2</filter-name>
    <url-pattern>*.action</url-pattern>
</filter-mapping>
```

注意：Struts 2 与 Struts 1 有很大的不同，目前基本上都使用 Struts 2。

【例 9.1.1】　一个简单的 Struts 项目示例。

【设计目标】使用 Struts 2 的转发机制，间接访问 JSP 页面。Web 项目完成后的文件系统，如图 9.1.4 所示。

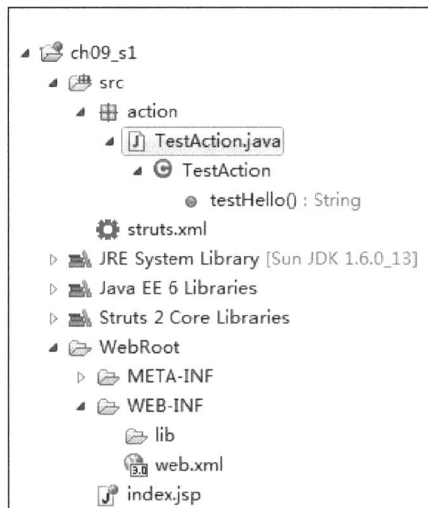

图 9.1.4　项目文件系统

通过在浏览器地址栏输入 http://localhost:8080/ch09_s1/Test.action，能间接访问 index.jsp 页面，即使用 Struts(控制器)默认的转发功能。

【实现步骤】

(1) 在 MyEclipse for Spring10 中，新建名为 ch09_s1 的 Web 项目。

(2) 右击项目名→MyEclipse→Add Struts Capabilities，出现为 Web 项目添加 Struts 能力的对话框，选择 Struts 版本为 2.1，对所有 action 动作过滤。

(3) 在 src 文件夹内建立包 action，在该包内建立类 TestAction.java，其代码如下。

```
package action;
public class TestAction {
  public String testHello(){
      System.out.println("Hello!");
      return "index";   //返回字符串
  }
}
```

（4）在 Struts 配置文件 struts.xml 的＜struts＞标签内配置一个动作（Action），增加如下配置代码。

```
<struts>
    <package name="struts2" extends="struts-default">
        <action name="Test" class="action.TestAction" method="testHello">
        //动作名及处理类
            <result name="index">/index.jsp</result>          //默认转发
        </action>
    </package>
</struts>
```

（5）部署 Web 项目后启动 Web 服务器。

（6）在浏览器地址栏输入 http://localhost:8080/ch09_s1/Test.action，间接访问了 index.jsp 页面。

9.1.3 给 Web 项目增加 Hibernate 能力支持

在 MyEclipse 中使用 Hibernate 能力前，为方便初学者使用可视化的设计，应先配置访问数据库的数据源，其方法是使用菜单"Window→Show View→Other..."，如图 9.1.5 所示。

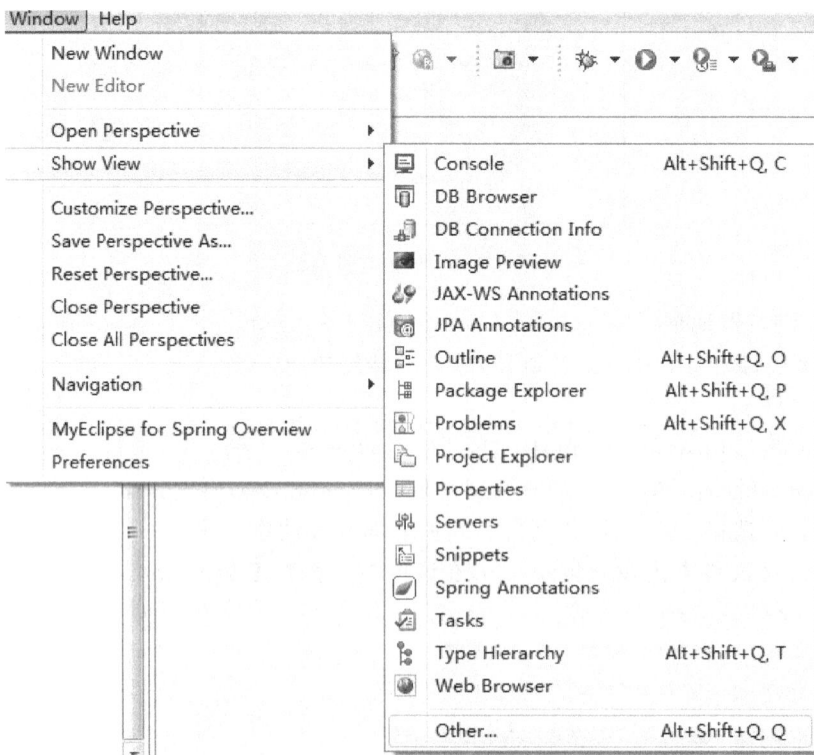

图 9.1.5 进入 DB Brower 选项的方法

在出现的对话框中，选择"MyEclipse→DB Brower"，如图 9.1.6 所示。

单击"OK"按钮后，在 MyEclipse 的右下方，出现如图 9.1.7 所示的关于数据源的属性窗口。

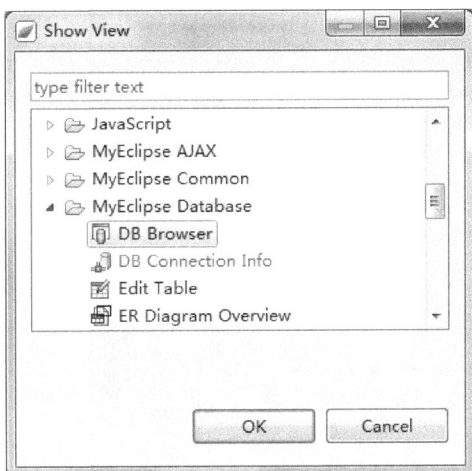

图 9.1.6　进入 DB Brower 选项的对话框　　图9.1.7　MyEclipse 数据源管理窗口

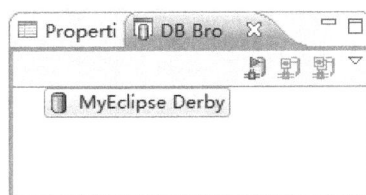

右击"MyEclipse Derby→New"后，出现新建数据源对话框，用于选择数据库种类及其 JDBC 驱动器，输入要访问的数据名和密码，操作如图 9.1.8 所示。

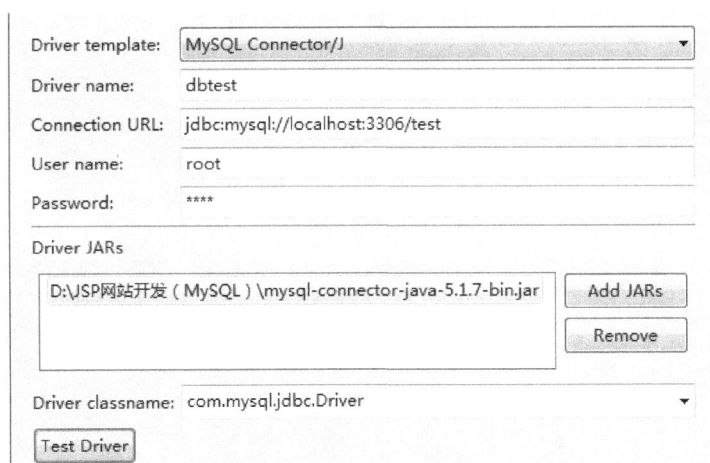

图 9.1.8　编辑数据源对话框

下面，开始对项目应用 Hibernate 能力。单击 Web 项目名称，使用菜单"MyEclipse→Capabilities→Add Hibernate Capabilities"，指定 Hibernate 的版本及其核心 jar 包，如图 9.1.9 所示。

然后，指定 Hibernate 的配置文件名称及其存放的文件夹（一般使用默认值）和数据源名称，操作分别如图 9.1.10 和图 9.1.11 所示。

最后，新建一个文件夹，用来存放 HibernateSessionFactory.java，如图 9.1.12 所示。

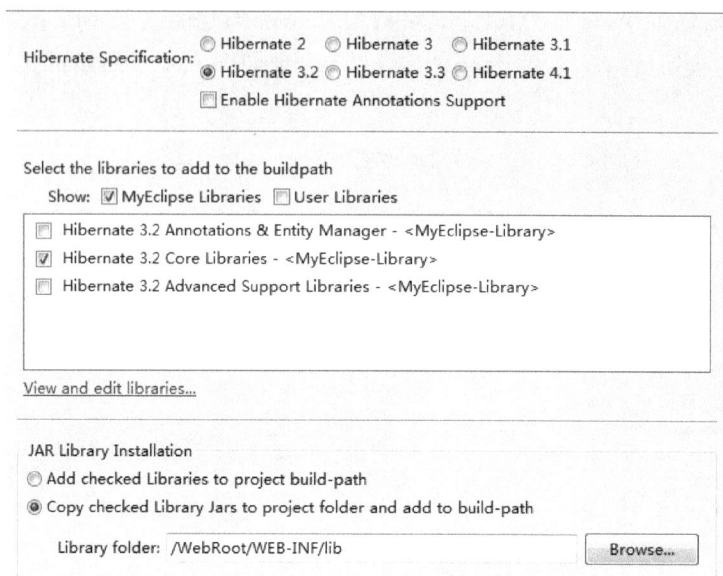

图 9.1.9　指定 Hibernate 的版本及其核心 jar 包

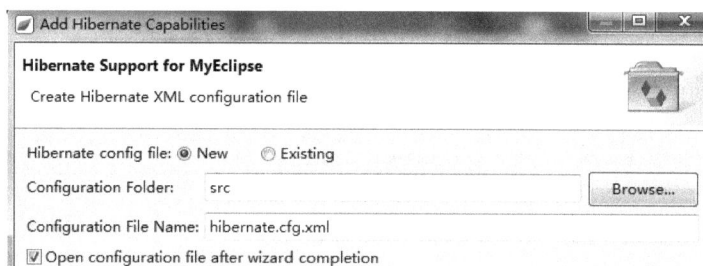

图 9.1.10　指定 Hibernate 配置文件夹及配置文件名

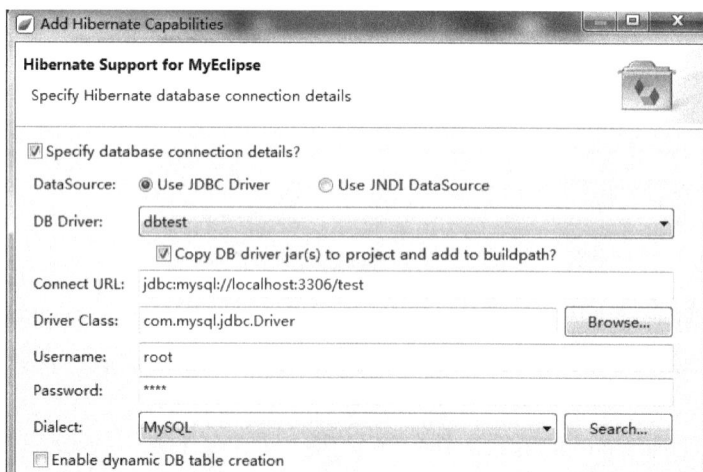

图 9.1.11　指定 Hibernate 数据源

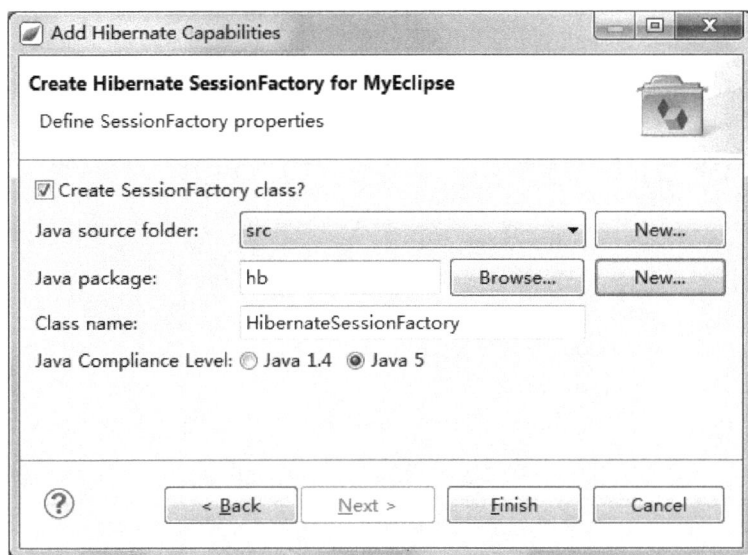

图 9.1.12　创建存放 HibernateSessionFactory.java 的文件夹 hb

单击"Finish"按钮,则在项目的 src 文件夹里自动生成 Hibernate 配置文件 hibernate.cfg.xml,其源代码如图 9.1.13 所示。

```xml
<?xml version='1.0' encoding='UTF-8'?>
<!DOCTYPE hibernate-configuration PUBLIC
        "-//Hibernate/Hibernate Configuration DTD 3.0//EN"
        "http://hibernate.sourceforge.net/hibernate-configuration-3.0.dtd">
<!-- Generated by MyEclipse Hibernate Tools.                     -->
<hibernate-configuration>

    <session-factory>
        <property name="dialect">org.hibernate.dialect.MySQLDialect</property>
        <property name="connection.url">jdbc:mysql://localhost:3306/test</property>
        <property name="connection.username">root</property>
        <property name="connection.password">root</property>
        <property name="connection.driver_class">com.mysql.jdbc.Driver</property>
        <property name="myeclipse.connection.profile">dbtest</property>
    </session-factory>

</hibernate-configuration>
```

图 9.1.13　向导生成的 Hibernate 配置文件的代码

注意:建立数据源,就是方便我们在 hibernate.cfg.xml 中配置访问数据库的相关信息,因此,它不是必须的,只要书写正确的代码就行。

在 src\hb 文件下,自动生成类文件 HibernateSessionFactory.java,它提供了利用 Session 对象访问数据库的基础方法,其源代码如下。

```java
package hb;
import org.hibernate.HibernateException;
import org.hibernate.Session;
import org.hibernate.cfg.Configuration;
public class HibernateSessionFactory {
    private static String CONFIG_FILE_LOCATION="/hibernate.cfg.xml";
```

```
private static final ThreadLocal< Session> threadLocal=new ThreadLocal<
    Session> ();
private static Configuration configuration=new Configuration();
private static org.hibernate.SessionFactory sessionFactory;
private static String configFile=CONFIG_FILE_LOCATION;
static {
    try {
        configuration.configure(configFile);
        sessionFactory=configuration.buildSessionFactory();
    } catch (Exception e) {
        System.err
            .println("%%%%Error Creating SessionFactory %%%%");
        e.printStackTrace();
    }
}
private HibernateSessionFactory() {
}
public static Session getSession() throws HibernateException {
    Session session=(Session) threadLocal.get();

    if (session==null || ! session.isOpen()) {
        if (sessionFactory==null) {
            rebuildSessionFactory();
        }
        session= (sessionFactory! =null)? sessionFactory.openSession()
                :null;
        threadLocal.set(session);
    }
    return session;
}
public static void rebuildSessionFactory() {
    try {
        configuration.configure(configFile);
        sessionFactory=configuration.buildSessionFactory();
    } catch (Exception e) {
        System.err
            .println("%%%%Error Creating SessionFactory %%%%");
        e.printStackTrace();
    }
}
public static void closeSession() throws HibernateException {
    Session session=(Session) threadLocal.get();
```

```
            threadLocal.set(null);
            if (session!=null) {
                session.close();
            }
        }
    public static org.hibernate.SessionFactory getSessionFactory() {
        return sessionFactory;
    }
    public static void setConfigFile(String configFile) {
        HibernateSessionFactory.configFile=configFile;
        sessionFactory=null;
    }
    public static Configuration getConfiguration() {
        return configuration;
    }
}
```

实用类 HibernateSessionFactory.java 调用了 Hibernate 核心 jar 包中的相关软件包中的接口和类。开发使用了 Hibernate 的 Web(或 Java)项目,主要涉及的相关接口与类,如图 9.1.14 所示。

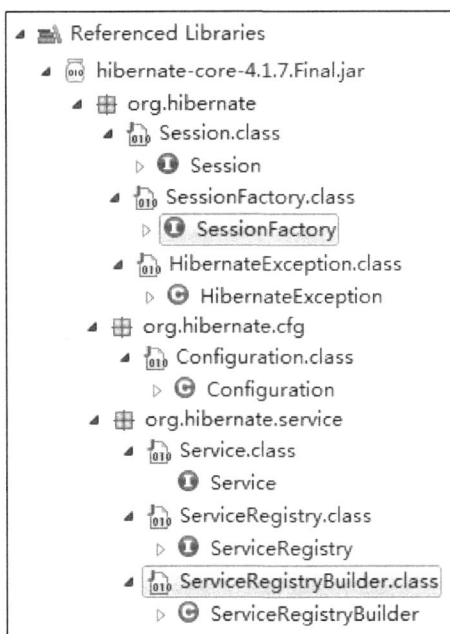

图 9.1.14 Hibernate 项目开发涉及的主要接口与类

注意:ServiceRegistry 是 Service 的注册表,它为 Service 提供了一个统一的加载/初始化/存放/获取机制。

通过对 Web 项目应用 Hibernate 能力,得到的项目文件系统,如图 9.1.15 所示。

图 9.1.15　应用 Hibernate 能力后的项目文件系统

9.1.4　给 Web 项目增加 Spring 能力支持

单击 Web 项目名称，使用菜单"MyEclipse→Capabilities→Add Spring Capabilities"，出现如图 9.1.16 所示的对话框。

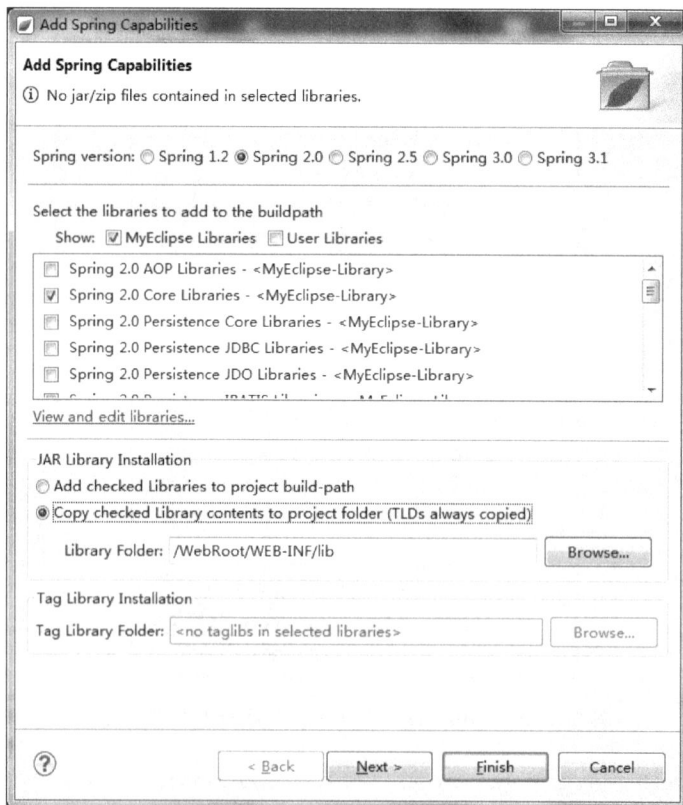

图 9.1.16　为项目增加 Spring 能力对话框

接下来的对话框架是指定 Spring 配置文件名称及其存放位置,如图 9.1.17 所示。

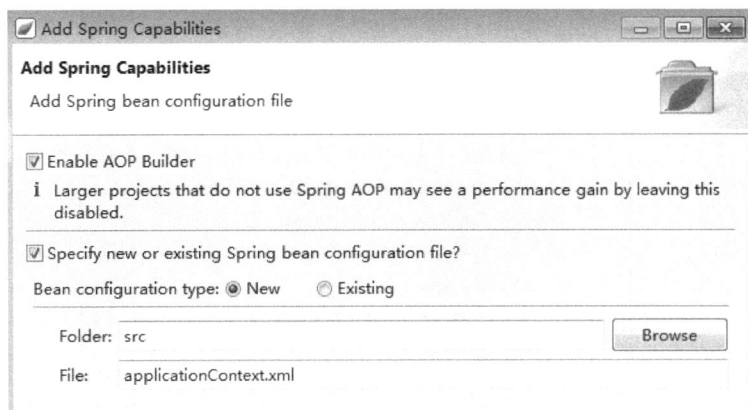

图 9.1.17　新建 Spring 配置文件

注意:对 Web 项目应用 Spring 能力,在 src 文件夹里默认生成名为 applicationContext.xml 的配置文件。

9.2　Struts 2 与控制层

9.2.1　Struts 核心 jar 包提供的主要类与接口

1. StrutsPrepareAndExecuteFilter 类

Struts 2.0.x 到 2.1.2 版本所使用的核心控制器是 FiterDispatcher,它本质上是一个过滤器。Struts 2.1.3 及以后版本就使用 StrutsPrepareAndExecuteFilter 作为核心控制器,它所在的软件层次如图 9.2.1 所示。

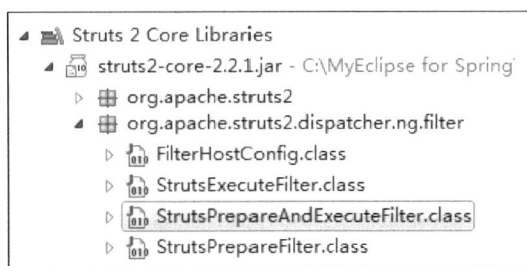

图 9.2.1　Struts 2 的核心控件器 StrutsPrepareAndExecuteFilter

2. ActionSupport 类

用户编写的动作类都要继承类 ActionSupport。Action 的结构很简单,一般只包含一个有返回值的 execute()方法,处理业务逻辑。类 ActionSupport 及其相关接口所在的软件层次,如图 9.2.2 所示。

执行完成后,返回一个 ActionForward 对象,业务逻辑控制器通过该 ActionForward 对象来进行转发工作。

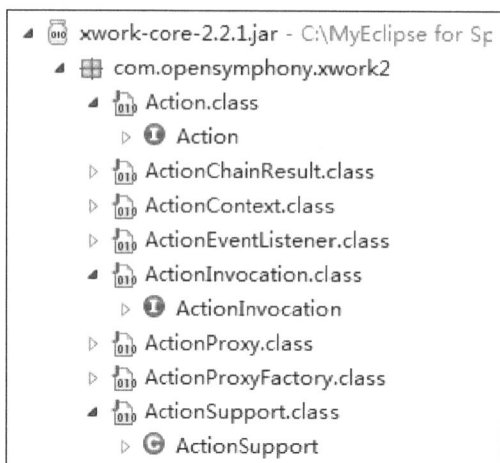

图 9.2.2　Struts2 的 Action 接口和 ActionSupport 类

注意：Struts 中的 Action，与 Servlet 一样，是遵循一定规范的特别 Java 类。

3. ServletActionContext 类

正像 Servlet 对象之间通过 ServletContext 对象实现通信一样，Action 它需要 ServletActionContext，即 Action 在使用上平行于 Servlet。

当 Struts2 的过滤器启动的时候，首先就会初始化一个叫做 ServletActionContext 的类。ServletActionContext 管着所有的作用域对象，其作用是获得作用域对象，该类的软件层次如图 9.2.3 所示。

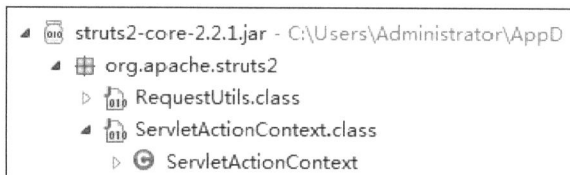

图 9.2.3　ServletActionContext 类的软件层次

9.2.2　Struts 2 工作原理

StrutsPrepareAndExecuteFilter 负责过滤由＜url-pattern＞/＊＜/url-pattern＞指定的所有用户请求，当用户请求到达时，它会过滤用户的请求。在请求转入 Struts 2 框架处理前，可能还会先经过一系列的拦截器。最终，由业务控制器 Action 处理响应用户请求（通常是转发）。Struts 2 的处理流程如图 9.2.4 所示。

在 Struts 配置文件 struts. xml 文件中，通常通过使用＜result＞的 name 属性定义动作类的转发动作。Web 容器启动时，会自动加载 struts2 框架的配置文件 struts. xml

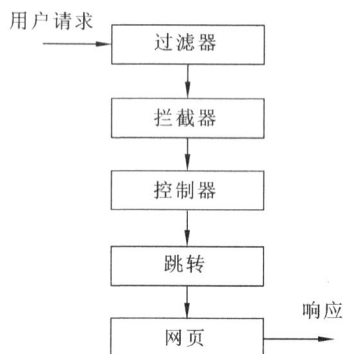

图 9.2.4　Struts2 的处理流程

里的相关参数,并转换成相应的类。

Struts2 框架是使用 package 来管理 Action 与拦截器的。配置 package 元素时,必须指定 name 属性,可以指定 extends、namespace 和 abstract 等可选属性。name 属性是一个必须的属性,指定包的名字,是被其他包继承的 key;extends 是一个可选属性,指定需要继承的包;namespace 是一个可选属性,定义该包的命名空间;abstract 是一个可选的属性,指定该包是否是一个抽象包。

在 struts.xml 文件中,还可以定义拦截器 Interceptor。拦截器本身是一个普通的 Java 对象,它能动态拦截 Action 调用,在 Action 执行前后执行拦截器本身提供的各种各样的 Web 项目需求。拦截器可以阻止 Action 的执行,同时也可以提取 Action 中可以复用的部分,即把 action 中的部分操作拿出来,让很多 action 共享。拦截后的相关处理代码包含在一个动作类中。

Struts 2 中定义了标签库,在使用前,需要在页面中引入标签库,其引入方法如下:

<%@taglib uri="/struts-tags" prefix="s"%>

这样,在页面中就可以使用 Struts 2 的标签了。例如,在设计表单时使用的文本域 <s:textfield>比 HTML 标签<input type="text">更加方便。

注意:(1) 与 Struts1 不同的是,Struts2 中的 Action 是线程安全的,因为 Struts2 对用户的每一次请求都会创建一个独立的 Action。

(2) 使用一个 Action 响应表单时,". action"可以省略,Struts 2 默认使用.action(Struts 1 默认使用.do)。

(3) <struts>配置节的作用是核心控制器和配置动作 Action。

(4) 自定义的 struts2 与 Struts 提供的 struts-default,具有继承关系。其中,struts-default.xml 文件位于 struts 核心 jar 包的 META-INF 文件夹里。

(5) 页面中存在三种等效方法,即 EL 表达式、JSP 表达式和 Struts 标签。

9.2.3 Struts 2 的表达式语言 OGNL 和常用标签

Struts 2 框架使用 OGNL(Object Graphic Navigation Language,对象图导航语言)作为默认的表达式语,它是一个开源项目。

相对 EL 表达式,OGNL 提供了我们更需要的一些功能,如,

(1) 支持对象方法调用;

(2) 支持类静态的方法调用和属性值访问,表达式的格式为:

@类全名@方法名|属性名

(3) 操作集合对象。

对于集合类型,OGNL 表达式可以使用 in 和 not in 两个元素符号。其中,in 表达式用来判断某个元素是否在指定的集合对象中,而 not in 判断某个元素是否不在指定的集合对象中。in 表达式的使用示例如下:

```
<s:if test="'foo' in {'foo','bar'}">在</s:if>
<s:else>不在</s:else>
```

除了 in 和 not in 之外,OGNL 还允许使用某个规则获得集合对象的子集,常用的有以下三个相关操作符。

?:获得所有符合逻辑的元素。

^:获得符合逻辑的第一个元素。

$:获得符合逻辑的最后一个元素。

例如:

```
<s:iterator value="books.{? #this.price>35}">
        <s:property value="title"/>-$<s:property value="price"/><br>
</s:iterator>
```

Struts 提供的标签库,功能非常强大,而且很好使用。使用标签来开发,可以实现在 JSP 页面中直接调用 JavaBean 或者 Action,这使 JSP 页面更加整洁且容易维护,减少代码量以及开发时间。下面介绍几个常用的 Struts 2 标签的用法。

(1)set 标签:通过 name 属性定义一个新变量,也可将某个值通过 scope 属性放入指定的范围内(page、request、session 和 application)。例如:

```
<s:set name="username" value="'Jack'" scope="page"/>
```

(2)property 标签:用于输出 value 属性指定的值。例如:

```
<s:property value="username"/>
```

(3)iterator 标签:用于对集合进行迭代,其中,集合包含 List 和 Set 等。例如:

```
<s:set name="list" value="{'zhangming','xiaoi','liming'}"/>
<s:iterator value="#list" id="name" status="st">
    <font color=<s:if test="# st.odd">red</s:if><s:else>blue</s:else>>
    <s:property value="name"/></font><br>
</s:iterator>
```

(4)if/elseif/else 标签:这三个标签都用于分支控制,它们都根据逻辑值来决定是否计算、输出标签体的内容,其用法示例如下。

```
<s:set name="age" value="21"/>
<s:if test="#age==23">23</s:if>
    <s:elseif test="#age==21">21</s:elseif>
        <s:else>都不等</s:else>
```

(5)bean 标签和 param 标签:通过 name 属性引入 JavaBean 的名字,用于创建一个 JavaBean 实例。并且,在 bean 标签里,可以嵌套 param 标签。

(6)action 标签和 param 标签:通过 name 属性引入 Action 的名字,实现在 JSP 页面中直接调用指定的 Action。并且,在 action 标签里,可以嵌套 param 标签。

注意:(1)< param name = " username" value = " Jack"/> 表示指定一个名为 username 的参数,该参数的值为 Jack 对象的值。如果 Jack 对象不存在,则 username 参数值为 null。如果想指定 username 参数的值为 Jack 字符串,则应写如下的代码:

```
<s:param name="username" value="'Jack'"/>
```

(2)Struts 的 OGNL 表达式和 Struts 标签的应用示例,参见实验 9(A)内容 2。

9.2.4　Struts 开发流程及实例

在集成开发环境 MyEclipse 中,Web 项目应用 Struts 框架的工作流程如下:

(1) 客户端提交请求信息;

(2) ActionServlet 控制器通过读取的配置文件中定义的内容,判断客户端的操作类型;

(3) 控制器选择相应的确 Action 类进行处理;

(4) Action 类调用 Model 组件进行数据处理;

(5) 根据处理结果,控制器类选择相应的 View 组件;

(6) View 组件获得 Model 数据中的处理结果;

(7) 将响应信息返回给客户端。

【例 9.2.1】　利用 Struts 2 实现登录功能。

【设计目标】设计完成后的项目文件系统,如图 9.2.5 所示。

【操作步骤】

(1) 新建 Web 项目 ch09_s2。

(2) 复制 Struts 项目必须的 10 个 jar 包文件至项目 ch09_s2 的 lib 文件夹里,如图 9.2.6 所示。

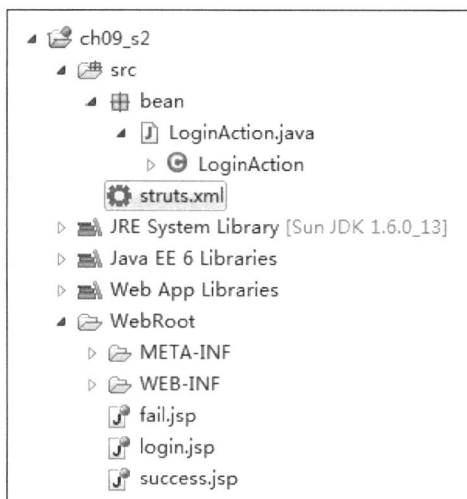

图 9.2.5　项目文件系统

图 9.2.6　使用 Struts 2.3 所需的 10 个 jar 包

(3) 新建登录的表单页面 login.jsp,使用动作 Login.action login.jsp 响应表单提交的请求,页面如图 9.2.7 所示。

注意:在 Struts 2 中,写法 action="Login"与 action="Login.action"等效。

(4) 在项目的 src 文件夹里新建名为 bean 的包。

(5) 在包 bean 内新建类文件 LoginAction.java,其源代码如图 9.2.8 所示。

(6) 在 src 文件夹里,建立 Struts 配置文件 struts.xml,文件代码如图 9.2.9 所示。

```
<%@ page language="java" import="java.util.*" pageEncoding="UTF-8"%>

<%@taglib uri="/struts-tags" prefix="s"%>

<html>
  <head>
    <title>用户登录之表单页面</title>
  </head>
    <body>
    <form action="Login.action" method="post">
        用户名：<input type="text" name="username"/><br>
        密  码：<input type="password" name="password"><br/>
        <s:textfield name="nickname" label="昵  称 "/><br/>
        <input type="submit" value="提交">
    </form>
  </body>
</html>
```

图 9.2.7 表单页面 login.jsp

```
package bean; //包名

import com.opensymphony.xwork2.Action;  //

public class LoginAction implements Action{
        private String username;
        private String password;
        private String nickname;

        public String getUsername() {
                return username;
        }
        public void setUsername(String username) {
                this.username = username;
        }
        public String getPassword() {
                return password;
        }
        public void setPassword(String password) {
                this.password = password;
        }
        public String getNickname() {
                return nickname;
        }
        public void setNickname(String nickname) {
                this.nickname = nickname;
        }

        @Override
        public String execute() throws Exception
        {
                if(username.equals("wzx") && password.equals("123")){
//Struts实现转发，不需要设置属性或使用如下设置session信息的代码
//ServletActionContext.getActionContext(null).getSession().put("username",username);
//软件层次：org.apache.struts2.ServletActionContext类
//比Servlet处理转发更加省事
                        return "success";
                }
                else{
                        return "fail";
                }
        }
}
```

图 9.2.8 处理表单的动作

```
<?xml version="1.0" encoding="UTF-8"?>
<!DOCTYPE struts PUBLIC
    "-//Apache Software Foundation//DTD Struts Configuration 2.0//EN"
    "http://struts.apache.org/dtds/struts-2.3.dtd">
    <struts>
        <package name="struts2" extends="struts-default">
            <action name="Login" class="bean.LoginAction" method="execute">
                <result name="success" type="dispatcher">success.jsp</result>
                <result name="fail" type="dispatcher">fail.jsp</result>
            </action>
        </package>
    </struts>
```

图 9.2.9 Struts 配置文件代码

（7）修改项目配置文件 web. xml（其中粗体部分是修改的部分）。

```xml
<?xml version="1.0" encoding="UTF-8"? >
<web-app version="2.5"
    xmlns="http://java.sun.com/xml/ns/javaee"
    xmlns:xsi="http://www.w3.org/2001/XMLSchema-instance"
    xsi:schemaLocation="http://java.sun.com/xml/ns/javaee
    http://java.sun.com/xml/ns/javaee/web-app_2_5.xsd">
    <welcome-file-list>
        <welcome-file>index.jsp</welcome-file>
    </welcome-file-list>
    <filter>
        <filter-name>struts2</filter-name>
        <filter-class>
        org.apache.struts2.dispatcher.ng.filter.StrutsPrepareAndExecuteFilter
        </filter-class>
    </filter>
    <filter-mapping>
        <filter-name>struts2</filter-name>
        <url-pattern>/ * </url-pattern>
    </filter-mapping>
</web-app>
```

（8）在 WebRoot 里，新建页面 success. jsp，其代码如图 9.2.10 所示。

```jsp
<%@ page language="java" import="java.util.*" pageEncoding="UTF-8"%>
<%@taglib uri="/struts-tags" prefix="s"%>

<html>
  <head>
      <title>登录成功后由Struts转发的页面</title>
  </head>
  <body>
      登录成功！提交的信息如下：<hr/>
      用户名：${requestScope.username }<br>
      密　码：<%=request.getAttribute("password") %><br>
      昵　称：<s:property value="nickname"/>
  </body>
</html>
```

图 9.2.10　登录成功页面的代码

（9）在 WebRoot 里，新建页面 fail. jsp，其代码如图 9.2.11 所示。

```jsp
<%@ page language="java" import="java.util.*" pageEncoding="UTF-8"%>
<html>
  <head>
    <title>My JSP 'fail.jsp' starting page</title>
  </head>

  <body>登录失败，
    <a href="<%=request.getContextPath()%>/login.jsp">重新登录</a>
  </body>
</html>
```

图 9.2.11　登录失败页面的代码

【浏览效果】将本例部署后,启动 Web 服务器,在浏览器里访问 login.jsp 页面,登录成功后转发到 succeed.jsp 页面,浏览效果如图 9.2.12 所示。

图 9.2.12　采用 Struts 框架的登录项目的浏览效果

如果用户名或密码输入错误,则转发到 fail.jsp 页面,显示错误信息,并有重新登录的链接。

9.3　Hibernate 与数据库封装

9.3.1　对象关系映射 ORM

面向对象作为接近真实客观世界的开发理念,使程序代码更易读,设计更合理。数据库的对象化一般有两个方向:一个是在主流的关系数据库的基础上加入对象化特征,使之提供面向对象的服务,但访问语言还是基于 SQL;另一个方向就是彻底抛弃关系数据库,用面向对象的思想来设计数据库,即 ODBMS(对象数据库管理系统)。

目前,关系数据库应用广泛,如何解决关系型数据库中以记录的格式来存储的数据和面向对象的编程语言中以对象形式存在的数据之间的矛盾,就成了现在程序开发人员亟需解决的关键问题。ORM 的作用是在关系型数据库和对象之间做一个映射,这样,在具体操纵数据库的时候,就不需要再去和复杂的 SQL 语句打交道,只要像操作普通对象一样操作它就可以了。ORM 主要体现于用面向对象机制来处理数据库操作,具有如下的优势。

(1) 提高开发效率,降低开发成本。在实际的开发中,真正对客户有价值的是其独特的业务功能,而目前的现状是项目需要花费大量的时间在编写数据访问 CRUD 方法上,包括后期的 Bug 查错,系统维护等也会花相当多的时间在数据处理方面。在使用 ORM 之后,将不需要再浪费太多的时间在 SQL 语句上,因为 ORM 框架已经把数据库转变成了对象。

(2) 简化代码,减少 Bug 数量。通过应用 ORM,能够大量减少程序开发的代码,实现 ORM 后,开发数据层就变得比较简单,大大减少了出错的机会。

(3) 提高性能,隔离数据源。通过 Cache 的实现,能够对性能进行调优。利用 ORM 可以将业务层与数据存储隔离,开发人员不需要关心实际存储方式,只要修改配置文件即可实现对数据库的转换。

9.3.2　Hibernate 关键技术与工作原理

Hibernate 是一个面向 Java 环境的对象/关系数据库映射工具,它把普通的 Java 对象映射到关系数据库表,并提供对象持久化操作。使用面向对象的编程思想,对对象进行操作,进而操纵数据库。Hibernate 是对 JDBC 的轻量级封装,对 JDBC 的调用进行了优化,没有过多复杂的接口和功能。Hibernate 是一个完全面向对象的 ORM 工具,可以实现继承映射多态关联和查询,拥有功能强大的 HQL 语言,完善的事务支持、缓存机制,可以在各种应用服务器中良好地运行。Hibernate 不仅管理 Java 类到数据库表的映射,还提供数据查询和获取数据的方法,可以大幅度减少开发时使用 SQL 和 JDBC 处理的时间。对于以数据为中心的程序来说,往往只在数据库中使用存储过程来实现商业逻辑,Hibernate 可能不是最好的解决方案,但是对于那些基于 Java 的中间层大型系统开发应用来说,实现面向对象的业务模型和商业逻辑的应用,Hibernate 是很有用的。

　　Hibernate 使用数据库和配置文件来为应用程序提供持久化服务(和持久化的对象)。Persistent Object 是简单的业务实体(要被持久化的对象),通过 Hibernate 被透明的持久化到数据库中,从而减少了烦琐且容易出错的 JDBC 的操作。Hibernate 系统结构,如图 9.3.1 所示。

　　应用程序通过 Hibernate 与数据库发生关系,对数据进行操作。而 Hibernate 自身通过 properties 和映射文件(mapping xml)将类映射到数据库的表。应用程序可以通过持久化对象直接访问数据库,而不是必须使用 JDBC 和 SQL 进行数据的操作。Hibernate 具有很大的灵活性,在于它的最大模式和最小模式之间的某些功能构件是可选

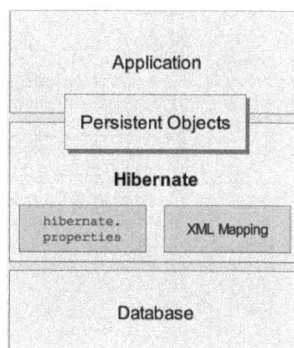

图 9.3.1　Hibernate 结构图

的。在最小模式下,你可以自己使用 JDBC,可以利用 JTA 管理自己的事务,也可以使用 JNDI。Hibernate 这时通过 SessionFactory 提供 Session,在 Session 中对持久化对象进行操作。在最大模式下,Hibernate 在自己的底层管理 JNDI、JDBC、JTA,在上层向外提供 SessionFactory、Session、Transaction 的接口,供应用程序控制 Persistent Object 之用。

　　POJO(Plain Ordinary Java Objects) 可以理解为简单的实体类,因为它与数据库表相对应,只有 get 和 set 方法,是支持业务逻辑的协助类。

　　Hibernate 配置文件 hibernate. cfg. xml 文件中定义了和数据库进行连接的信息,Configuration 类借助 dom4j 的 xml 解析器进行 xml 的解析设置环境,然后使用这些环境属性来生成 sessionfactory。这样 sessionfactory 生成的 session 就能够成功获得数据库的连接。

　　当保存一个 POJO 持久化对象时,触发 Hibernate 保存事件监听器进行处理。Hibernate 通过映射文件获得对象对应的数据库、表名以及属性对应的数据库列名,然后通过反射机制获得持久化对象的各个属性,最终组织向数据库插入新对象的 SQL 的 insert 语句。调用方法 session. save()保存数据后这个对象会被标识为持久化状态放在 session 对象中,当事物进行提交时才真正执行 insert 语句。

　　当需要读取文件时,Hibernate 先尝试从 session 缓存中读取,如果缓存中没有,Hibernate 会把传入的这个 TO 对象放到 session 控制的实例池去,也就是把一个瞬时对

象变成了一个持久化对象。

Hibernate 提供 SQL、HQL 和 Criteria 查询方式。其中,HQL 是其中运用最广泛的查询方式。用户使用 session. createQuery()函数以一条 HQL 语句为参数创建 Query 查询对象后,Hibernate 会使用 Anltr 库把 HQL 语句解析成 jdbc 可以识别的 sql 语句。如果设置了查询缓存,那么执行 Query. list()时,Hibernate 会先对查询缓存进行查询,如果查询缓存不存在,则在使用 select 语句查询数据库。

Hibernate 的工作原理,如图 9.3.2 所示。

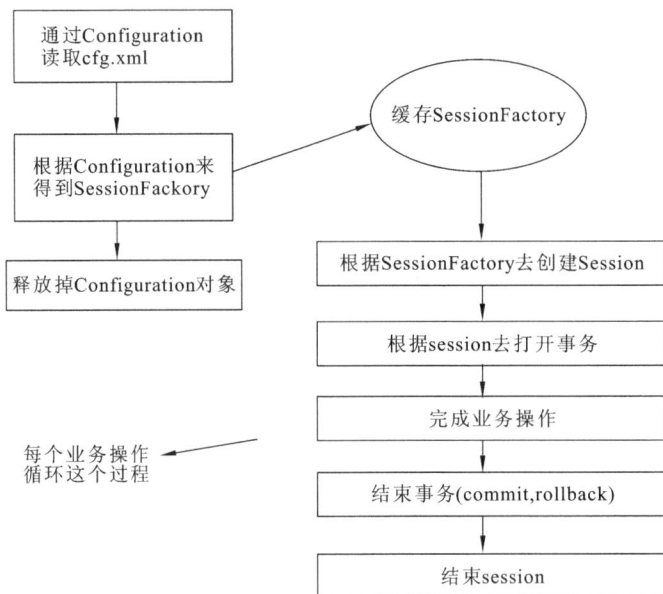

图 9.3.2　Hibernate 的实现流程

9.3.3　在 MyEclipse 中开发 Hibernate 的一般步骤

开发 Hibernate 项目,需要先配置好数据源、建立每张表对应的 POJO 类(实体类)与映射文件,编写 Hibernate 配置文件。最后,按如下步骤完成业务逻辑处理:

(1) 通过 configuration 来读 cfg. xml 文件。

(2) 得到 SessionFactory 会话工厂。

(3) 通过 SessionFactory 会话工厂来创建 Session 实例。

(4) 通过 Session 打开事务。

(5) 通过 Session 的 api 操作数据库。

(6) 事务提交。

(7) 关闭连接。

Hibernate 配置,就是提供连接数据库所必须的信息。建立了数据源后,在 DB driver 下拉列表框选择数据源即可。配置文件的可视化操作,如图 9.3.3 所示。

Hibernate 在操作数据库之前,必须先取得 Session 接口的实例,这相当于使用 JDBC 中的 Connection 接口的实例。Session 接口提供了对数据库进行持久化的一些方法。

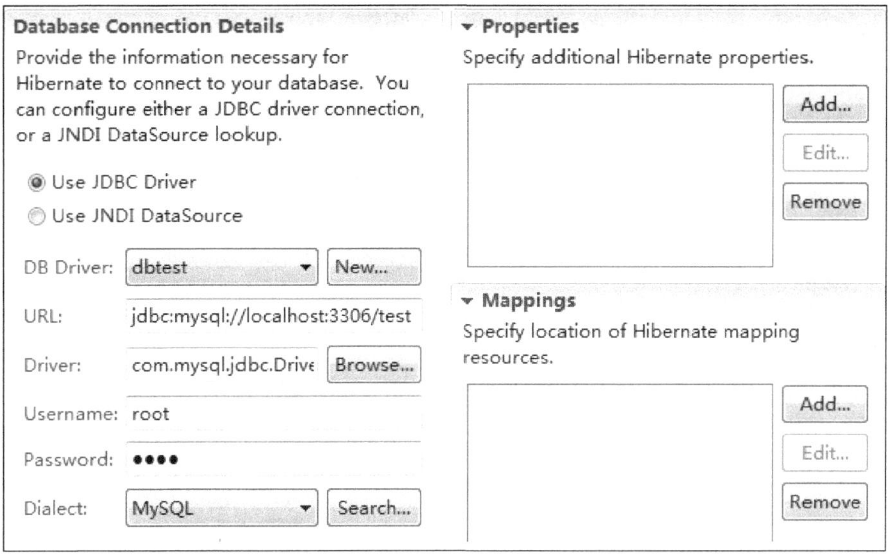

图 9.3.3　Hibernate 配置文件的可视化操作

在 HibernateUtil 类中,通过 SessionFactory 接口提供的 openSession( )方法创建 Session 接口的实例对象。

在 HibernateUtil 类中,通过 Configuration 类提供的 buildSessionFactory( )方法创建 SessionFactory 接口的实例对象。

注意:(1)接数据库的相关信息存放在配置文件的<session-factory>配置节里,它是创建会话工厂的基础。

(2)在 hibernate. cfg. xml 中,需要手工在<session-factory>标签内映射资源文件,其格式如下:

```
<mapping resource="bean/User.hbm.xml"/>
```

(3)创建 Session 接口类型的实例对象时,其方法与 Hibernate 版本有关,如图 9.3.4 所示。

```
版本3创建实例
SessionFactory sessionFactory = new Configuration().configure().buildSessionFactory();
Session session = sessionFactory.openSession();

版本4创建实例
Configuration cfg = new Configuration().configure();
        ServiceRegistry serviceRegistry = new ServiceRegistryBuilder()
            .applySettings(cfg.getProperties()).buildServiceRegistry();
SessionFactory factory = cfg.buildSessionFactory(serviceRegistry);
Session session = factory.openSession();
```

图 9.3.4　Hibernate 3 与 Hibernate 4 创建 SessionFactory 实例的区别

(4)Hibernate 框架的 ORM 工具表面上代替了 JDBC 技术,但 Hibernate 在底层实现还是使用了 JDBC 技术,只不过是 Hibernate 中不需要使用 JDBC 编程而已。

【**例 9.3.1**】　一个使用了 Hibernate 框架的 Java 项目示例。

【**设计目标**】实现对 test 数据库中的 user 表插入一条新记录,Java 项目完成后的文件

图 9.3.5　应用了 Hibernate 3 的 Java 项目

系统,如图 9.3.5 所示。

【实现步骤】

(1) 在 MyEclipse 中新建名为 ch09_h_3 的 Java 项目。

(2) 使用菜单"Window→Show View→DB Browser",建立数据源 dbtest,访问 MySQL 数据库 test。

(3) 使用 MyEclipse 菜单,对项目应用 Hibernate 能力,选择 Hibernate 3.2 版本和 User JDBC Driver,新建存放 HibernateSessionFactory 的文件夹 test。此时,自动生成 lib 和 test 文件夹,在 lib 文件夹内存放了 MySQL 的驱动 jar 包文件,在 test 文件夹内存放了系统自动创建的实用类 HibernateSessionFactory.java 文件。

(4) 在项目的 src 文件夹里,新建名为 bean 的包。

(5) 在包 bean 内新建与 user 表对应的 POJO 类(User.java),其代码如下。

```java
package bean;
public class User
{
    private String username;
    private int password;
    private String real_name;

    public String getUsername()
    {
        return username;
    }
    public void setUsername(String username)
    {
        this.username=username;
    }
    public int getPassword()
    {
        return password;
    }
    public void setPassword(int password)
    {
        this.password=password;    }
    public String getReal_name()
    {
```

```
        return real_name;
    }
    public void setReal_name(String real_name)
    {
        this.real_name=real_name;
    }
}
```

（6）在包 bean 内新建与 user 表对应的映射文件 User. hbm. xml，其代码如图 9.3.6 所示。

```
<?xml version="1.0"?>
<!DOCTYPE hibernate-mapping PUBLIC
    "-//Hibernate/Hibernate Mapping DTD 3.0//EN"
    "http://hibernate.sourceforge.net/hibernate-mapping-3.0.dtd">

<hibernate-mapping package="bean">
    <class name="User" table="user">
        <id name="username">
            <generator class="assigned"/>
        </id>
                <property name="password"/>
                <property name="real_name" type="string"/>
    </class>
</hibernate-mapping>
```

图 9.3.6　与 user 表对应的映射文件

（7）在 src 文件夹内，新建 Hibernate 配置文件 hibernate. cfg. xml，其代码如图 9.3.7 所示。

```
<?xml version='1.0' encoding='UTF-8'?>
<!DOCTYPE hibernate-configuration PUBLIC
        "-//Hibernate/Hibernate Configuration DTD 3.0//EN"
        "http://hibernate.sourceforge.net/hibernate-configuration-3.0.dtd">
<!-- Generated by MyEclipse Hibernate Tools.                     -->
<hibernate-configuration>

    <session-factory>
        <property name="dialect">org.hibernate.dialect.MySQLDialect</property>
        <property name="connection.url">jdbc:mysql://localhost:3306/test</property>
        <property name="connection.username">root</property>
        <property name="connection.password">root</property>
        <property name="connection.driver_class">com.mysql.jdbc.Driver</property>
        <property name="myeclipse.connection.profile">dbtest</property>

        <!-- 加入实体类的映射文件 -->
        <mapping resource="bean/User.hbm.xml"/>
    </session-factory>

</hibernate-configuration>
```

图 9.3.7　Hibernate 配置文件

（8）在 test 文件夹内，新建名为 TestFirst. java 的 Java 应用程序，其代码如图 9.3.8 所示。

（9）单击工具栏上的运行按钮，运行名为 TestFirst. java 的 Java 应用程序。

（10）使用 MySQL 的前端工具 Navicat for MySQL，打开数据为 test 中的 user 表，查看增加了一条记录。

注意：如果 MySQL 安装后存放在 my. ini 文件中设定的默认字符集不是 GBK（或 GB2312），程序运行后数据表 user 将出现乱码。

```
package test;  //

import org.hibernate.HibernateException;
import org.hibernate.Session;
import org.hibernate.SessionFactory;  //
import org.hibernate.cfg.Configuration;  //

import bean.User;  //

public class TestFirst
{
    public static void main(String[] args){
        Configuration cfg = new Configuration().configure();
        SessionFactory factory = cfg.buildSessionFactory();  //Hibernate3
        Session session = factory.openSession();

        try
        {
            session = factory.openSession();
            session.beginTransaction();  // 开启事务
            User u = new User();
            u.setUsername("GuMei");
            u.setPassword(1122);
            u.setReal_name("顾美");
            session.save(u);
            session.getTransaction().commit(); // 提交事务
            System.out.println("A record is inserted into user table!");
        }
        catch (HibernateException e)
        {
            e.printStackTrace();
            if (session != null)
                    session.getTransaction().rollback();
        }
        finally
        {
            if (session != null)
                    session.close();
        }
    }
}
```

图 9.3.8　测试 Hibernate 的应用程序

9.4　Spring 与业务逻辑层

Spring 与 Struts、Hibernate 等单层框架不同,是因为 Spring 致力于提供一个以统一的、高效的方式构造整个应用,并且可以将单层框架以最佳的组合揉和在一起建立一个连贯的体系。可以说 Spring 是一个提供了更完善开发环境的一个框架,可以为 POJO 对象提供企业级的服务。

Spring 致力于 J2EE 各层的解决方案,而不是仅仅专注于某一层的方案。为了解决企业应用开发的复杂性而创建的。Spring 使用基本的 JavaBean 来完成以前只可能由 EJB 完成的事情。然而,Spring 的用途不仅限于服务器端的开发。从简单性、可测试性和松耦合的角度而言,任何 Java 应用都可以从 Spring 中受益。

Spring 是一个轻量级的控制反转(IoC,Inversion of Control)和面向切面编程(AOP)的容器框架。

9.4.1　Spring 框架组件

Spring 框架是一个分层框架,由如下 7 个组件组成:

(1) Spring Core:Spring 的核心窗口。

(2) Spring Context:向 Spring 提供上下文信息的配置文件。

(3) Spring AOP:代替 EJB 的使用,具有 AOP 特性。

(4) Spring DAO:数据访问对象。

（5）Spring ORM：提供若干对象/关系映射工具。

（6）Spring Web：用于 Web 项目开发。

（7）Spring Web MVC：MVC 架构。

注意：Springs 框架以若干 jar 包文件的形式提供，其中 spring-core.jar 这个是核心 jar 包，其他组件要都要使用到这个包里的类。

9.4.2　Spring 的 IoC 容器

控制反转 IoC 是将组件依赖关系的创建和管理置于程序外部的技术。由容器控制程序之间的关系，而不是由代码直接控制，即控制权由代码转向了容器，所以称为反转。由于程序组件之间的依赖关系是由容器控制的，这种在程序运行期间由容器将依赖关系注入到组件之中，也称依赖注入（Dependence Injection）。

9.4.3　Spring 中 MVC 的实现原理

Spring MVC 的核心组件是 DispatcherServlet，它是 Spring 的前端控制器。在 MyEclipse 中，对 Web 项目应用 Spring 能力时，除了必选 Core 库外，还需要选择 Web 库，DispatcherServlet 类所在的软件层次如图 9.4.1 所示。

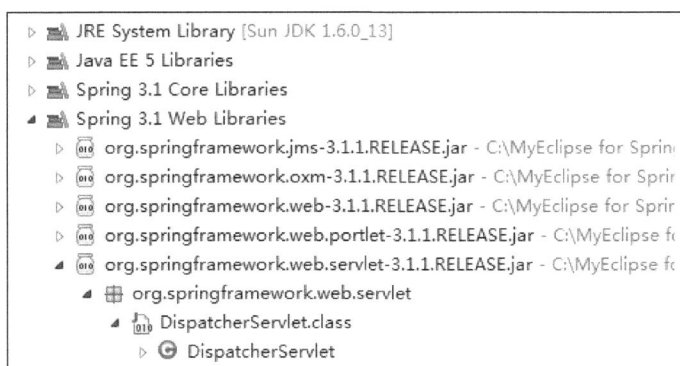

```
▷ ➡ JRE System Library [Sun JDK 1.6.0_13]
▷ ➡ Java EE 5 Libraries
▷ ➡ Spring 3.1 Core Libraries
▲ ➡ Spring 3.1 Web Libraries
    ▷ 🔟 org.springframework.jms-3.1.1.RELEASE.jar - C:\MyEclipse for Sprin
    ▷ 🔟 org.springframework.oxm-3.1.1.RELEASE.jar - C:\MyEclipse for Sprin
    ▷ 🔟 org.springframework.web-3.1.1.RELEASE.jar - C:\MyEclipse for Sprin
    ▷ 🔟 org.springframework.web.portlet-3.1.1.RELEASE.jar - C:\MyEclipse fo
    ▲ 🔟 org.springframework.web.servlet-3.1.1.RELEASE.jar - C:\MyEclipse fo
        ▲ ⊞ org.springframework.web.servlet
            ▲ 🔟 DispatcherServlet.class
                ▷ ⊙ DispatcherServlet
```

图 9.4.1　Spring MVC 核心组件所在的 jar 包和软件包

DispatcherServlet 和其他 Servlet 一样，DispatcherServlet 定义在 web 应用的 web.xml 文件里，配置方法如下。

```
<web-app>
    <servlet>
        <servlet-name>example</servlet-name>
        <servlet-class>org.springframework.web.servlet.DispatcherServlet</
servlet-class>
        <load-on-startup>1</load-on-startup>
    </servlet>
    <servlet-mapping>
        <servlet-name>example</servlet-name>
        <url-pattern>*.form</url-pattern>
```

```
        </servlet-mapping>
    </web-app>
```

DispatcherServlet 的 主 要 工 作 就 是 将 一 个 request 分发到一个合适的处理器上,并将处理返回的 ModelAndView 绘 制 出 来 返 回 给 客 户 端。DispatcherServlet 作为一个 Servlet,它有两个主要的方法:init()和 doService()。

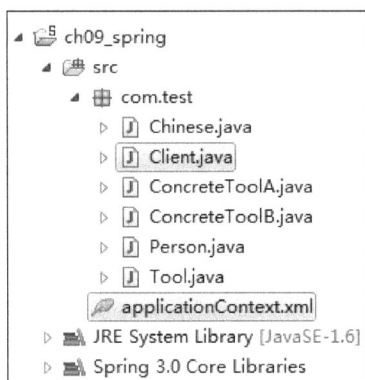

图 9.4.2　应用了 Spring 的 Java 项目文件系统

9.4.4　一个 Spring 示例

【例 9.4.1】　一个演示 Spring 实现控制反转的 Java 示例项目。

【设计目标】对 Java 项目应用 Spring 能力后,编写测试控制反转的相关类。完成后的项目文件系统,如图 9.4.2 所示。

【实现步骤】

(1) 在 MyEclipse 中新建名为 ch09_ spring1 的 Java 项目。

(2) 对 Java 项目应用 Spring 能力,选择 3.0 版本和核心 jar 包,如图 9.4.3 所示。

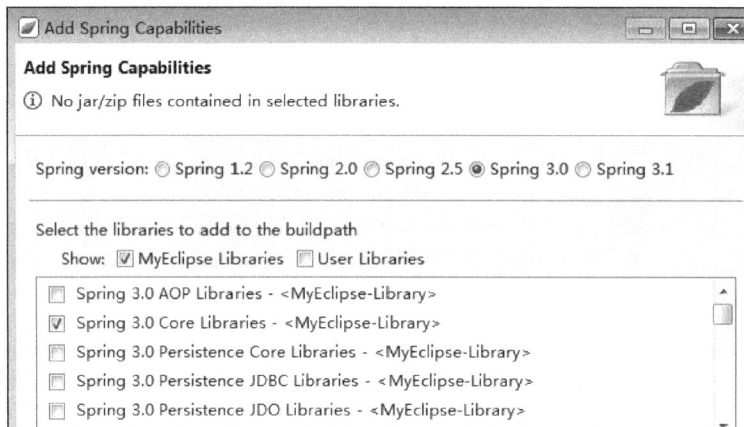

图 9.4.3　对 Java 项目应用 Spring 能力对话框

(3) 对 Spring 配置文件名及其存放位置采用默认值,分别为 applicationContext. xml 和 src。

(4) 修改 src 文件夹里的 Spring 配置文件 applicationContext. xml,增加的代码见粗体部分。

```
<?xml version="1.0" encoding="UTF-8"? >
<beans
    xmlns="http://www.springframework.org/schema/beans"
        xmlns:xsi="http://www.w3.org/2001/XMLSchema-instance"
    xmlns:p="http://www.springframework.org/schema/p"
```

```
xsi: schemaLocation ="http://www.springframework.org/schema/beans
http://www.springframework.org/schema/beans/spring-beans-3.0.xsd">
    <bean id="toolA" class="com.test.ConcreteToolA"/>
    <bean id="toolB" class="com.test.ConcreteToolB"/>
    <bean id="chinese" class="com.test.Chinese">
        <property name="tool" ref="toolB"></property>
    </bean>
</beans>
```

注意：配置文件 applicationContext.xml 中的最后一个 bean，将 toolB 注入到 Chinese 类型的对象属性中。

（5）在项目的 src 文件夹里新建名为 com.test 的包。

（6）在包定义建立 Person.java 和 Tool.java 两个接口文件，代码分别如图 9.4.4 和图 9.4.5 所示。

```
package com.test;

public interface Person
{
    public void work();    //人有工作方法
}
```

```
package com.test;

public interface Tool
{
    public void realWork();
}
```

图 9.4.4　定义 Person 接口　　　　　图 9.4.5　定义 Tool 接口

（7）在包定义中再定义三个实现上述接口的类文件：Chinese.java、ConcreteToolA.java 和 ConcreteToolB.java，他们的源代码分别如图 9.4.6、图 9.4.7 和图 9.4.8 所示。

```
package com.test;
public class Chinese implements Person
{
        private Tool tool;

        public Tool getTool()
        {
                return tool;
        }
        public void setTool(Tool tool)
        {
                this.tool = tool;
        }

        public void work()
        {
                tool.realWork();
        }
}
```

图 9.4.6　定义实现 Person 接口的类 Chinese

```
package com.test;

public class ConcreteToolA implements Tool
{
        public void realWork()
        {
                System.out.println("real work from ConcreteToolA");
        }
}
```

图 9.4.7　定义实现 Tool 接口的类 ConcreteToolA

```
package com.test;

public class ConcreteToolB implements Tool
{
        public void realWork()
        {
                System.out.println("real work from ConcreteToolB");
        }

}
```

图 9.4.8　定义实现 Tool 接口的类 ConcreteToolB

（8）在包定义中再定义用于测试控制反转的 Java 文件 Client.java，其源代码分别如图 9.4.9 所示。

```
package com.test;

import org.springframework.beans.factory.BeanFactory;
import org.springframework.beans.factory.xml.XmlBeanFactory;
import org.springframework.core.io.ClassPathResource;

public class Client
{
    public static void main(String[] args){

        ClassPathResource cpr = new ClassPathResource("applicationContext.xml");

        BeanFactory factory = new XmlBeanFactory(cpr);

        Person p = (Person) factory.getBean("chinese");
        p.work();
    }
}
```

图 9.4.9　定义 Java 应用程序 Client.java

（9）单击工具栏的运行按钮，运行 Client.java 程序后的控制台输出，如图 9.4.10 所示。

```
Console ☒
<terminated> Client [Java Application] C:\Users\Administrator\AppData\Local\MyEclipse for Spring\Common\binary\com.sun.java.jc
log4j:WARN No appenders could be found for logger (org.springframework.beans.factory.xml.XmlBeanDefinitionR
log4j:WARN Please initialize the log4j system properly.
real work from ConcreteToolB
```

图 9.4.10　Java 应用程序的运行结果（控制台输出）

注意：（1）在配置文件 applicationContext.xml 中声明两个 bean（ConcreteToolA 类和 ConcreteToolB 类），形成 bean 工厂。

（2）创建类 ClassPathResource 的实例 cpr，表示 bean 工厂的类路径资源。

（3）创建类 BeanFactory 的实例 factory。

（4）通过 bean 工厂中 chinese 标识，创建具有 Person 接口类型的实例对象 p。

（5）调用方法 p.work()，显示结果。

【例 9.4.2】　整合 Struts 和 Spring 开发的用户登录系统。

【设计目标】在 Spring 项目中整合 Struts 框架，完成的用户登录系统的文件系统，如图9.4.11 所示。

【实现步骤】

（1）在 MyEclipse 中新建名为 ch09_ ss21 的 Web 项目。

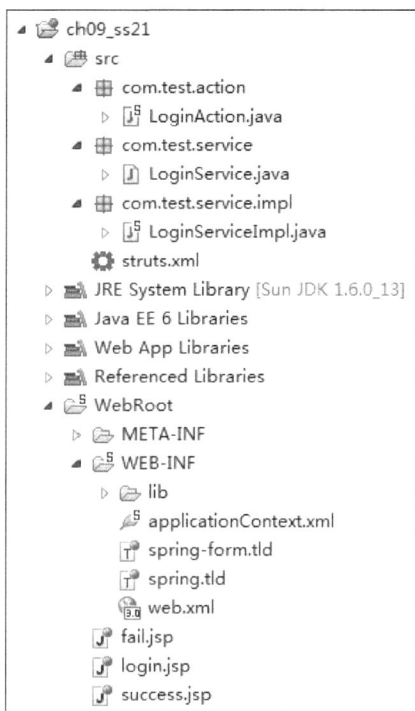

图 9.4.11　在 Spring 项目中整合 Struts
　　　　　框架后的文件系统

图 9.4.12　对 Java 项目应用 Spring 能力对话框

（2）对项目应用 Spring 能力，选择 3.1 版本、核心 jar 包和 Web 包，如图 9.4.12 所示。

（4）指定 Spring 配置文件的名称和存放路径，如图 9.4.13 所示。

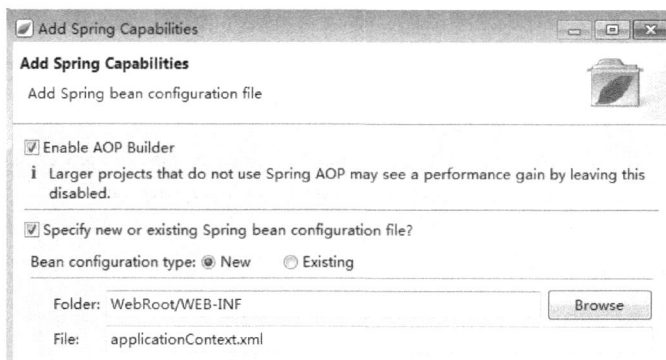

图 9.4.13　指定 Spring 配置文件的名称和存放路径

（5）将 Struts2.3.8 的 10 个 jar 包复制到项目的 lib 文件夹里。

（6）将 Struts 2 里的 struts-spring-plugin-2.3.8.jar 包复制到项目的 lib 文件夹里，该 jar 包是整合 Spring 和 Struts 的桥梁。

（7）在 src 文件夹里，建立 Struts 的配置文件 struts.xml，文件代码如图 9.4.14 所示。

（8）在 src 文件夹里，新建包 com.test.action，在该包内建立文件 LoginAction.java，文件代码如下。

```
<?xml version="1.0" encoding="UTF-8"?>
<!DOCTYPE struts PUBLIC
    "-//Apache Software Foundation//DTD Struts Configuration 2.3//EN"
    "http://struts.apache.org/dtds/struts-2.3.dtd">
<struts>
    <package name="spring" extends="struts-default">
    <!--下面的class交给Spring帮助生成，所以只需持有Spring的实例即可-->
        <action name="login" class="loginAction">
                <result name="success">/success.jsp</result>
                <result name="fail">/fail.jsp</result>
        </action>
    </package>
</struts>
```

图 9.4.14　Struts 配置文件

```
package com.test.action;
import com.opensymphony.xwork2.ActionSupport;
import com.test.service.LoginService;

public class LoginAction extends ActionSupport
{
    private String username;
    private String password;
    private LoginService loginService;

    public String getUsername()
    {           return username;}
    public void setUsername(String username)
    {           this.username=username;}
    public String getPassword()
    {           return password;}
    public void setPassword(String password)
    {           this.password=password;}
    public LoginService getLoginService()
    {           return loginService;}
    public void setLoginService(LoginService loginService)
    {           this.loginService=loginService;}

    @Override
    public String execute() throws Exception
    {
            if(loginService.isLogin(username,password))
            {
                    return SUCCESS;
            }else {
                    return "fail";
            }
    }
}
```

（9）在 src 文件夹里，新建包 com. test. service，在该包内建立文件 LoginService. java，文件代码如下。

```
package com.test.service;
public interface LoginService    //定义接口
{
    public boolean isLogin(String username, String password);
}
```

（10）在 src 文件夹里，新建包 com. test. service. impl，在该包内建立文件 LoginServiceImpl. java，文件代码如下。

```
package com.test.service.impl;

import com.test.service.LoginService;
/* *
* @author jasun
 *处理相应的业务逻辑
 */
public class LoginServiceImpl implements LoginService
{
    @Override
    public boolean isLogin(String username, String password)
    {
        if ("wust".equals(username) &"123".equals(password))
        {
            return true;
        }
        return false;
    }
}
```

（11）修改位于文件夹 WebRoot\EB-INF 里的 Spring 配置文件 applicationContext. xml，文件代码如下。

```
<?xml version="1.0" encoding="UTF-8"? >
<beans
    xmlns="http://www.springframework.org/schema/beans"
    xmlns:xsi="http://www.w3.org/2001/XMLSchema-instance"
    xmlns:p="http://www.springframework.org/schema/p"
    xsi: schemaLocation =" http://www. springframework. org/schema/beans
http://www.springframework.org/schema/beans/spring-beans-3.1.xsd">
    <!-- scope 中的 singleton 表示单例,默认则为 singleton,此处可省略 -->
    <bean id="loginService" class="com.test.service.impl.LoginServiceImpl"
scope="singleton"></bean>
```

```
<!-- scope 中的 prototype 表示每次从容器中取出 bean 时,都会生成一个新实例。
相当于 new 出来一个对象 -->
    <bean id="loginAction" class="com.test.action.LoginAction" scope="
prototype">
        <!--
                name 中的 loginService 表示 LoginAction 中的成员变量(即属性);
                通过 ref 属性将 loginService 注入到 LoginAction 类里
        -->
        <property name="loginService" ref="loginService"></property>
    </bean>
</beans>
```

(12) 修改 WebRoot\EB-INF\web.xml 文件,整合 Struts 和 Spring,其代码如下。

```
<?xml version="1.0" encoding="UTF-8"?>
<web-app version="3.0"
    xmlns="http://java.sun.com/xml/ns/javaee"
    xmlns:xsi="http://www.w3.org/2001/XMLSchema-instance"
    xsi:schemaLocation="http://java.sun.com/xml/ns/javaee
    http://java.sun.com/xml/ns/javaee/web-app_3_0.xsd">
    <filter>
        <filter-name>struts</filter-name>
        <filter-class>org.apache.struts2.dispatcher.ng.filter.StrutsPrepare AndExecuteFilter
    </filter-class>
    </filter>
    <filter-mapping>
        <filter-name>struts</filter-name>
        <url-pattern>/*</url-pattern>
    </filter-mapping>

    <listener>
        <listener-class>org.springframework.web.context.ContextLoaderListener</listener-class>
    </listener>
</web-app>
```

(13) 在 WebRoot 下,新建用于登录的表单页面 login.jsp,其代码如图 9.4.15 所示。

```
<%@ page language="java" import="java.util.*" pageEncoding="UTF-8"%>
<%@ taglib uri="/struts-tags" prefix="s"%>
    <body>
        <h2>用户登录界面</h2>
        <s:form action="login">
            <s:textfield name="username" label="用户名称"></s:textfield>
            <s:password name="password" label="用户密码"></s:password>
            <s:submit value="提交"></s:submit>
        </s:form>
    </body>
</html>
```

图 9.4.15　用于登录的表单页面 login.jsp

（14）在 WebRoot 下，新建登录成功后的回显页面 success.jsp，其代码如图 9.4.16
所示。

```
<%@ page language="java" import="java.util.*" pageEncoding="UTF-8"%>
<%@ taglib uri="/struts-tags" prefix="s"%>
<html>
  <body>
        用户名称:<s:property value="username"/><br>
        用户密码:<s:property value="password"/>
  </body>
</html>
```

图 9.4.16　登录成功后的回显页面 success.jsp

（15）在 WebRoot 下，新建登录失败后的回显页面 fail.jsp，其代码如图 9.4.17 所示。

```
<%@ page language="java" import="java.util.*" pageEncoding="UTF-8"%>
<html>
  <body>
     登录失败！请输入用户名wust，密码123进行登录！<br>
<a href="<%=request.getContextPath() %>/login.jsp">返回登录页面</a>
  </body>
</html>
```

图 9.4.17　登录失败后的回显页面 fail.jsp

（16）部署项目，启动 Web 服务器，启动浏览器测试，浏览效果如图 9.4.18 所示。

图 9.4.18　项目浏览效果

注意：因为整合的原因，在浏览测试时，必须带上 login.jsp，不能只使用项目名。

9.5　整合 SSH 编程框架开发的综合案例——新闻网站

前面，我们分别介绍了 SSH 中各框架的基本用法。在例 9.4.2 中，介绍了 Struts 和
Spring 的整合运用，其中用户登录的密码不在数据库表里。实际项目中，用户登录一般
会涉及数据库的访问。本节将通过一个实例，整合 SSH 的三个框架，完成新闻网站的设
计。设计的基本思想如下：
- 使用 Struts 作为系统的整体基础架构，负责分离 MVC 三层；
- 控制层采用 Servlet 作为控制器，控制系统的业务逻辑，实现业务转发；
- 对数据库的访问和对数据库的持久化分开，即 DAO 层和 Service 层；
- 使用 Spring 框架技术，统一管理各对象的配置、查找及应用，实现业务逻辑和基

础服务的分离;

● 视图层采用 JSP 做显示,常用于表单等输入和结果回显。

9.5.1 系统分析与数据库设计

此新闻网站共分为两大部分,前台页面可以分类显示新闻信息,后台可对系统信息、菜单信息、文件信息等进行管理。

在新闻系统中,使用 MySQL 数据库进行数据存储。根据系统的功能模块设置,共设计了 13 张表,分别为权限信息表(action)、文章信息表(article)、栏目表(board)、超链接表(link)、LOGO 表(logo)、图片信息表(picture)、超链接分类表(plate)、板块表(posit)、留言表(review)、权限分配表(role)、附件表(tacks)、用户组表(team)和用户信息表(user)。这些数据表存放在名为 gj_data 的 MySQL 数据库里,如图 9.5.1 所示。

9.5.2 项目文件系统

本新闻网站由团队进行开发,在编写代码之前,需要制定好项目的结构图,将功能相近的文件放在同一包中;再将 JSP 页面文件按照功能模块进行分类存放,从而便于项目的团队开发和后期维护。新闻网站项目 Gj_XXW 的文件系统,如图 9.5.2 所示,

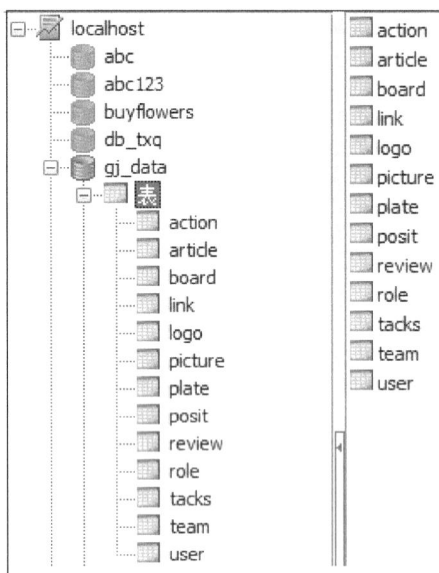

图 9.5.1 系统使用的数据库表

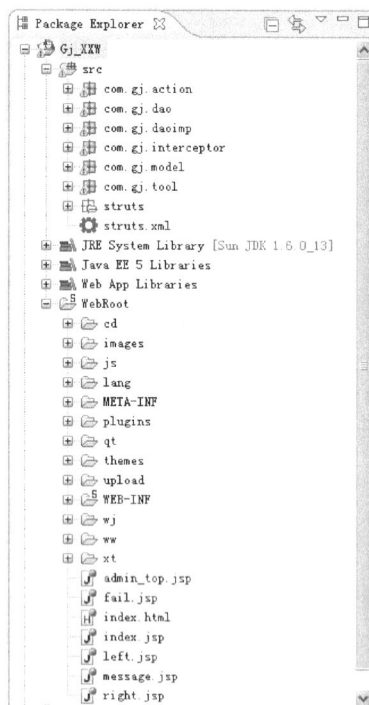

图 9.5.2 项目结构图

在 MyEclipse 中,系统功能页面位于 WebRoot 下的 qt、wj、ww 和 xt 等文件夹里,WebRoot(对应于网站项目的根目录)下的几个页面是超级管理员进入后台管理所调用的页面(网站的主页 index.jsp 除外)。

网站配置文件 web.xml 的配置代码如下。

```xml
<?xml version="1.0" encoding="UTF-8"? >
<web-app version="2.5"
    xmlns="http://java.sun.com/xml/ns/javaee"
    xmlns:xsi="http://www.w3.org/2001/XMLSchema-instance"
    xsi:schemaLocation="http://java.sun.com/xml/ns/javaee
    http://java.sun.com/xml/ns/javaee/web-app_2_5.xsd">
  <display-name></display-name>

  <welcome-file-list>
    <welcome-file>index.jsp</welcome-file>
  </welcome-file-list>


 <context-param>
    <param-name>contextConfigLocation</param-name>
    <param-value>/WEB-INF/applicationContext.xml</param-value>
  </context-param>
  <listener>
    <listener-class>org.springframework.web.context.ContextLoaderListener</listener-class>
  </listener>
  <filter>
    <filter-name>struts2</filter-name>
    <filter-class>
        org.apache.struts2.dispatcher.ng.filter.StrutsPrepareAndExecuteFilter
    </filter-class>
  </filter>
  <filter-mapping>
    <filter-name>struts2</filter-name>
    <url-pattern>/*</url-pattern>
  </filter-mapping>
  <servlet>
    <servlet-name> dwr-invoker</servlet-name>
    <servlet-class>uk.ltd.getahead.dwr.DWRServlet
    </servlet-class>
  </servlet>
  <servlet-mapping>
    <servlet-name>dwr-invoker</servlet-name>
    <url-pattern>/dwr/*</url-pattern>
  </servlet-mapping>
</web-app>
```

9.5.3　系统设计

系统设计,将按照表示层、业务层和持久层,分别介绍。

1. 表示层

表示层的功能是与用户进行数据交互,实现用户数据的输入和输出功能。

新闻网运行后,在浏览器地址栏输入"http://localhost:8080/Gj_XXW"后,根据配置文件 web. xml 中的设置,会打开 index. jsp 页面,而 index. jsp 页面没有实际的显示内容,通过<%response. sendRedirect("qtfselect"); %>找到 Struts 的配置文件 Struts. xml,进而找到 struts\qt. xml,执行匹配 qtfselect 的 action,把数据源注入到 action,最后显示位于文件夹 qt 里的 sSelect. jsp 页面,它才是网站的真正首页面。

前台首页采用 DIV＋CSS 布局。进入主页后,默认情况下,页面右上方有"登录"和"注册"两个超链接。

普通用户登录后,右上方会显示已经登录的用户名称、"修改密码"超链接和"注销"超链接;而超级管理员(其用户名和密码初始化为 admin)登录后,右上方会多出"进入后台"超链接,实现后台管理。

管理员登录后,页面效果如图 9.5.3 所示。

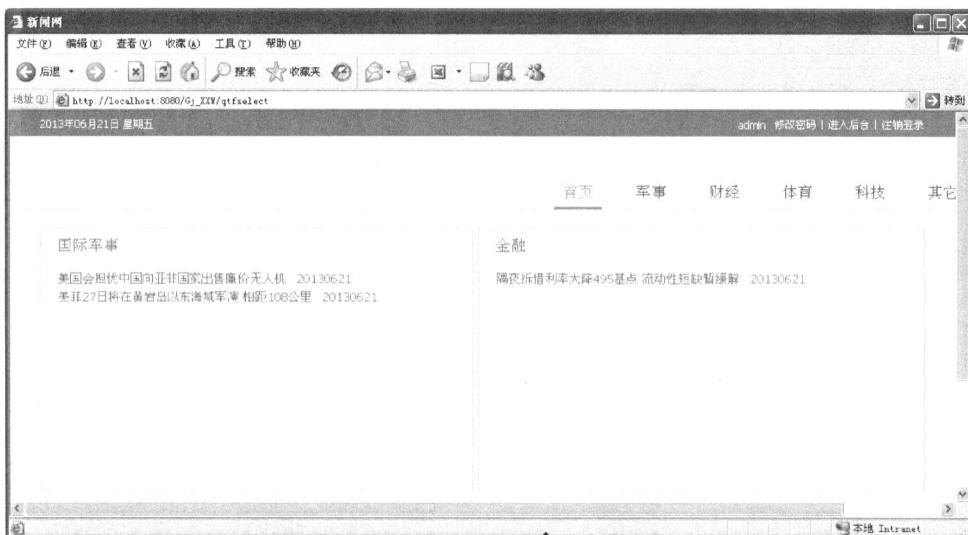

图 9.5.3　超级管理员登录后的页面效果

网站的后台管理页面 index. html 是一个框架页面,其上方载入 admin_top. jsp 页面,左侧载入 left. jsp 页面,右侧载入 right. jsp 页面。超级管理员用户登录后台管理系统后,对权限管理的运行效果,如图 9.5.4 所示。

本新闻网系统的 Action 类包括 BaseAction. java、CdAction. java、DlAction. java、QtAction. java、WjAction. java、WwAction. java 和 XtAction. java。

XtAction 类文件的完整脚本如下。

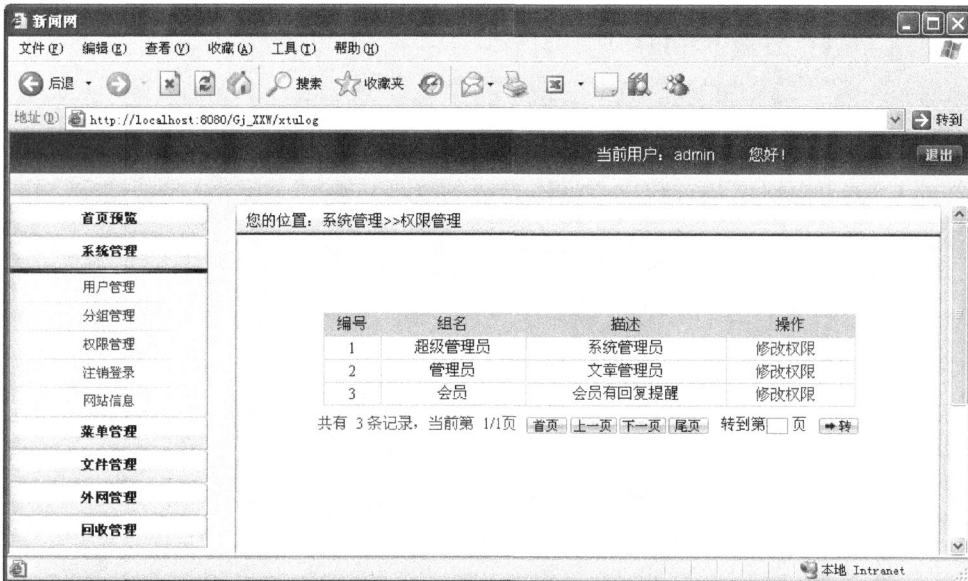

图 9.5.4　后台管理页面浏览效果

```
package com.gj.action;
import java.io.IOException;
import java.text.SimpleDateFormat;
import java.util.Date;
import java.util.List;
import com.gj.model.Action;
import com.gj.model.Role;
import com.gj.model.Team;
import com.gj.model.User;
import com.gj.tool.MyPagination;
import com.gj.dao.ObjectDao;
public class XtAction extends BaseAction {
    private static final long serialVersionUID=610917945649955L;
    private ObjectDao objectDao;
    private MyPagination myPagination=new MyPagination();
    private List list;
    private User user;
    private Team team;
    public Team getTeam() {
        return team;
    }
    public void setTeam(Team team) {
        this.team=team;
```

```
    }
    public List getList() {
        return list;
    }
    public User getUser() {
        return user;
    }
    public void setUser(User user) {
        this.user=user;
    }
    public void setList(List list) {
        this.list=list;
    }
    public ObjectDao getObjectDao() {
        return objectDao;
    }
    public void setObjectDao(ObjectDao objectDao) {
        this.objectDao=objectDao;
    }
    public String userManage(){
        list=objectDao.getObjectList("from User");
        myPagination.getInitPage(list,1,15);
        int page=1;
        if (request.getParameter("page")!=null) {
            page=Integer.parseInt(request.getParameter("page"));
        }
        list=myPagination.getAppointPage(page);
        request.setAttribute("page", page);
        request.setAttribute("maxPage", myPagination.getMaxPage());
        request.setAttribute("maxCount", myPagination.getRecordSize());
        return SUCCESS;
    }
    public String teamFind(){
        list=objectDao.getObjectList("from Team");
        return SUCCESS;
    }
    public String userAdd(){
        team= (Team) objectDao. getObject ( " from Team where tid = " + user.
getTeam().getTid());
        user.setTeam(team);
        SimpleDateFormat format=new SimpleDateFormat("yyyyMMdd");
        Date d=new Date();
```

```
        user.setCreatTime(format.format(d));
        objectDao.insertObject(user);
        return SUCCESS;
    }
    public void userFind() throws IOException{
        String result="";
        user=(User) objectDao.getObject("from User where uname='"+user.
getUname()+"'");
        if(user!=null){result="该用户名已存在!";}
        response.setCharacterEncoding("utf-8");
        response.getWriter().print(result);
    }
    public String userDel(){
        user=(User) objectDao.getObject("from User where uid="+user.
getUid());
        objectDao.deleteObject(user);
        return SUCCESS;
    }
    public String userUp(){
        user=(User) objectDao.getObject("from User where uid="+user.
getUid());
        list=objectDao.getObjectList("from Team");
        return SUCCESS;
    }
    public String userUpd(){
        objectDao.updateObject(user);
        return SUCCESS;
    }
    public String teamManage(){
        list=objectDao.getObjectList("from Team");
        myPagination.getInitPage(list,1,15);
        int page=1;
        if (request.getParameter("page")!=null) {
            page=Integer.parseInt(request.getParameter("page"));
        }
        list=myPagination.getAppointPage(page);
        request.setAttribute("page", page);
        request.setAttribute("maxPage", myPagination.getMaxPage());
        request.setAttribute("maxCount", myPagination.getRecordSize());
        return SUCCESS;
    }
    public String teamAdd(){
```

```
        User userd= (User) request.getSession().getAttribute("userd");
        team.setAddby(userd.getUname());
        SimpleDateFormat format=new SimpleDateFormat("yyyyMMdd");
        Date d=new Date();
        team.setCreateTime(format.format(d));
        objectDao.insertObject(team);
        return SUCCESS;
    }
    public String teamDel(){
        team= (Team) objectDao.getObject("from Team where tid="+team.
getTid());
        objectDao.deleteObject(team);
        return SUCCESS;
    }
    public String teamUp(){
        team= (Team) objectDao.getObject("from Team where tid="+team.
getTid());
        return SUCCESS;
    }
    public String teamUpd(){
        objectDao.updateObject(team);
        return SUCCESS;
    }
    public String uQuit(){
        request.getSession().removeAttribute("userd");
        request.getSession().removeAttribute("roleactionlist");
        return SUCCESS;
    }
    public String uLog(){
        return SUCCESS;
    }
    public String teamRole(){
        list=objectDao.getObjectList("from Team");
        myPagination.getInitPage(list,1,15);
        int page=1;
        if (request.getParameter("page")!=null) {
            page=Integer.parseInt(request.getParameter("page"));
        }
        list=myPagination.getAppointPage(page);
        request.setAttribute("page", page);
        request.setAttribute("maxPage", myPagination.getMaxPage());
        request.setAttribute("maxCount", myPagination.getRecordSize());
```

```
            return SUCCESS;
        }
        public String teamRoleUp(){
            team= (Team) objectDao.getObject ("from Team where tid="+ team.
    getTid());
            List rlist=objectDao.getObjectList("from Role where team.tid="+
    team.getTid());
            List alist=objectDao.getObjectList("from Action");
            request.setAttribute("rlist", rlist);
            request.setAttribute("alist", alist);
            return SUCCESS;
        }
        public String teamRoleUpd(){
            String []p=request.getParameterValues("pur");
            int tid=Integer.parseInt(request.getParameter("tid"));
            team= (Team) objectDao.getObject("from Team where tid="+tid);
            List rlist=objectDao.getObjectList("from Role where team.tid="+
    team.getTid());
            for(int a=0;a<rlist.size();a++){
                Role rela=(Role) rlist.get(a);
                objectDao.deleteObject(rela);
            }
            for(int i=0;i<p.length;i++){
                Role rol=new Role();
                rol.setTeam(team);
                Action action= (Action) objectDao.getObject("from Action where
    aid="+Integer.parseInt(p[i]));
                rol.setAction(action);
                objectDao.insertObject(rol);
            }
            return SUCCESS;
        }
    }
```

2. 业务层

本新闻网系统的 DAO 类是 ObjectDao,其完整脚本如下。

```
package com.gj.dao;
import java.util.List;
public interface ObjectDao{
    public Object getObject(String condition);
    public List getObjectList(String condition);
    public boolean updateObject(Object object);
```

```
        public void insertObject(Object object);
        public boolean deleteObject(Object object);
        public List getObjectListByS(String condition);
    }
```

3. 持久层

主要是映射数据库到 Java 中的对象,这些文件对应关系如表 9.5.1 所示,包括数据库表、持久化类、映射文件。

表 9.5.1　权限信息表(action)

数据库表	持久化类	映射文件	描述
action	Action.java	Action.hbm.xml	权限信息
article	Article.java	Article.hbm.xml	文章信息
board	Board.java	Board.hbm.xml	栏目信息
link	Link.java	Link.hbm.xml	超链接信息
logo	Logo.java	Logo.hbm.xml	LOGO 信息
picture	Picture.java	Picture.hbm.xml	图片信息
plate	Plate.java	Plate.hbm.xml	超链接分类信息
posit	Posit.java	Posit.hbm.xml	板块信息
review	Review.java	Review.hbm.xml	留言信息
role	Role.java	Role.hbm.xml	权限分配信息
tacks	Tacks.java	Tacks.hbm.xml	附件信息
team	Team.java	Team.hbm.xml	用户组信息
user	User.java	User.hbm.xml	用户信息

Spring 的配置文件 applicationContext.xml 位于 WebRoot\WEB-INF 文件夹里,其代码如下。

```xml
<?xml version="1.0" encoding="UTF-8"? >
<beans
    xmlns="http://www.springframework.org/schema/beans"
    xmlns:xsi="http://www.w3.org/2001/XMLSchema-instance"
    xmlns:p="http://www.springframework.org/schema/p"
    xsi: schemaLocation =" http://www. springframework. org/schema/beans
http://www.springframework.org/schema/beans/spring-beans-3.0.xsd">

    <bean id="dataSource"
        class="org.apache.commons.dbcp.BasicDataSource">
        <property name="driverClassName"
            value="com.mysql.jdbc.Driver">
        </property>
        <property name="url"
```

```
        value = " jdbc: mysql: //localhost: 3306/gj _ data? useUnicode = true&amp;
characterEncoding=utf8">
        </property>
        <property name= "username" value= "root"></property>
        <property name= "password" value= "123"></property>
    </bean>
    <bean id= "sessionFactory"

    class= "org.springframework.orm.hibernate3.LocalSessionFactoryBean">
        <property name= "dataSource">
            <ref bean= "dataSource" />
        </property>
        <property name= "hibernateProperties">
            <props>
                <prop key= "hibernate.dialect">
                    org.hibernate.dialect.MySQLDialect
                </prop>
                <prop key= "connection.autocommit">
                    true
                </prop>
            </props>
        </property>
        <property name= "mappingResources">
            <list>
                <value> com/gj/model/Posit.hbm.xml</value>
                <value> com/gj/model/Action.hbm.xml</value>
                <value> com/gj/model/Board.hbm.xml</value>
                <value> com/gj/model/User.hbm.xml</value>
                <value> com/gj/model/Article.hbm.xml</value>
                <value> com/gj/model/Team.hbm.xml</value>
                <value> com/gj/model/Tacks.hbm.xml</value>
                <value> com/gj/model/Logo.hbm.xml</value>
                <value> com/gj/model/Role.hbm.xml</value>
                <value> com/gj/model/Picture.hbm.xml</value>
                <value> com/gj/model/Review.hbm.xml< /value>
                <value> com/gj/model/Link.hbm.xml</value>
                <value> com/gj/model/Plate.hbm.xml</value></list>
        </property>
    </bean>
    <bean id= "objectDao" class= "com.gj.daoimp.ObjectDaoImp">
        <property name= "sessionFactory">
            <ref bean= "sessionFactory" />
```

```
            </property>
        </bean>
        <bean id="xt" class="com.gj.action.XtAction" scope="prototype">
            <property name="objectDao">
                < ref bean="objectDao"/>
            </property>
        </bean>
        <bean id="cd" class="com.gj.action.CdAction" scope="prototype">
            <property name="objectDao">
                <ref bean="objectDao"/>
            </property>
        </bean>
        <bean id="wj" class="com.gj.action.WjAction" scope="prototype">
            < property name="objectDao">
                <ref bean="objectDao"/>
            </property>
        </bean>
        <bean id="ww" class="com.gj.action.WwAction" scope="prototype">
            <property name="objectDao">
                <ref bean="objectDao"/>
            </property>
        </bean>
        <bean id= "dl" class="com.gj.action.DlAction">
            <property name="objectDao">
                <ref bean="objectDao"/>
            </property>
        </bean>
        <bean id="qt" class="com.gj.action.QtAction">
            <property name="objectDao">
                <ref bean="objectDao"/>
            </property>
        </bean>
        <bean id="myInterceptor"
class="com.gj.interceptor.MyInterceptor">
        </bean>
    </beans>
```

习　题　9

一、判断题

1. 在 MyEclipse 中，对 Web 项目应用 SSH 能力前，应选中项目。
2. SSH 框架遵守 MVC 思想。
3. Struts2 是 Struts1 的进一步完善，是 Struts1 的升级版。
4. Struts 2 使用的核心控制器本质上是一个过滤器。
5. Struts 的前端控制器出现在 Struts 配置文件中。
6. Web 容器启动时，会自动加载 struts2 框架的配置文件 struts.xml 里的相关参数。
7. 拦截器就是过滤器。
8. 在 MyEclipse 中开发 Hibernate 项目，必须先建立数据源。
9. 在 MyEclipse 中建立的数据源，可以为不同的项目共享使用。
10. Hibernate 采用映射文件来指定对象和关系数据之间的映射。
11. Spring 的核心技术是控制反转（IOC）。
12. 对 MyEclipse 的 Java 项目和 Java Web 项目，都可以增加 Hibernate 能力。
13. Spring 的 AOP 模块主要提供面向切面的编程功能。
14. 在 MyEclipse 中建立的 Java 项目和 Web 项目，都能应用 SSH 能力。

二、选择题

1. 编写一个 Action 类，通常需要继承_____类。
   A. Action　　　　　　　　B. ServletActionContext
   C. FilterDispatcher　　　　D. ActionSupport
2. 在 struts.xml 文件中，配置 package 元素不能指定的属性是_____。
   A. name　　　B. extends　　　C. namespace　　D. method
3. Struts2 提供的 Interceptor 接口提供的方法不包括_____。
   A. init　　　B. destroy()　　C. intercept()　　D. new()
4. Struts2 的业务逻辑控制器是_____。
   A. Action　　　B. struts.xml　　C. DAO　　　D. Bean
5. 使用 MyEclipse 对 Java Web 项目增加 Hibernate 能力的向导过程中，最后一个步骤的作用是_____。
   A. 选择 Hibernate 版本与类库　　B. 新建配置文件
   C. 选择数据源　　　　　　　　　D. 设定 Hibernate 包名
6. 在 Hibernate 中，不属于主键生成方式的是_____。
   A. Assigned　　B. identity　　C. nature　　　D. sequence
7. BeanFactory 中 Bean 的生命周期不包括_____。
   A. 定义 Bean　　B. 初始化 Bean　　C. 调用 Bean　　D. 关闭 Bean

8. 在 SSH 框架中，只能对 Web 项目应用的是_____。

    A. Struts   B. Hibernate   C. Spring   D. B 和 C

三、填空题

1. Struts 2.1.3 及以上版本使用的核心控制器是_____。

2. 在 struts.xml 文件中，动作和拦截器都是放在_____标签内。

3. 向 MyEclipse 中的 Web 项目的 lib 文件夹粘贴 SSH jar 包后，会自动_____文件夹，在该文件夹可以展开各个 jar 包。

4. 设计动作类，除了可使用实现接口 Action 的方法外，还可以继承_____类。

5. _____是 Hibernate 负责对象存取的接口。

6. 使用 MyEclipse 的数据库浏览器 DB Brower，应使用 Window 菜单里的_____选项。

7. 在 Spring 中，IoC 容器的默认配置文件是_____。

实验 9(A)　Web 编程框架 SSH 及其应用

一、实验目的

1. 掌握 Struts 2 框架的搭建与使用方法；
2. 掌握 Struts 的表达式语言 OGNL 和 Struts 标签的用法；
3. 掌握 Struts 实现文件下载与上传的用法；
4. 掌握 Hibernate 3 框架的搭建与使用方法；
5. 掌握 Spring 3 框架的搭建与使用方法；
6. 掌握 Strust 与 Spring 的整合开发方法。

二、实验内容及步骤

【预备】

（1）访问 http://www.wustwzx.com/jsp_sy/index.html 并单击"实验 9(A)"超链接,下载本次实验内容的源代码并解压(得到文件夹 ch09a),供研读和调试使用。

（2）访问作者的教学网站 http://www.wustwzx.com,在第三门课程的滚动新闻里下载 SSH 的 JAR 包,解压后得到文件 Struts2.3_Spring3.2_Hibernate4.1。

1. 了解 Struts 2 的转发机制。
   （1）启动 MyEclipse for Spring 10。
   （2）导入文件夹 ch09a 里的 Web 项目 ch09_s1。
   （3）查看 web.xml 中关于 Struts 2 核心控制器的配置代码。
   （4）查看位于 src 文件夹里的 Struts 配置文件中的相关代码。
   （5）结合 struts.xml 与 TestAction.java 中 testHello()方法,体会 Struts 的转发机制。
   （6）部署项目,启动 Web 服务器。
   （7）在浏览器地址栏输入 http://localhost:8080/ch09_s1/Test.action。

2. 掌握 Struts 2 的表达式语言 OGNL 和 Struts 2 常用标签的用法。
   （1）导入解压文件夹里的 Web 项目 ch09。
   （2）部署项目、启动 Tomcat 服务器。
   （3）在地址栏输入 http://localhost:8080/ch09 浏览 index.jsp 页面,并且与 index.jsp 页面中的相关代码(OGNL 表达式和标签)对照。
   （4）在地址栏输入 http://localhost:8080/ch09/data.jsp 浏览 data.jsp 页面,并且与 data.jsp 页面中的相关代码(访问 JavaBean 和 Action)对照。

3. 掌握 Struts 2 实现文件下载与上传的方法。
   （1）导入解压文件夹里的 Web 项目 ch09_struts2_download。
   （2）部署项目、启动 Tomcat 服务器。
   （3）浏览项目、测试文件下载功能,并查看实现的相关代码。
   （4）导入解压文件夹里的 Web 项目 ch09_struts2_upload。

（5）部署项目。

（6）浏览项目、测试文件上传功能，并查看实现的相关代码。

4. 掌握 Struts 2 在 Web 开发中的应用——实现用户登录。

（1）导入文件夹 ch09a 里的 Web 项目 ch09_s2。

（2）查看项目里手工引入的 10 个 Struts jar 包。

（3）查看 login.jsp 页面中使用 Struts 标签的代码。

（4）查看 login.jsp 页面中使用动作响应表单提交的代码。

（5）查看 struts.xml 中配置代码。

（6）查看登录成功后的回显示页面 success.jsp 中引用转发属性的三种方式。

（7）部署项目后进行浏览测试。

5. 使用 Hibernate 框架实现 MySQL 数据库操作查询。

（1）导入文件夹 ch09a 里的 Java 项目 ch09_h_3。

（2）使用菜单"Window→Show View→DB Browser"，建立访问 MySQL 数据库 test 的数据源 dbtest。

（3）查看包 bean 内的实体文件和映射文件。

（4）查看 Hibernate 配置文件中的相关信息。

（5）查看包 test 内 TestFirst.java 文件中建立会话 session 并通过它操作数据库表的代码。

（5）运行 TestFirst.java 程序。

（6）使用 Navicat for MySQL，查看数据库 test 的表 user 中增加的记录。

6. 一个演示 Spring 实现控制反转的 Java 项目。

（1）导入文件夹 ch09a 里的 Java 项目 ch09_spring。

（2）查看 Spring 配置文件中的代码。

（3）分别查看所涉及的接口与类文件中的源代码，并理顺其调用关系。

（4）运行 Java 应用程序 Client.java，查看控制台的输出结果。

7. 一个整合 Struts 和 Spring 的示例——用户登录系统。

（1）导入文件夹 ch09a 里的 Web 项目 ch09_ss21。

（2）查看位于 WEB-INF 文件夹里 applicationContext.xml 文件的配置代码。

（3）查看位于 src 文件夹里 struts.xml 文件中对 Struts 配置的引用。

（4）查看位于 WEB-INF 文件夹里 web.xml 文件中整合 Spring 与 Struts 的代码。

（5）部署项目后进行浏览测试。

（6）与单独使用 Struts 开发的用户登录系统比较架构的不同点。

三、实验小结及思考

（由学生填写，重点写上机中遇到的问题）

实验 9(B)　整合使用 SSH 框架开发新闻网站

一、实验目的

1. 掌握 SSH 框架的搭建方法；
2. 通过分析新闻网站，掌握使用 Div＋CSS 布局页面的方法；
3. 掌握 JavaScript 脚本库（如 jQuery 等）的使用；
4. 掌握 Struts 的 OGNL 表达式和标签的用法；
5. 掌握 Struts 实现文件下载和文件上传的用法；
6. 使用 SSH 架构的开发模式，自行设计一个留言板。

二、实验内容及步骤

【预备】

（1）访问 http://www.wustwzx.com/jsp_sy/index.html 并单击"实验 9(B)"超链接，下载本次实验内容的源代码并解压（得到文件夹 ch09b），供研读和调试使用。

（2）在本机上建立 MySQL 数据库 gj_data，利用 ch09b 里的查询文本，建立若干数据表。

1. 研究新闻网站中相关页面设计的代码，巩固所学知识。
    （1）把新闻系统部署到 Tomcat 服务器上，浏览新闻网站的功能。
    （2）查看新闻网站的前台主页，掌握使用 Div＋CSS 布局页面的方法。
    （3）查看 action 包里面的 Action 类，掌握 Action 类的使用方法。
    （4）查看 model 包里面的持久化类和映射文件，掌握持久化类和映射文件的使用方法。
    （5）查看 dao 包里面的 DAO 类，掌握 DAO 类的使用方法。
    （6）查看 interceptor 包里面的 MyInterceptor.java，掌握拦截器的使用方法。
    （7）对后台管理模块中的接口管理进行操作，使修改接口操作有效。
    （8）对后台管理模块中的网站信息进行操作，使能够显示网站信息。
2. 为 SSH 架构的新闻网站增加若干功能。
    （1）在 gj_data 数据库中添加一张新表 msg，用于保存留言信息、留言用户、留言时间等信息。
    （2）在 Web 项目中新建 msg.jsp 页面，设计该页面，实现让用户输入留言信息并提交至服务器。
    （3）对数据库中的表 msg 进行持久化操作。
    （4）新建一个 Action 类，用于将用户的留言信息等内容保存至系统数据库。
    （5）测试留言功能。
    （6）在前台首页第一行日期信息后增加时间的实时显示。
    （7）在前台首页导航条左边增加网站在线人数的显示。

三、实验小结及思考

（由学生填写，重点写上机中遇到的问题）

第 10 章　JSP 模板框架与 SiteMesh

在日常开发中,通常我们会对页面进行统一布局。网站中的所有页面,通常由页面顶部、底部和主体内容组成,而顶部和底部通常在所有页面中是固定不变的。如果修改了顶部或底部,意味着要修改所有页面,这是很麻烦的。SiteMesh 是一种专门用于布局页面的框架技术,通过使用 SiteMesh 模板框架,可以实现对所有页面中关于顶部和底部的快速修改,解决了因为页面布局设计而带来的苦恼,使开发人员专注于开发业务逻辑。本章学习要点如下:

- 掌握 SiteMesh 的配置方法;
- 掌握 SiteMesh 的基本应用;
- 了解 SiteMesh 的高级进阶应用。

10.1　预备知识

10.1.1　SiteMesh 简介

SiteMesh 用来装饰网页,使网页具有统一的布局,这对于实际项目有很大的帮助。SiteMesh 是基于 Java、J2EE 和 XML 的开源框架,依赖于从 Servlet 2.3 版本里引入的新功能——过滤器(Filter),它的主要思想是装饰设计模式,把变化的和不变的分离开来,用不变的去修饰各种变化的内容。SiteMesh 通过拦截静态或动态网页的 request 请求,从而处理网页,给网页加上自定义的装饰。

使用 SiteMesh 会不会影响网页的访问速度呢? SiteMesh 官网上说基本不影响,因为 SiteMesh 的处理速度是非常快的,同时还可以通过扩展 SiteMesh 来达到用户的需求。所以,它在业界内使用很广泛。

SiteMeshFilter 是 SiteMesh 的核心控制器,该类所的软件层次如图 10.1.1 所示。

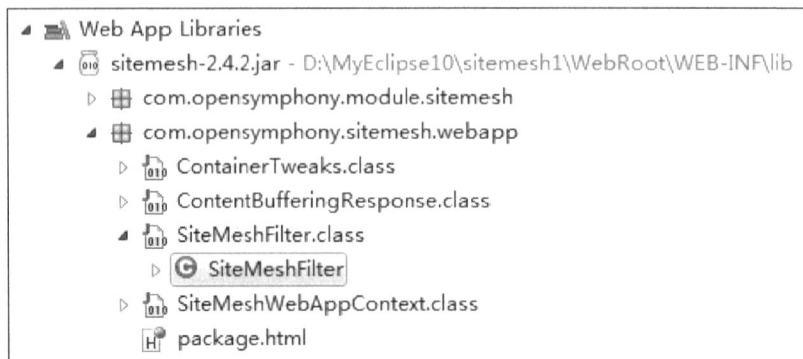

图 10.1.1　SiteMesh 使用的 Servlet 过滤器所在的软件层次

10.1.2　SiteMesh 工作原理

在 SiteMesh 中,页面分为两种:装饰模板页面和普通页面。装饰模板页面是指用于修饰其他页面的 JSP 页面;普通页面是指一般的 JSP 页面。

一个请求到服务器后,如果该请求需要 sitemesh 装饰,服务器先解释被请求的资源,然后根据配置文件获得用于该请求的装饰器,最后用装饰器装饰被请求的资源,将结果一同返回给客户端浏览器。应用了 SiteMesh 模板技术后网站的工作流程,如图 10.1.2 所示。

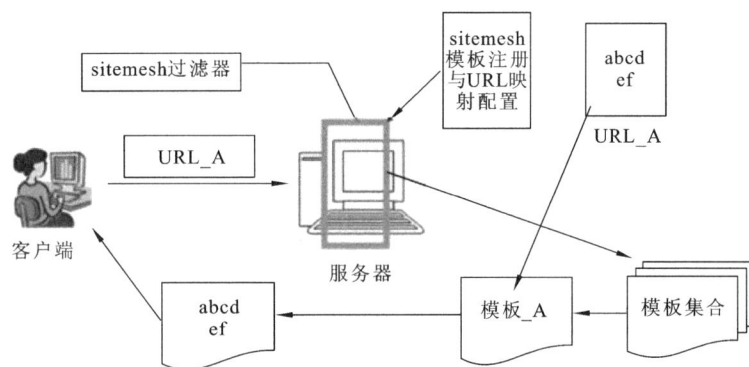

图 10.1.2　访问应用 SiteMesh 模板技术开发的网站的工作流程示意图

SiteMesh 的执行流程如下:

a. 它通过过滤器(filter)来拦截页面访问;

b. 根据被访问页面的 URL 找到合适的装饰模板;

c. 提取被访问页面的内容,放到装饰模板中合适的位置;

d. 最终将装饰后的页面发送给客户端,由客户端浏览器呈现装饰后的页面。

10.1.3　SiteMesh 配置及使用

SiteMesh 搭建步骤如下:

(1) 从 SiteMesh 的官网 http://www.sitemesh.org 里下载 SiteMesh jar 包,或者从作者的教学网站 http://www.wustwzx.com 里下载。

(2) 复制 SiteMesh 的 jar 包到 Web 项目的 lib 文件夹里。

(3) 在 web.xml 中配置 SiteMesh 过滤器,包含使用的过滤器名称和过滤范围,其代码为粗体部分。

```
<?xml version="1.0" encoding="UTF-8"? >
    <web-app version="3.0"
        xmlns="http://java.sun.com/xml/ns/javaee"
        xmlns:xsi="http://www.w3.org/2001/XMLSchema-instance"
        xsi:schemaLocation="http://java.sun.com/xml/ns/javaee
        http://java.sun.com/xml/ns/javaee/web-app_3_0.xsd">
```

```
<filter>
    <filter-name>sitemesh</filter-name>
        <filter-class>
            com.opensymphony.sitemesh.webapp.SiteMeshFilter
        </filter-class>
</filter>
<filter-mapping>
    <filter-name>sitemesh</filter-name>
    <url-pattern>/*</url-pattern>
/filter-mapping>
</web-app>
```

（4）建立模板文件。

模板文件是特殊的 JSP 页面，其特殊性表现在需要引入 SiteMesh 标签库和设定要装饰的元素，它不被用户请求。

在模板文件头部，引入标签库的指令是：

```
<%@taglib uri="http://www.opensymphony.com/sitemesh/decorator" prefix="
decorator"%>
```

注意：（1）uri 是标签库中定义的统一资源标识符，双击位于 SiteMesh jar 包的 META-INF 里的标签库文件，可以获取 uri 的值（也可使用 Ctrl 跟踪超链接查看）。SiteMesh 的标签库的位置，如图 10.1.3 所示。

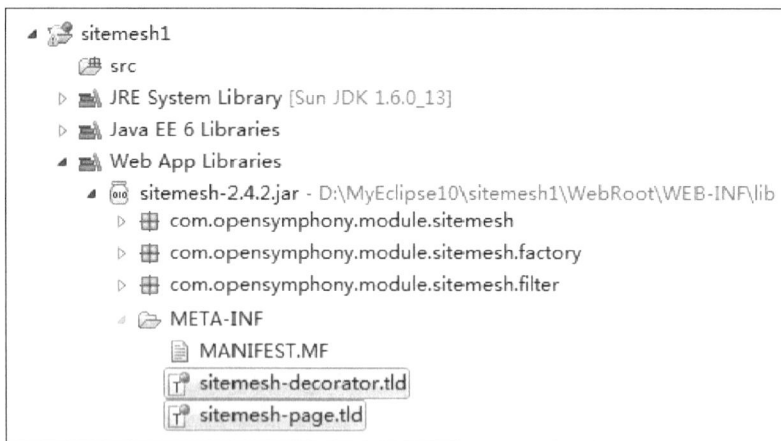

图 10.1.3　SiteMesh 标签库

（2）prefix 是 Web 开发人员自定义的标签前缀。

在模板页中还要设定需要装饰的元素，使用如下三条指令（见粗体部分）。

```
<%@page contentType="text/html; charset=UTF-8"%>
<%@taglib uri = "http://www.opensymphony.com/sitemesh/decorator"
prefix="decorator" %>
<html>
    <head>
```

```
            <title><decorator:title/></title>
            <decorator:head />
        </head>
    < body>
        <decorate:body/>
    </body>
</html>
```

注意：(1) prefix 属性值(标签前缀)可以随意。

(2) 建议将模板页存放至 WEB-INF 的某个文件夹里，保证它不被作为一般的页面被请求。

(3) 上面只用了部分标签，SiteMesh 的全部标签，如表 10.1.1 所示。

表 10.1.1　SiteMesh 标签

Decorator Tags(装饰器标签)	Page Tags(页面标签)
用于建立装饰器页面.	用于从原始内容页面访问装饰器.
<decorator:title />	
<decorator:head />	
<decorator:body />	<page:applyDecorator />
<decorator:getProperty />	<page:param/>
<decorator:usePage />	

(5) 建立装饰配置 decorators.xml 描述装饰器页面。

装饰配置文件 decorators.xml 位于 WEB-INF 文件夹，用来指定所使用的模板页及其应用装饰的范围，其源代码如下。

```
<?xml version="1.0" encoding="utf-8"? >
<decorators defaultdir="/decorate">
    <decorator name="main" page="templete.jsp">
        <pattern> /*</pattern>
    </decorator>
</decorators>
```

其中，各标签的属性定义如下：

defaultdir：包含装饰器页面所在的目录；

name ：别名；

page ：模板页文件名；

pattern ：匹配的路径，可以用 * ，那些被访问的页面需要被装饰；

role ：角色，用于安全；

webapp ：可以另外指定此文件存放目录。

注意：(1) 先执行过滤器，后执行装饰配置文件。

(2) /＊表示对项目所有的页面进行装饰，也可以指定某个文件夹。

(3) 装饰配置文件 decorators.xml 的＜decorators＞标签内可以使用多个＜decorator＞标签，从而实现定义多个模板＜decorators＞。

（4）此处的 decorator 与模板页标签前缀的含义不同。

（6）在应用装饰的范围内建立普通页面，内容随意。例如：

```
<html>
    <head>
    <title>hello</title></head>
<body>
    SiteMesh!
    </body>
</html>
```

注意：模板页面装饰普通页面实际上是一种合成效果，即使用模板页显示普通页的内容，普通页面中的部分内容将出现在模板页中的相应位置，例如普通页面中的"hello"替换模板页中的装饰元素＜decorator:title/＞。

10.2 SiteMesh 使用示例

使用 sitemesh 让我们摆脱了大量使用 include 方式复用页面的尴尬局面，并提供了很大的灵活性，给我们提供了整合异构 Web 系统页面的一种方案。

下面，我们通过一个示例，说明 SiteMesh 的使用。完成的项目文件系统，如图 10.2.1 所示。

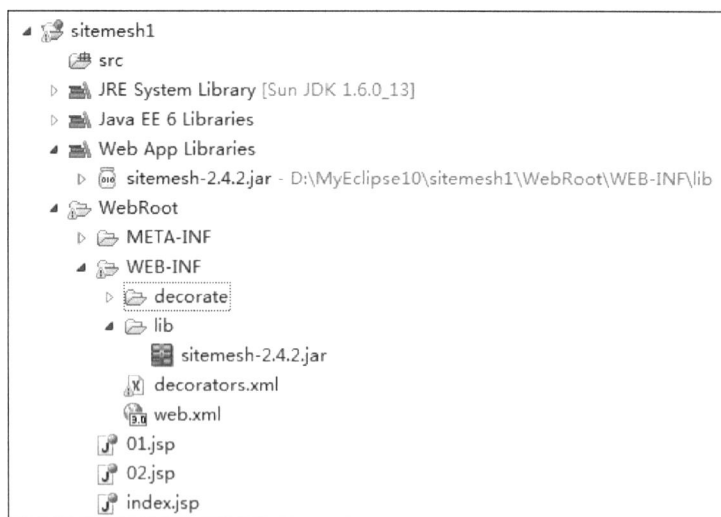

图 10.2.1　使用 SiteMesh 完成的 Web 项目的文件系统

【实现步骤】

（1）从 SiteMesh 的官网 http://www.sitemesh.org 里下载 SiteMesh jar 包，或者从作者的教学网站 http://www.wustwzx.com 里下载。

（2）启动 MyEclipse for Spring 10。

（3）新建 Web 项目 sitemesh1。

（4）将文件 sitemesh-2.4.2.jar 复制到项目的 lib 文件夹里。

（5）在 WEB-INF 文件夹里新建文件夹 decorate。

（6）在文件夹 decorate 建立名为 template.jsp 文件，作为模板文件，其代码如下。

```
<%@page language="java" import="java.util.*" pageEncoding="UTF-8"%>
<%@taglib uri="http://www.opensymphony.com/sitemesh/decorator" prefix="
decorator" %>
<!DOCTYPE HTML PUBLIC "-//W3C//DTD HTML 4.01 Transitional//EN">
<html>
  <head>
    <title><decorator:title/></title>
    <style type="text/css">
    body{
        margin: 0 auto;
        margin-left: 12.5%;
        font-size: 15px;
    }
    .main1{
        height:4%;
        background-color: #CCCCCC;
    }
    .main2{
        height:13%;

        background-color: #CCFFCC;
    }
    .main3{
        width:20%;
        background-color: #CCCCFF;
        float: left;
    }
    .main4{
        width:65%;
        background-color: #FFFF66;
        float: left;
    }
    .main5{
        height:8%;
        background-color: #CCFFCC;
        float:left;
        font-size: 12px;
        text-align: center;
    }
```

```
        .main3,.main4{
            height:75%;
        }
        .main1,.main2,.main5{
            width:85%;
        }
        .main2,.main3,.main4{
            padding-top:30px;
            text-align:center;
            font-size:20px;
        }
        </style>
    </head>
    <body>
        <div class="main1">
         <table>
            <tr>
                <td>用户名:<input type="text" name="username" style="width:
80px;"></td>
                <td>密码:<input type="password" name="password" style="
width:80px;"></td>
                <td><input type="submit" value="登陆"><a href="#">免费注册</a
>|<a href="#">修改密码</a><a href="#">注销</a></td>
            </tr>
        </table>
        </div>
        <div class="main2"><font face="华文新魏" size="18px" color="red">欢迎
访问我的购物网站</font><br></div>
        <div class="main3">
        <a href="<%=request.getContextPath()%>/index.jsp">首页</a><br>
        <a href="<%=request.getContextPath()%>/01.jsp">商品类别</a><br>
        <a href="<%=request.getContextPath()%>/02.jsp">我的购物车</a><br>
        </div>
        <div class="main4">
        <h2><decorator:body/></h2>
        </div>
        <div class="main5">
```
关于我们|著作权声明|合作信息|广告事务|沙发网|心动游戏|开天辟地|老论坛|社区|网址大全|脚印|爱心小学|商城|手机版|反馈意见
网络文化经营许可证|增值电信业务经营许可证|广播电视节目制作经营许可证|信息网络传播视听节目许可证

```
        </div>
    </body>
</html>
```

（7）在 WEB-INF 下建立装饰配置文件 decorators.xml，其代码如下。

```
<?xml version="1.0" encoding="utf-8"?>
<decorators defaultdir="/WEB-INF/decorate">
    <decorator name="main" page="templete.jsp">
        <pattern>/*</pattern>
    </decorator>
</decorators>
```

（8）修改项目配置文件 web.xml，其中增加的代码如下（见粗体部分）。

```
<?xml version="1.0" encoding="UTF-8"?>
<web-app version="3.0"
    xmlns="http://java.sun.com/xml/ns/javaee"
    xmlns:xsi="http://www.w3.org/2001/XMLSchema-instance"
    xsi:schemaLocation="http://java.sun.com/xml/ns/javaee
    http://java.sun.com/xml/ns/javaee/web-app_3_0.xsd">
    <filter>
        <filter-name>sitemesh</filter-name>
            <filter-class>
            com.opensymphony.sitemesh.webapp.SiteMeshFilter
            </filter-class>
    </filter>
    <filter-mapping>
        <filter-name>sitemesh</filter-name>
        <url-pattern>/*</url-pattern>
    </filter-mapping>
</web-app>
```

（9）修改项目的主页文件 index.jsp，代码如下。

```
<%@page language="java" import="java.util.*" pageEncoding="UTF-8"%>
<html>
    <head>
        <title>欢迎访问我的购物网站</title>
    </head>
    <body>
        欢迎访问我的购物网站.<br>
    </body>
</html>
```

项目发布后，启动 Web 服务器，在浏览器中主页的浏览效果，如图 10.2.2 所示。

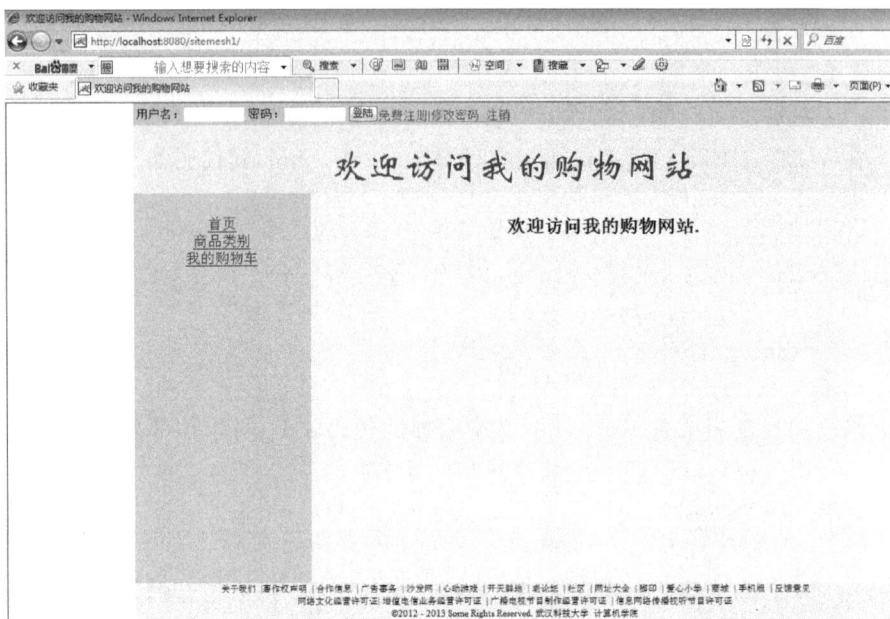

图 10.2.2　主页的浏览效果

（10）在 WebRoot 里，新建页面 01.jsp，代码如下。

```
<%@page language="java" import="java.util.*" pageEncoding="UTF-8"%>
<html>
  <head>
    <title> 商品类别</title>
  </head>
  <body>
    商品类别
  </body>
</html>
```

（11）修改项目的主页文件 index.jsp，代码如下。

```
<%@page language="java" import="java.util.*" pageEncoding="UTF-8"%>
<html>
  <head>
    <title>我的购物车</title>
  </head>
  <body>
    我的购物车
  </body>
</html>
```

（12）在浏览主页时，分别单击超链接"商品类别"和"我的购物车"，观察页面中主体部分的变化。

习　题　10

一、判断题

1. SiteMesh-2.4.2 的 jar 包有多个。
2. SiteMesh 的模板页需要引入 SiteMesh 标签库的 URI。
3. 指定 SiteMesh 模板页,是在 web.xml 中完成的。
4. SiteMesh 所使用的过滤器名称是固定的。
5. 在 decorators.xml 文件中,可以使用多个模板文件。

二、选择题

1. 假设模板文件中标签前缀为 dec,则下列不是 SiteMesh 装饰器标签的是_____。
   A. ＜dec:title＞　　　　　　　　B. ＜dec:head＞
   C. ＜dec:param＞　　　　　　　　D. ＜dec:body＞
2. 下列不是装饰配置文件中使用的标签是_____。
   A. decorators　　　B. pattern　　　C. decorator　　　D. patterns
3. 与装饰模板文件中标签指令中 url 属性直接相关的文件类型是_____。
   A. tld　　　　　　B. xml　　　　　　C. jsp　　　　　　D. dtd

三、填空题

1. 过滤器 SiteMeshFilter 实现的接口是_____。
2. SiteMesh 的标签库文件位于 SiteMesh jar 包的_____文件夹里。
3. SiteMesh 的标签库中的标签分为装饰器标签和_____标签。
4. 在 SiteMesh 装饰配置文件中,指定模板页面所使用的属性是_____。
5. SiteMesh 装饰配置文件,通常存放至项目的_____文件夹。

实验 10 模板软件 SiteMesh 的使用

一、实验目的

1. 掌握模板框架的作用；
2. 掌握使用 SiteMesh 的一般步骤；
3. 掌握项目配置文件 web. xml,模板文件与装饰配置文件 decorators. xml 之间的协作关系。

二、实验内容及步骤

1. 访问 http://www. wustwzx. com/jsp_sy/index. html,单击"实验 10"超链接,下载本次实验内容的源代码并解压(得到文件夹 ch10)。
2. 启动 MyEclipse for Spring 10。
3. 从 ch10 文件夹里导入 Web 项目 sitemesh1。
4. 查看项目的 Web App Libraries 文件夹的 sitemesh-2. 4. 2. jar 包的软件包 com. opensymphony. sitemesh. webapp 里的类. SiteMeshFilter 所实现的接口。
5. 打开装饰文件 WEB-INF\decorate\template. jsp,分别查看引入标签的指令和装饰的三个元素。
6. 查看 WEB-INF 里装饰配置文件 decorators. xml 的代码。
7. 查看 WEB-INF 里项目配置文件 web. xml 的代码。
8. 查看 WebRoot 里主页 index. jsp 的代码。
9. 分别查看 WebRoot 里功能页 01. jsp 和 02. jsp 的代码。
10. 部署项目、启动 Web 服务器后,在浏览器进行浏览测试。
11. 修改功能 01. jsp 或 02. jsp 后,再做浏览测试。

三、实验小结及思考

(由学生填写,重点写上机中遇到的问题)

附录一 在 线 测 试

  网站开发虽然重在实践,但指导实践的是理论,理论也来源于实践。设计完成后,要及时总结。为此,作者设计了一套综合的在线测试题,在提交后能立即显示答题者的成绩和每道题的正误对照,以方便学生练习。

  该测试题含有判断题、单选题和多选题三种题型,其中,判断题共15题,

  每小题2分,共30分;单选题共20题,每小题2分,共40分;多选题共10题,每小题3分,共30分。

  读者使用在线测试的方法是访问 http://www.wustwzx.com/jsp_sy/index.html。

附录二　三次实验报告与课程设计

在完成某个阶段的学习后,要写一次综合性的实验报告。本书共设计了三次实验报告:第一次实验报告对应于第 1~5 章的内容;第二次实验报告对应于第 6 章的内容;第三次实验报告对应于第 7 章的内容。

实验报告分为实验目的、实验内容及步骤和实验小结及思考共三个部分,只有实验步骤和实验小结及思考要求学生填写。学生可以先将实验报告的文本打印出来,以供在实验前进行分析和思考。

实验报告文本的下载地址:http://www.wustwzx.com/ jsp_sy/index.html。

因为 JSP 网站开发有多种开发方式,但公司目前需求的是使用 SSH 架构开发,所以,课程设计应以市场需求为动力,选择 SSH 架构开发一个具体的 JSP 网站,实现所有知识的综合运用。

实验名称:纯 JSP 网站开发

一、实验目的

1. 掌握 JSP 运行环境的搭建,主要是安装 JDK 和 Tomcat;

2. 掌握 JSP 网站的手工开发环境,主要表现为手工编译和手工建立项目文件夹;

3. 掌握 JSP 网站的集成开发环境 MyEclipse 的使用,自动建立项目文件夹、自动编译、联机支持功能和项目发布;

4. 掌握 JSP 的页面指令、脚本元素、动作标签和 EL 表达式的用法;

5. 掌握纯 JSP 网站开发的特点—HTML、JSP 脚本与 JSP 元素(含指令)的混合编程;

6. 掌握使用纯 JDBC 访问 MySQL 数据库的方法。

二、实验内容及步骤

(提示:根据实验目的,组织教材中的相关示例,说明相关用法)

三、实验小结及思考

(由学生填写,重点写上机中遇到的问题)

实验名称:使用 MV 模式开发 JSP 网站开发

一、实验目的

1. 掌握 MV 开发模式的特点,并与纯 JSP 开发模式对比;

2. 掌握使用 JavaBean 封装数据的定义方法;

3. 掌握使用 JavaBean 封装业务逻辑(特别是访问 MySQL 数据库)的定义方法;

4. 掌握使用 JSP 动作标签将表单元素与 JavaBean 属性建立关联,通过获取

JavaBean 属性间接获取表单属性的方法；

　　5. 掌握在 JSP 页面中使用 JavaBean 的多种使用方法；

　　6. 掌握统一请求/响应编码的方法，解决中文显示乱码的问题；

　　7. 掌握 JavaBean 的手工开发环境和集成开发环境的差别。

二、实验内容及步骤

(提示：根据实验目的，组织教材中的相关示例，说明相关用法)

三、实验小结及思考

(由学生填写，重点写上机中遇到的问题)

实验名称：使用 MVC 模式开发 JSP 网站

一、实验目的

　　1. 掌握在 MyEclipse 中开发 Servlet 的三种方法；

　　2. 掌握 Servlet 的部署和使用方法；

　　3. 掌握在 Servlet 应用中解决中文乱码的方法；

　　4. 掌握使用 Servlet 处理表单的方法；

　　5. 掌握 Servlet 监听器的工作原理与使用；

　　6. 掌握 Servlet 过滤器的工作原理与使用。

　　7. 掌握在集成环境中使用 MVC 模式开发 Web 项目的步骤；

　　8. 掌握使用 MVC 模式开发含有数据库访问的 Web 项目。

二、实验内容及步骤

(提示：根据实验目的，组织教材中的相关示例，说明相关用法)

三、实验小结及思考

(由学生填写，重点写上机中遇到的问题)

课程设计：使用 SSH 架构开发 JSP 网站

一、设计目的

　　1. 掌握 SSH 框架的搭建方法；

　　2. 通过分析新闻网站，掌握使用 Div+CSS 布局页面的方法；

　　3. 使用 SSH 架构的开发模式，自行设计一个留言板。

二、分析 SSH 架构并完成设计

　　1. 研究新闻网站中项目文件系统及其相关页面。

　　(1) 查看项目的 web. xml 文件可知，项目的主页是 index. jsp。

　　(2) 根据 index. jsp 和 Struts 配置文件文件 web. xml(包含 struts\qt. xml)，找到真正的主页 WebRoot\qt\sSelect. jsp。

　　(3) 通过查看 Struts 配置文件文件 web. xml(包含 struts\xt. xml)的代码，找到进入后台管理的主页 WebRoot\index. html。

　　(4) 查看 action 包里面的 Action 类，掌握 Action 类的使用方法。

（5）查看 model 包里面的持久化类和映射文件，掌握持久化类和映射文件的使用方法。

（6）查看 dao 包里面的 DAO 类，掌握 DAO 类的使用方法。

（7）查看 interceptor 包里面的 MyInterceptor.java，掌握拦截器的使用方法。

（8）对后台管理模块中的接口管理进行操作，使修改接口操作有效。

2. 使用 SSH 架构完成新闻网站中的留言板功能。

（1）在 gj_data 数据库中添加一张新表 msg，用于保存留言信息、留言用户、留言时间等信息。

（2）在 Web 项目中新建 msg.jsp 页面，设计该页面，实现让用户输入留言信息并提交至服务器。

（3）对数据库中的表 msg 进行持久化操作。

（4）新建一个 Action 类，用于将用户的留言信息等内容保存至系统数据库。

（5）测试留言功能。

3. 使用 Servlet 监听器技术，完成网站的在线人数统计功能。

（1）使用接口 HttpSessionListener。

（2）建立类的静态成员变量（属性）。

三、设计要求与说明

（1）分若干设计小组，并以小组为单位独立完成。

（2）网页对站点中素材文件的引用采用相对路径。

（3）主页名称保存为 index.jsp。

（4）后台管理登录页面，设定用户名和密码均为 admin。

附录三 模拟试卷及参考答案

本课程在不同的学校有不同的考核方式,一般有两种。其一是使用传统的出试卷的方式;另一种是提交设计的方式。作者认为,以试卷方式考核,有利于学生总结设计的基本理论和技巧,而本课程的课程设计以提交设计的方式较宜。

作者提供的模拟试卷分为六种题型,即单项选择题(20 小题共 20 分)、判断题(10 小题共 10 分)、填空题(10 小题共 20 分)、多选题(5 小题共 15 分)、简答题(2 题共 15 分)和综合填空题(5 个空共 20 分)。其中,选择题和判断题要求识记一些重要知识点(如 JSP 页面标签指令的一些重要属性名和值等);填空题要求完全掌握某些知识要点(如文件上传时指定的 enctype 属性值等);多选题考核一些重要的知识点之间的联系和区别(如转向与转发的区别等);简答题要求准确表达某个概念或设计方法(如开发 Servlet 的一般流程等);综合填空题是使用纯 JDBC 访问 MySQL 数据库的编程中的填空。

模拟试卷下载地址是访问:http://www.wustwzx.com/ jsp_sy/index.html。

习 题 答 案

习 题 1

一、判断题(正确用"T"表示,错误用"F"表示)

1—5:TTFTT　6—7:FF

二、选择题

1—5:CDBDD　6—7:BA

三、填空题

1. ROOT　2. 动态　3. server.xml　4. webapps　5. XMLHttpRequest
6. 浏览器程序　7. CSS+Div　8. GET

习 题 2

一、判断题(正确用"T"表示,错误用"F"表示)

1—5:TFFTT

二、选择题

1—5:ADBDA

三、填空题

1. 3306　2. charset gbk　3. Grant　4. GBK　5. MySQLDump　6. Source

习 题 3

一、判断题(正确用"T"表示,错误用"F"表示)

1—5:FTFTF　6—10:TFTFT　11—13:FTT

二、选择题

1—5:CBACA　6—10:DADCD

三、填空题

1. 方法　2. Object　3. 构造函数　4. public 类名　5. static　6. boolean
7. 语句　8. Ctrl+Shift+O　9. File→Switch Workspace　10. java.sql
11. implement　12. 上　13. /

习 题 4

一、判断题（正确用"T"表示，错误用"F"表示）
1—5：TTFTT 6—9：TFTT
二、选择题
1—5：DBDAC 6—11：BADCCD
三、填空题
1. import 2. Java 3. include 4. String 5. webapps 6. index.jsp
7. Import 8. lib

习 题 5

一、判断题（正确用"T"表示，错误用"F"表示）
1—5：TTFFT
二、选择题
1—5：CCADA
三、填空题
1. javax.servlet.http 2. String 3. getRealPath() 4. request
5. setCharacterEncoding() 6. getRemoteAddr() 7. response
8. javax.servlet.ServletContext 9. setAttribute()

习 题 6

一、判断题（正确用"T"表示，错误用"F"表示）
1—5：TTFFF
二、选择题
1—5：DDADB
三、填空题
1. 数据 2. 项目名\WEB-INF\lib 3. Source 4. excuteUpdate() 5. scope

习 题 7

一、判断题（正确用"T"表示，错误用"F"表示）
1—5：TTTFT
二、选择题
1—5：DDADB

三、填空题

1．ServletRequest 接口和 ServletResponse 接口　2．application　3．servlet-api.jar
4．getServletContext()　5．ServletRequest

习　题　8

一、判断题(正确用"T"表示,错误用"F"表示)

1—5：FTFTT

二、选择题

1—5：DCBAC

三、填空题

1．绝对　2．enctype　3．ServletFileUpload　4．字节　5．java.io

习　题　9

一、判断题(正确用"T"表示,错误用"F"表示)

1—5：TTFTF　6—10：TFFTT　11—14：TTTF

二、选择题

1—5：DDDAD　6—8：CDA

三、填空题

1．StrutsPrepareAndExecuteFilter　2．＜package＞　3．Web app Libraries
4．ActionSupport　5．Session　6．Show View　7．applicationContext.xml

习　题　10

一、判断题(正确用"T"表示,错误用"F"表示)

1—5：TTFTT

二、选择题

1—3：CDA

三、填空题

1．javax.servlet.Filter　2．META-INF　3．页面　4．page　5．WEB-INF

参 考 文 献

吴志祥.网页设计理论与实践.北京:科学出版社.2011.

吴志祥,李光敏,郑军红.高级 Web 程序设计—ASP.NET 网站开发.北京:科学出版社.2012.

范立峰,乔世权,程文彬.JSP 程序设计.北京:人民邮电出版社.2009.

徐明华,等.Java Web 整合开发与项目实战.北京:人民邮电出版社.2010.

吴倩,林原,李霞丽.Java 语言程序设计:面向对象的设计思想与实践.北京:机械工业出版社.2012.

杨少敏,樊双灵.Struts 2 Web 开发学习实录.北京:清华大学出版社.2011.